锅炉压力容器检验检测研究

王岳峰　张娇娇　张　阳　著

吉林科学技术出版社

图书在版编目（CIP）数据

锅炉压力容器检验检测研究 / 王岳峰，张娇娇，张阳著. -- 长春 ：吉林科学技术出版社，2023.5
ISBN 978-7-5744-0444-1

Ⅰ. ①锅… Ⅱ. ①王… ②张… ③张… Ⅲ. ①锅炉－检验－研究②压力容器－检验－研究 Ⅳ. ①TK22-65 ②TH490.66-65

中国国家版本馆 CIP 数据核字(2023)第 105713 号

锅炉压力容器检验检测研究

著　　王岳峰　张娇娇　张　阳
出 版 人　宛　霞
责任编辑　王　皓
封面设计　正思工作室
制　　版　林忠平
幅面尺寸　185mm×260mm
开　　本　16
字　　数　290 千字
印　　张　13
印　　数　1-1500 册
版　　次　2023年5月第1版
印　　次　2024年1月第1次印刷

出　　版　吉林科学技术出版社
发　　行　吉林科学技术出版社
地　　址　长春市福祉大路5788号
邮　　编　130118
发行部电话/传真　0431-81629529 81629530 81629531
81629532 81629533 81629534
储运部电话　0431-86059116
编辑部电话　0431-81629518
印　　刷　廊坊市印艺阁数字科技有限公司

书　　号　ISBN 978-7-5744-0444-1
定　　价　76.00元

前　言

随着社会的进步与科技的发展，焊接技术已经逐渐趋于成熟，焊接技术已经从传统的热加工技术发展到现在的结构、冶金、力学、基材料以及电子等多门科学进行结合的学问，其在压力容器的制作中得到了广泛的应用。但随着工业的发展，对压力容器的要求也在逐渐地增加，这就要求在不断的实践过程中来对压力容器的焊接技术进行完善。

压力容器是典型的焊接结构，由于其工作条件苛刻，同时受到压力、温度（高温或低温）和各种腐蚀性或易燃、易爆介质的作用，从而对其制造质量提出了严格要求。焊接质量是压力容器制造质量的重要组成部分，直接影响着压力容器的使用安全及企业的经济效益。

在工业整个生产过程中，严格检测锅炉压力容器设备是非常重要的内容之一。因此，有关企业或是技术人员应直面压力容器设备存在的检测检验问题，强化容器设备基本性能，做好漏电保护和抗热等多方面的监督排查工作力度。此外，我们还应引进相应的材料和设备，强化容器设备焊接位置的检测，落实压力容器设备整个检测环节，重视其防护控制管理工作，并提升检测人员综合素质和操作技能。通过上述措施确保我国锅炉压力容器设备能够顺利运行，提升工业安全生产，从而为我国当代经济的发展提供一定的保障。本书首先对其基础知识进行介绍，紧接着对压力容器焊接技术、材料、缺陷等展开说明，最后是压力容器检测的知识，通篇旨在为有需要翻阅该方面资料的读者提供可借鉴的内容。

编委会

CONTENTS 目录

第一章 锅炉压力容器基本知识

本章作为开篇内容，先对有关锅炉压力容器的基本知识进行详细的讲解，为下文中所要讲述的内容做铺垫。

第一节 锅炉概述

锅炉，是指利用各种燃料、电或者其他能源，将所盛装的液体加热到一定的参数，并对外输出热能的设备。

常见的锅炉通过煤、油、天然气等燃料的燃烧释放出化学能，并通过传热过程将能量传递给水，使水转变成蒸汽。蒸汽直接供给生产中所需的热能，或通过蒸汽动力机械转换为机械能，或通过汽轮发电机转换为电能。所以锅炉也称为蒸汽发生器。

一、锅炉的分类

锅炉用途广泛，形式众多，主要有以下几种分类方法：

1.按用途分类

(1)电站锅炉：用于火力发电厂，一般为大容量、高参数锅炉。燃料主要在炉膛空间悬浮燃烧(称为火室燃烧)，热效率高，出口工质为过热蒸汽。

(2)工业锅炉：用于工业生产和采暖，大多为低压、低温、小容量锅炉。燃料主要在炉排上燃烧(称为火床燃烧)居多，热效率较低，出口工质为热水的称为热水锅炉，出口工质为蒸汽的称为蒸汽锅炉。

(3)船用、机车：用锅炉用作船舶和机车动力，一般为低、中参数，大多以燃油为燃料，体积小，重量轻。

2.承压锅炉按锅炉设备级别及额定工作压力分类

承压锅炉的范围规定为容积大于或者等于30L的承压蒸汽锅炉；出口水压大于或者等于0.1MPa(表压)，且额定功率大于或者等于0.1MW的承压热水锅炉；有机热载体锅炉。

承压锅炉按锅炉设备级别及额定工作压力分类：

(1)A级锅炉(是指锅炉额定工作压力≥3.8MPa的锅炉)

1)超临界锅炉p≥22.1MPa。

2)亚临界锅炉16.7MPa≤p<22.1MPa。

3)超高压锅炉13.7MPa≤p<16.7MPa。

4)高压锅炉9.8MPa≤p<13.7MPa。

5)次高压锅炉5.3MPa≤p<9.8MPa。

6)中压锅炉3.8MPa≤p<5.3MPa。

(2)B级锅炉

1)蒸汽锅炉0.8MPa<p<3.8MPa

2)热水锅炉p<3.8MPa,且t≥120℃(t为额定出水温度,下同)。

3)气相有机热载体锅炉Q>0.7MW(Q为额定热功率,下同)。

液相有机热载体锅炉Q>4.2MW。

(3)C级锅炉

1)蒸汽锅炉p≤0.8MPa,且V>50L(V为设计正常水位水容积)。

2)热水锅炉p<3.8MPa,且t<120℃。

3)气相有机热载体锅炉0.1MW<Q≤0.7MW。

液相有机热载体锅炉0.1MW<0.2MW。

(4)D级锅炉

1)蒸汽锅炉p≤0.8MPa,且30L≤V≤50L。

2)汽水两用锅炉p≤0.04MPa,且D<0.5t/h(D为额定蒸发量)。

3)仅用自来水加压的热水锅炉1≤95℃。

4)气相或液相有机热载体锅炉Q≤0.1MW。

3.锅炉按运行时所处的状态分类

(1)固定式锅炉:在运行时锅炉本体处于固定状态的锅炉,如电站锅炉,工业锅炉(热水锅炉和蒸汽锅炉)等。

(2)移动式锅炉:在运行时锅炉本体处于移动状态的锅炉,如船舶锅炉,火车机车锅炉等。

4.按燃烧方式分类

(1)火床燃烧锅炉:主要用于工业锅炉,燃料主要在炉排上燃烧。

(2)火室燃烧锅炉:主要用于电站锅炉,燃料主要在炉膛空间悬浮燃烧。

(3)流化床燃烧锅炉:可以稳定、高效率地燃烧各种燃料,特别是低质和高硫煤,并可以在燃烧过程中控制SO_X及NO_X的排放,是一种新型清洁煤燃烧技术。

5.按排渣方式分类

(1)固态排渣锅炉:燃料燃烧后生成的灰渣以固态排出,是燃煤锅炉的主要排渣方式。

(2)液态排渣锅炉：燃料燃烧后生成的灰渣以液态从渣口流出，在裂化箱的冷却水中裂化成小颗粒后排入水沟中冲走。

6.按燃料或能源分类

固体燃料锅炉；液体燃料锅炉；气体燃料锅炉；余热锅炉；核能锅炉。

二、锅炉参数及主要技术经济指标

1.锅炉参数：锅炉参数一般指锅炉容量、蒸汽压力、蒸汽温度和给水温度等。

(1)额定蒸发量：工业蒸汽锅炉和电站锅炉的容量用额定蒸发量表示。其额定蒸发量是指锅炉在额定蒸汽压力、蒸汽温度、规定的锅炉效率和给水温度的情况下，连续运行时所必须保证的最大蒸发量，通常以每小时提供的以吨计的蒸汽量来表示，单位为t/h。

(2)额定供热量：热水锅炉的容量用额定供热量表示，单位为kW或MW或kcal/h。

(3)锅炉蒸汽压力和温度锅炉蒸汽压力和温度是指过热器主蒸汽阀出口处的过热蒸汽的压力和温度，对于无过热器的锅炉，用主蒸汽阀出口处的饱和蒸汽压力和温度来表示，压力的单位为MPa，温度单位为K或℃。

(4)锅炉给水温度锅炉给水温度是指进入省煤器的给水温度，无省煤器的锅炉是指进入锅筒的给水温度，单位为K或℃。

2.锅炉主要技术经济指标：锅炉的技术经济指标通常用锅炉热效率、锅炉成本及锅炉可靠性来表示。优质锅炉应具有热效率高、成本低及运行可靠等特点。

(1)锅炉热效率：锅炉热效率是一项重要的节能指标，主要是指送入锅炉的全部热量中被有效利用的百分数，现代电站锅炉的热效率都在90%以上。

(2)锅炉成本：锅炉成本一般用一个重要的经济指标钢材消耗率来表示。钢材消耗率的定义为锅炉单位蒸发量所用的钢材重量，单位为t•h/t。锅炉参数、循环方式、燃料种类及锅炉部件结构对钢材消耗率都有影响。锅炉蒸汽参数高、容量小、燃煤、采用自然循环、采用管箱式空气预热器和钢柱构架可增大钢材消耗率；蒸汽参数低、容量大、采用直流锅炉、燃油或燃气、采用回转式空气预热器和钢筋混凝土柱构架可降低钢材消耗率。工业锅炉的钢材消耗率一般为5－6t•h/t，电站锅炉的钢材消耗率一般在2.5～5t•h/t的范围内，在保证锅炉安全、可靠、运行经济的基础上应合理地降低钢材消耗率，尤其是高强度耐热合金钢、不锈钢等高等级钢材的消耗率。

(3)锅炉的可靠性锅炉的可靠性一般用下列三种指标来衡量：

1)连续运行时间＝两次检修之间的运行时间，单位为小时。

2)事故率＝事故停用时间/(运行总时间＋事故停用时间)×100%。

3)可用率=(运行总时间+备用总时间)/统计的总时间×100%。

目前我国规定,电站锅炉可靠性较好一般需达到的指标为,连续运行时间在4000h以上、可用率约为90%,年运行时间≥6000h。

第二节　电站锅炉

对于电站锅炉来说,其受压元件大体上分为锅筒、水冷壁、集箱、蛇形管和连接管道等五大类。这些受压元件的材料与结构各异,制造工艺也大不相同。对于各种等级的电站锅炉,如高压、超高压、亚临界、超临界以及超超临界的锅炉来说,同类的受压部件其结构特点基本相似,制造工艺也相近,只是在结构尺寸和材料选用上有所不同,且由于锅炉的各种设计流派的差异,在某些具体零部件的实际结构上也有所不同。另外,在超临界及超超临界锅炉、循环流化床锅炉和联合循环余热锅炉中,由于整体结构布置的不同,还存在一些特殊结构的受压元件,其制造工艺与常规锅炉也不相同。

一、亚临界锅炉的总体结构

(一)锅筒

锅筒作为锅炉的心脏,其作用是进行汽水分离,保证正常的水循环,除去盐分,获得良好的蒸汽品质,负荷变化时起蓄热和蓄水作用,在整个锅炉制造工艺中,锅筒将占有十分重要的地位。

锅筒一般由封头、筒体和内部设备组成。封头上装有入孔、安全阀接管、加药管、连续排污管、水位表接管、给水调节器接管、水位指示器接管、液面取样器接管等。筒体上装有大直径(ϕ710mm×135mm)下降管、给水管及紧急放水管、蒸汽引出管及汽水引入管、起吊耳板和外部附件等。锅筒内部布置有80多个直径为ϕ254mm的轴流式旋风分离器,可作为一次分离元件,二次分离元件为波形板分离器,三次分离元件为顶部立式百叶窗分离器。典型的亚临界自然循环锅炉的锅筒,其内径为ϕ1778mm,筒体壁厚178mm,筒体长度18000mm,两侧封头为半球形封头,封头壁厚为152.4mm,锅筒总长20184mm,总重204t,用SA-299材料制成。锅筒外部焊接附件包括起吊耳板、水位表支架、壁温测点的预焊件、下降管接头上装焊的安装附件等。

(二)受热面管件

锅炉的受热面管件包括膜式水冷壁和蛇形管。

1.膜式水冷壁

大型电站锅炉的炉膛水冷壁都是由管子加扁钢经焊接而成的气密性膜式壁。由于受到制造场地、设备以及运输条件等几方面的限制,一般要把炉膛四面墙的膜式壁管屏分成若干小片水冷壁管屏，分别来制造。每一小片管屏的外形尺寸一般不大于22m×3.2m（长×宽）。等到电厂安装时，再一片一片地组装成锅炉的整台炉膛。膜式壁管屏的管子外径一般在ϕ42～ϕ63.5mm之间，管子壁厚在4.5～8mm之间。管子有光管和内螺纹管两种形式。扁钢的厚度通常为6mm。管子和扁钢的材质一般均为碳钢，但在大容量、高参数的电站锅炉中也会采用Cr－Mo合金系列耐热钢。随着锅炉产品的发展，锅炉参数等级的提高，一些新型锅炉在国内得以普及应用，如循环流化床锅炉、超临界及超超临界锅炉等，炉膛水冷壁的管径选取越来越趋向于小口径管，材料等级也逐步提高，例如出现了ϕ28mm、ϕ32mm、ϕ38mm等规格的管径，管子材质选取到SA－213T12（简称T12钢）、15CrMoG钢管、12Crl MoVG钢管、SA－213T91（简称T91钢）、12Cr18Ni9Ti钢（1Crl8Ni9Ti）等，扁钢的材质也相应地随之变化，但其厚度上变化不大，仅在个别产品中出现了厚为4mm、8mm、10mm的扁钢。

2.蛇形管

蛇形管主要由管子、连接附件及吊挂装置组成。锅炉中蛇形管结构的部件一般包括锅炉的过热器、再热器和省煤器等。

（1）过热器

过热器的作用是将饱和的蒸汽加热成为一定温度的过热蒸汽。根据其布置位置和传热方式的不同，过热器又分为后屏过热器、末级过热器、立式低温过热器和水平低温过热器等。

（2）再热器

一般用于高压大型电站锅炉，作用是把在汽轮机高压缸做过部分功的蒸汽，送回锅炉中重新加热，然后再送回汽轮机的中、低压缸继续做功。根据其传热方式与布置位置的不同，过热器又分为墙式辐射再热器、后屏再热器、末级再热器、立式低温再热器和水平低温再热器等。

（3）省煤器

省煤器安装在锅炉尾部的烟道内，作用是利用烟气的余热对给水加热，达到节约燃料的目的。

蛇形管一般是由长短不一、同种或不同种规格与材质的管子经焊接而成，管子规格为ϕ32～ϕ70mm、壁厚3～12.7mm，接长后长度范围为20～70m，管子再通过来回的弯曲，使之成为蛇形管，在同一根管上可以有不同的弯曲半径，将不同长度和节距的蛇形管套装在一起形成蛇形管组或管屏。

蛇形管屏的结构，按照在锅炉中的安装方式，大体上分为垂直悬吊式和水平悬吊式两种。垂直悬吊式蛇形管屏，一般均为单层结构，主要应用在过热器和再热器的高温段，管屏端部直接与集箱的管接头相接，在集箱的纵向上吊挂排列，并穿出炉膛的顶棚，通过管屏上的附件与之密封；水平悬吊式蛇形管屏，绝大部分为双层结构，中间用水冷吊挂管来进行固定和吊挂，一般应用在过热器和再热器的低温段，以及省煤器蛇形管中。

蛇形管材质的选取，对于低温段的过热器和省煤器来说，一般采用碳钢、SA－213T12 或 15CrMo 钢等材料；对于高温段的过热器和再热器来说，可采用 12Cr1MoV、进口材料 SA－213T22（简称 T22）、SA－213T91（简称 T91）、SA－213TP304H（简称 TP304H）、SA213－TP347H（简称 TP347H）等材料。但随着超临界、超超临界锅炉的广泛应用，锅炉参数如蒸汽出口压力和温度的逐步提高，受高温或高压的过热器和再热器的材料等级也逐步提高，一些新开发的材料也逐步得到应用，如 SA－213192（简称 T92）、SA－213TP347HFG、SA－213S30432 或 Super304H、SA－213TP310HCbN 或 HR3C 等。

（三）集箱

集箱是锅炉中重要受压元件之一，起着工作介质的汇集和分配的作用。集箱的结构一般由筒体、端盖、大小管接头、三通及附件组成，筒体、端盖和三通经过环缝的焊接连接在一起，筒体通过大小不一的开孔与各种管接头相连，形成一个承压容器。筒体都是由大口径厚壁无缝钢管来制造的，管径的范围一般在 ϕ219～ϕ914mm 之间，壁厚在 20～150mm 之间，集箱材质为碳钢、15CrMoG、12Cr1MoVG、SA－35P12（简称 P12）、SA－335P22（简称 P22）、SA－335P91（简称 P91）、SA－335P92 等；集箱端盖的结构一般分为平端盖和半球形端盖两种，平端盖为锻件经机械加工而成，而半球形端盖一般为板材冲压加工而成；集箱管接头外径的分类一般规定在 ϕ101.6mm 以下为小管接头，其余为大管接头，管径与材质按照集箱不同的布置位置而变化，并与水冷壁、过热器、再热器、省煤器，以及连接管道等相连，相应的各水冷壁管屏、蛇形管屏均吊挂在集箱上；集箱的三通按制造方式不同，一般分为锻造挤压三通、冲焊三通和焊接三通等几种。

（四）连接管道

连接管道一般由大口径无缝钢管、弯头以及过渡接头等部分组成。主要用在锅炉的各系统之间传送介质，例如水冷壁系统与过热器系统之间、主蒸汽输送管道和再热蒸汽输送管道等。连接管道的直径在 ϕ406～ϕ813mm 之间、壁厚为 30～100mm，材质有 P12、P22、P91、P92、WB36 钢等多种，此类连接管道上的弯头处壁较厚、半径小，故一般在加热后采用压力机锻压制成单个弯头，然后与大口径无缝钢管对接，焊接工作量较大。压制弯头的弯曲半径分为两种：一种为短半径，即 R/D＝1；另一种为长半径，即 R/D＝1.5。对于外径小于 ϕ406mm 的连接管道，由于管子外径较小、壁厚较薄、弯曲半径变化较大，故一般采用大型机械弯管机或中频感应弯管机进行热弯加工。

为保证介质的流动特性，各种连接管道的外径并不一致，在接口处就需要有过渡管接头，即俗称的“大小头”，例如蒸汽出口与汽轮机相接的管道等。

二、超临界及超超临界锅炉的总体结构

对于超临界、超超临界锅炉来说，依据所采用燃料特性的不同、锅炉运行方式及习惯的不同、所处地域自然环境的不同，可选用的锅炉结构形式有很多。而国内的发电设备制造厂家，在引进、消化、吸收国外超临界、超超临界锅炉技术的基础上，又经过多年的实践，已经进入到改造再创新的阶段，但由于当初引进技术源的不同，也使得在锅炉结构形式上出现了多种多样的变化。一般来说，由于煤种、选用磨煤机形式的不同，使得锅炉的燃烧方式、燃烧器的布置、炉膛及烟道的结构尺寸与形式都发生变化。锅炉的整体布置结构形式按照炉膛及烟道的布置方式，或者说按照烟气的走向大体上分为两种，即塔式炉和II型炉，在这两种炉型的基础上，依据燃烧器布置方式的不同，又可分为以下几种：

1.墙式切圆燃烧塔式炉

燃烧器布置在炉膛的四面墙上，共八只，形成八角单切圆火焰，一般采用水平浓淡分离式煤粉燃烧器，燃烧器的上部配有高位燃烬风口，下部炉膛水冷壁为螺旋管圈式结构，上部炉膛水冷壁为垂直管圈式结构，高温受热面及省煤器沿塔式烟道内纵向依次布置，并且均为水平悬吊结构。

2.四角切圆燃烧塔式炉

燃烧器布置在炉膛的四个角部，共四只，形成四角单切圆火焰，也采用水平浓淡分离式煤粉燃烧器，并在燃烧器上配有高位燃烬风口，其他受压部件的布置方式与墙式切圆塔式炉布置的一致。

3.前后墙对冲燃烧II型炉

燃烧器布置在炉膛的前后墙，一般采用旋流式煤粉燃烧器，数量在单台炉30只至36只之间不等，炉膛四周配有高位燃烬风口，下部炉膛水冷壁为螺旋管圈式结构，上部炉膛水冷壁为垂直管圈式结构，中间采用混合集箱过渡，水冷壁下集箱采用缩径管孔，高温过热器、再热器布置在水平烟道内，为垂直悬吊结构；低温过热器、再热器及省煤器布置的尾部垂直烟道内，为水平悬吊结构；尾部烟道为双竖井结构。

4.墙式切圆燃烧II型炉

燃烧器布置在炉膛的四面墙上，采用水平浓淡分离式煤粉燃烧器，并配有高位燃烬燃烧器，火焰切圆有四角单切圆、八角双切圆之分，双切圆一般应用于百万等级的超临界锅炉，炉膛为双炉膛；炉膛水冷壁有的全部采用垂直管圈，有的采用螺旋管圈加垂直管圈，水冷壁下集箱入口管接头内加装节流孔圈，以提高流量调节能力；高温过热器、再热器布置在水平烟道内，为垂直悬吊结构；低温过热器、再热器及省煤器布置的尾部垂直烟道内，为水平悬吊结构；尾部烟道为双竖井结构。

5.四角切圆燃烧II型炉

锅炉外形结构与亚临界锅炉相似，燃烧器布置在炉膛的四个角部，共四只，单切圆火焰，采用水平浓淡分离式煤粉燃烧器，并配有高位燃烬燃烧器，炉膛下部水冷壁采用螺旋管圈式结构，上部水冷壁为垂直管圈式结构，其余布置方式与墙式切圆燃烧I型炉一致。

6."W"型火焰燃烧II型炉

燃烧器布置在炉膛前后墙水冷壁的肩部炉拱上，使火焰在炉膛内成"W"型，炉膛水冷壁采用垂直管圈，受热面在水平及尾部烟道的布置方式与其他II型炉基本一致。

国内高参数、大容量的循环流化床锅炉发展较快，国内已有多台300MW和600MW等级的超临界循环流化床锅炉在建或即将投运，其锅炉整体布置形式与上述超(超超)临界的煤粉炉有较大区别，其中600MW等级超临界循环流化床锅炉采用II型布置，单炉膛双布风板，中间水冷隔墙，炉膛内布置屏式过热器，炉膛周围布置大型旋风分离器、冷渣器及外置式换热器等流化床锅炉特有的部件；低温过热器、再热器及省煤器布置的尾部垂直烟道内，为水平悬吊结构。

当然，对于国内几家发电设备制造厂家来说，在超临界、超超临界锅炉的整体布置方式上都各有各的特点，由于引进技术流派的不同，所适应的煤种也不同，在选取炉型上就各有侧重。但基本上都是在塔式炉、II型炉这两类布置方式上再配以燃烧方式的不同加以变化。由于炉型众多，以下就超临界锅炉中比较典型的前后墙对冲燃烧II型布置方式的整体结构做实例介绍。

采用II型布置方式的超临界及超超临界锅炉与亚临界锅炉相比，在锅炉整体结构上基本相似，大多数同类受压元件也基本相同，例如垂直水冷壁、绝大部分的过热器、再热器、集箱及管道等受压件，在结构上均没有太大的差别，只是在材料的选用等级上有所不同，高强度等级的耐热钢、不锈钢等材料选用较多。但由于设计流派的不同，在某些受压元件的具体结构上差异很大，同时也出现了一些新型结构的受压元件。例如，由于没有明显的汽水分界面，超临界锅炉中没有锅筒，而在锅炉前部上方布置汽水分离器，在锅炉启动时代替锅筒的功能；虽然炉膛水冷壁均为膜式水冷壁，但下部水冷壁及灰斗采用螺旋管圈，螺旋管圈的倾角约为18°，上部水冷壁为垂直管屏，以利于采用悬吊结构；在折焰角附近布置了环绕炉膛四周的中间混合集箱，螺旋管圈通过此集箱与垂直管屏相连。下面仅对启动汽水分离器、贮水箱和螺旋管圈水冷壁作一介绍。图1－3所示为某台国产600MW等级的超临界参数变压运行直流锅炉的结构简图，锅炉整体布置为单炉膛、一次再热、全悬吊结构II型布置、全钢架、燃烧器前后墙布置对冲燃烧，炉膛尾部烟道为双烟道，采用挡板调温。

(1)启动汽水分离器和贮水箱

启动汽水分离器为立式简体，共4只，布置在锅炉前部的上方，分离器外径为ϕ610mm，壁厚为65mm，高度约为9500mm，材料为WB36钢。从水平烟道出口集箱出来的介质由6根下倾15°的切向引入管引入分离器内。在分离器的底端轴向布置有1根出口导管，将分离出来的水引至贮水箱；在分离器的上端轴向也布置有1根出口导管，将蒸汽引至顶棚过热器入口集箱。贮水箱的数量为1只，结构也为立式筒体，外径、壁厚及材质与分离器相同，高度约为1000mm，在其下部共有4根径向导管分两层引入4只分离器的疏水。通过水位控制阀的控制，储水箱内保持一定的水位，为分离器提供稳定的工作条件。贮水箱悬吊于锅炉顶部框架上，下部装有导向装置，以防其晃动。

(2)螺旋管圈水冷壁

此台超临界锅炉的炉膛水冷壁采用焊接膜式壁，炉膛断面尺寸为22187mm×15632mm。给水经省煤器加热后进入外径为ϕ219mm、材料为SA－106C钢的水冷壁下集箱，经水冷壁下集箱进入冷灰斗的水冷壁，冷灰斗的角度为55°，炉膛的冷灰斗及下部水冷壁均为螺旋管圈，由下集箱引出的436根直径ϕ38mm、壁厚为6.5mm、节距53mm、材料为T12的管子组成两个管带，沿炉膛四壁盘旋围绕上升，经过冷灰斗拐点后，管圈以约180的倾角继续盘旋上升，直至标高约44m处通过直径为ϕ219mm、材料为P12的中间混合集箱转换成垂直管屏，垂直管屏由1312根ϕ31.8mm×5.6mm、节距57.5mm、材料为T12的管子组成。

三、循环流化床锅炉的总体结构

循环流化床锅炉(CFB)是20世纪80年代发展起来的高效率、低污染和良好综合利用的燃煤技术。由于在煤种适应性、变负荷能力以及污染物排放上具有的独特优势，循环流化床锅炉得到迅速发展与应用，并逐步向大容量、高参数发展，现已开发出发电能力达到30万kW、60万kW等级、超临界参数的循环流化床锅炉。

图1－1所示为某台国产13.5万kW(440t/h)等级的循环流化床锅炉，与其他常规锅炉相比，循环流化床锅炉增加了高温物料循环回路部分，即旋风分离器、回料阀；另外还增加了底渣冷却装置，即冷渣器。由于燃烧室流化风的需要，在炉膛燃烧室的底部还增加了水冷布风板和水冷风室；由炉膛进入旋风分离器时，在炉膛出口设置了出烟口管屏，分离器和尾部烟道之间由连接烟道相连接。分离器的作用在于实现气固两相分离，将烟气中夹带的绝大多数固体颗粒分离下来；回料阀的作用一是将分离器分离下来的固体颗粒返送回炉膛，实现锅炉燃料及石灰石的往复循环燃烧和反应，二是通过循环物料在回料阀进料管内形成一定的料位，实现物料密封，防止炉内增压烟气反窜进入负压的分离器内造成烟气短路，破坏分离器内的正常气固两相流动及正常的燃烧和传热；冷渣器的作用是将炉内排出的高温底渣冷却到150℃以下，从而便于底渣的输送和处理，同时也吸取部分热量，进一步提高锅炉效率。由于物料在炉膛内是流化燃烧，烟气中含灰量较大，为了防止磨损，在炉膛下部、分离器、回料阀、抽烟

口、连接烟道等处的管屏或钢板的内壁上布置了大量的焊接销钉，用于敷设保温、耐火防磨材料。

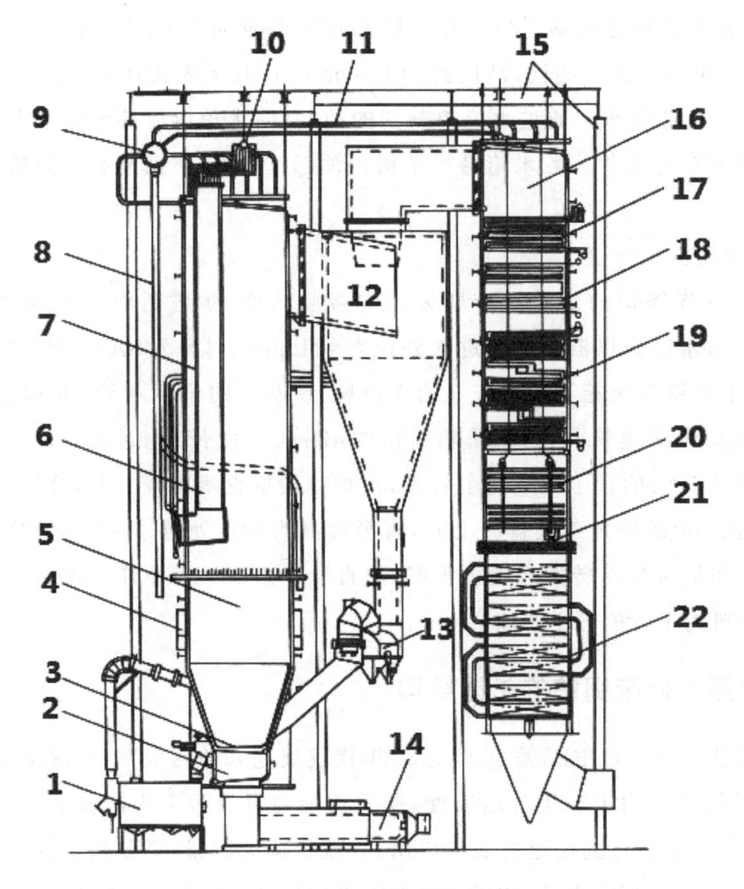

图 1-1 440/h 循环流化床锅炉

1-冷渣器；2-水冷风室；3-水冷布风板；4-床上启动燃烧器；5-炉膛燃烧室；6-二级过热器；7-高温再热器；8-下降管；9-锅筒；10-再热器出口集箱；11-连接管；12-旋风分离器；13-回料阀；14-床下启动燃烧器；15-梁和柱；16-尾部烟道；17-三级过热器；18-一级过热器；19-低温再热器；20-省煤器；21-省煤器入口集箱；22-空气预热器

四、联合循环余热锅炉的总体结构

余热锅炉是利用工业生产中的余热来产生蒸汽的蒸汽发生设备，其结构的显著特点是一般不用燃料，因此也没有燃烧装置（除非有补燃要求）。按照其结构特点，余热锅炉可分为管壳式和烟道式两大类，其中烟道式余热锅炉按照气流的流通方式可分为卧式和立式两大类。管壳式余热锅炉一般为紧凑型小型余热锅炉，大型的余热锅炉一般采用烟道式，其应用较为广泛，主要用于热电联产为工厂提供工业用汽，以及联合循环电厂为蒸汽轮机提供蒸汽。联合循环余热锅炉就是联合循环电厂中的关键设备之一，其热源为燃气轮机的排气，利用余热而产生蒸汽，提供给蒸汽轮机发电。联合循环余热锅炉与常规锅炉的受压件种类相近，由省煤器、蒸发器(包括锅炉管束和水冷壁)、过热器、再热器及锅筒等组成，一般布置在余热锅炉的水平或垂直烟道中。

卧式联合循环余热锅炉的受热面均为立式布置，采用的是对流热交换，而不是像一般锅炉的辐射热交换，其蒸发器不采用膜式水冷壁结构，与省煤器、过热器及再热器一样采用翅片管，可提高传热效率，螺旋翅片管有两种形式：螺旋锯齿状翅片管和螺旋环片状翅片管，采用连续高频电阻焊工艺将翅片螺旋焊到管子上。钢结构件和受压部件均采用大型模块化设计，受压部件在制造厂组装成大型模块，工地只进行模块与模块之间的安装，大大减少了工地的组装量。大型模块一般由螺旋翅片管、端部连接集箱和支撑框架组成，管子直径一般为φ32mm或φ38mm，在高温区域内，管子和集箱材质可选用T91钢、P91钢。

立式联合循环余热锅炉，与卧式余热锅炉相比，其省煤器、蒸发器、过热器及再热器等大型管束模块成水平布置，管束也均采用螺旋翅片管，烟气垂直向上流动，具有较小的占地面积、易于改造和安装简便等优点，但钢结构的消耗量较大。

第三节　压力容器概述

一、介绍

压力容器是一种内部或外部承受气体或液体压力、并对安全性有较高要求的密封容器。压力容器早期主要应用于化学工业，压力多在10MPa以下。合成氨和高压聚乙烯等高压生产工艺出现后，要求压力容器承受的压力提高到100MPa以上。随着石油和化学工业的发展，压力容器的工作温度范围也越来越宽，新工作介质的不断出现，还要求压力容器能耐介质腐蚀。许多工艺装置规模越来越大，压力容器的容量也随之增大。在工厂内制造的压力容器单台重量就达千余吨，在现场制造的球形压力容器、预应力混凝土压力容器的直径可达数十米。许多生产工艺过程需要在一定的压力下进行，许多气体和液化气需要在压力下贮存，因此压力容器越来越广泛地应用于各个行业。现如今许多新技术的发展对压力容器的设计、制造和检验不断提出了新的、更高的要求。如煤转化工业的发展需要单台重量达数千吨的高温压力容器；快中子增殖反应堆的应用需要解决高温耐液态钠腐蚀的压力容器；海洋工程的发展需要能在水下几百至几千米深度工作的外压容器。

二、压力容器的分类

1.按压力类别划分

压力容器类别的划分应当根据介质特性，按照以下要求选择类别划分图，再根据设计压力p(单位MPa)和容积V(单位L)标出坐标点，确定压力容器类别：

2.按压力等级划分

容器的设计压力p划分为低压、中压、高压和超高压四个压力等级。

(1)低压(代号L)0.1 MPa≤p<1.6MPa。

(2)中压(代号M)1.6 MPa≤p<10.0MPa。

(3)高压(代号H)10.0 MPa≤p<100.0MPa。

(4)超高压(代号U)p≥100.0MPa。

3.按压力容器品种划分

压力容器按照在生产工艺过程中的作用原理，划分为以下品种：

(1)反应压力容器(代号R)：主要是用于完成介质的物理、化学反应的压力容器。例如各种反应器、反应釜、聚合釜、合成塔、变换炉、煤气发生炉等。

(2)换热压力容器(代号E)：主要是用于完成介质的热量交换的压力容器。如各种热交换器、冷却器、冷凝器、蒸发器等。

(3)分离压力容器(代号S)：主要是用于完成介质的流体压力平衡缓冲和气体的净化分离等的压力容器。例如各种分离器、过滤器、集油器、洗涤器、吸收塔、铜洗塔、干燥塔、汽提塔、分汽缸、除氧器等。

(4)储存压力容器(代号C，其中球罐代号B)：主要是用于储存或者盛装气体、液体、液化气体等介质的压力容器，如各种形式的储罐。

此外，还可以按压力容器工作时的壁温、压力容器的形状和压力容器的制造方法等进行分类。

4.按壁温分类

(1)常温压力容器：指在－20～200℃条件下工作的容器。

(2)低温压力容器：指工作时壁温在－20℃以下的压力容器。液化乙烯、液化天然气、液氮和液氢等的储存和运输用容器均属低温压力容器。一般压力容器常用的铁素体钢在温度降低到某一温度时，钢的韧性将急剧下降而显得很脆，通常称这一温度为脆性转变温度。压力容器在低于韧脆转变温度的条件下使用时，容器中如存在因缺陷、残余应力、应力集中等因素引起的较高局部应力，容器就可能在没有出现明显塑性变形的情况下发生脆性破裂而酿成灾难性事故。对于低温压力容器首先要选用合适的材料，这些材料在使用温度下应具有良好的韧性。经细化晶粒处理的低合金高强度结构钢可用到－45℃，2.25%(质量分数)镍钢可用到－60℃，3.5%(质量分数)

镍钢可用到－104℃,9%(质量分数)镍钢可用到－196℃。低于－196℃时可选用奥氏体不锈钢和铝合金等。为了避免在低温压力容器上产生过高的局部应力,在设计容器时应避免有过高的应力集中和附加应力;在制造容器时应严格检验,以防止容器中存在危险的缺陷。对于因焊接而引起的过大残余应力,应在焊后进行消除焊接残余应力处理。

(3)高温压力容器

使用过程中容器壁处于高温下的压力容器。所谓高温,通常是指壁温超过容器材料的蠕变起始温度(对于一般钢材约为350℃)。火力发电站的锅炉汽包、煤转化反应器,某些核电站的反应堆压力容器(高温气冷堆和增殖反应堆)等,都是高温压力容器。高温压力容器因材料的蠕变会产生形状和尺寸的缓慢变化。材料在高温的长期作用下,其持久强度较短时抗拉强度低得多。此外,容器内部的介质对材料的腐蚀作用(例如氧化)会因高温而加剧。制造高温压力容器所使用的材料,根据工作温度和工作介质的不同选用热强钢或耐热钢,在个别场合还需要选用高温合金。高温压力容器的设计寿命通常要求在10万h以上,在设计时必须正确地选择材料并进行应力分析。压力容器在使用期间一般允许形状和尺寸有一定的变化容限,因此选择材料的主要依据是高温持久强度和耐腐蚀性。高温压力容器的应力分析比较复杂,要求理论解释相当困难,实践表明,采用有限元分析法是切实可行的手段。如果容器承受交变载荷(例如反复升压和降压),还应考虑疲劳和蠕变的交互作用。碳钢或低合金高强度结构钢容器温度超过420℃、低合金耐热钢(Cr－Mo钢)超过450℃、奥氏体不锈钢超过550℃的情况,均属此范围。

5.按形状分类

根据压力容器的形状,可分为圆柱形、球形、锥形、椭圆形等,其中以圆柱形压力容器使用最多。

6.按制造方法分类

根据制造方法,可分为焊接、铸造、铆接、锻造等,其中以焊接容器应用最为普遍。

压力容器的分类方法中以按压力类别进行分类最为重要,这种分类方法比其他几种单纯分类的压力容器,更周到地考虑安全生产的要求,对三类压力容器的材料、设计、制造等方面提出了不同的要求。

三、圆柱形压力容器的结构

圆柱形压力容器主要由封头、简体、法兰、端盖、锥体、接管等部件组成。其主要结构形式为圆柱形,少数为球形或其他形状。圆柱形压力容器通常由简体、封头、接管、法兰等零件和部件组成。核电站反应堆压力容器,是一种典型的圆柱形压力容器。压力容器工作压力越高,它的筒壁就应越厚。直径大的压力容器壁厚可达100～

400mm。对于直径较小的厚壁压力容器，往往采用整体锻造的厚壁筒体。圆柱形压力容器有多种结构形式，如单层式、多层式、绕板式、型槽绕带式、热套式、厚板卷焊式、厚板压制形式和锻焊形式等，其中最为常用的是单层板式压力容器。

1.压力容器筒体的结构形式

(1)单层板卷焊式

它的筒体一般是用单层钢板卷成圆柱形后焊制而成。一般直接采用钢板卷焊成筒节，再将各筒节焊制成筒体。由于受钢板生产和卷板设备等条件的限制，钢板厚度一般不宜超过200mm。采用这种结构形式的压力容器一般有电站锅炉中的锅筒、石化设备中的气化炉、氨合成塔、加氢反应器以及核电站中的核岛压力壳等。

(2)层板包扎式

在20世纪30年代，层板包扎式结构就已开始在工业上使用。这种结构的压力容器由若干个多层筒节组焊而成。各筒节由内筒和在外面包扎的层板组成。内筒厚度一般为12～25mm，外层层板由厚度一般为6～12mm的两瓦片组成，并借包扎力和纵焊缝的焊接收缩力使层板与内筒互相贴紧，并使内筒产生预加的压缩应力。第一层层板包扎、焊接后，用相同的方法包扎、焊接以后各层层板，达到所需要的筒体厚度为止。这种结构的优点是制造设备较简单，材料的选用有较大的灵活性，可按介质的腐蚀性选用合适的内筒材料，而层板可以用一般压力容器用钢。这种结构即使在某一层钢板中出现裂缝，裂缝也只能在该层层板中扩展，不会扩展到其他层板上。在每个筒节的层板上开有通气孔，可用来检测内筒是否泄漏，以防止发生事故。安全性高是这种容器的突出优点。它的缺点是生产工序多、劳动生产率低。

(3)绕板式

这种结构是对层板包扎式容器的改进，容器内壁厚度为10～40mm，将厚度3～5mm的薄板的一端与内筒焊接，然后将薄板连续地缠绕在内筒上，达到需要的厚度时便停止缠绕，并将薄板割断再焊接在内筒上，便成为厚壁筒节。其特点是机械化程度高，材料利用率高，但与层板包扎式结构相比，深厚环焊缝却有增无减。

(4)钢带错绕式

采用简单的预应力冷绕与压辊预弯贴紧技术，在薄内筒外倾角错绕扁平钢带，从而有效地避免了钢带对内筒的扭剪作用。这种扁平钢带倾角错绕式压力容器(可简称钢带错绕式)，是我国首创研制成功的一种缠绕式压力容器，其特点是设计灵活、制造简便、使用安全、适用性广等。

(5)热套式

内筒外面套合上一层或多层外筒组成筒节。通常先将外层筒体加热使其直径增大，以便套在内层筒体上。冷却后的外层筒体就能紧贴在内筒上，同时对内筒产生一定的预加压缩应力。内筒和外筒的厚度一般是相同的，常用25～50mm的钢板卷焊而成。热套压力容器用的钢板比多层包扎式压力容器的层板厚、层数少(一般为2—3层,最多为5层),所以生产效率比多层包扎式压力容器高。

(6)厚板压制式

厚板压制式压力容器采用单层厚钢板在大型压力机上压制成形,将两至三个瓦片组焊成筒体。这种容器的特点是筒节长,压力机结构最长筒节可达到8m,压制厚度可以很大,热态压制厚度最大可达到300mm,压筒筒身还可采用不等厚结构。

(7)锻焊结构式

锻焊式压力容器由锻造的筒节经组焊而成,结构上只有环焊缝而无纵焊缝。由于冶炼、锻造和焊接等技术的进步,已可供应500多t重的大型优质钢锭,并能锻造最大外径为10m、最大长度为4.5m的简体锻件,因而大型锻焊式压力容器得到了发展,成为轻水反应堆压力容器、一石油工业加氢反应器和煤转化反应器的主要结构形式。

工业上有些工艺过程要在工作压力高于100MPa的条件下进行,如高压法生产聚乙烯和人造水晶等。这时因所使用的压力容器的壁厚很大,当容器的直径比(外径与内径的比值)增大到1.5以上时,容器筒壁上沿厚度分布的应力就很不均匀,内壁所受的切向应力和径向应力会大大高于外壁,当容器尚未达到工作压力时,内壁就过早屈服。为此,常采用预应力的措施,使容器内壁产生较大的预压缩应力,以改善容器受压时筒壁上的受力状况。在结构上可采用热套式容器,控制热套过盈量以达到所要求的内壁预压缩应力;也可采用绕丝结构,在内筒的外层缠绕若干层控制预拉伸应力的高强度钢丝,以使内壁得到所需要的预压缩应力。

2.压力容器封头的结构形式

压力容器的封头有多种形式,常见的有椭圆形、球形、碟形和平底形等,其中以标准椭圆形和球形封头应用最多。

对于椭圆形和碟形封头的成形主要有两种方法,一种是采用专用模具将圆形钢板加热后冲压成形,另一种是采用旋压机旋压成形,对于旋压成形的封头多为直径较大而且壁厚较薄的封头,而对于厚壁封头需要采用热冲压成形。

对于球形封头的制造一般有两种方法,对于小直径的半球形或球缺形封头可直接利用模具一次冲压成形,而对于较大直径的球形封头,由于受到设备规格的限制,应采用分片压制球瓣再组装成球形封头的方式进行,如大型石油、天然气球罐,就是采用这种工艺方法制成的。

对于锥形封头的制造一般也有两种方法,对于厚度较薄且锥角不大的锥体可采用卷板机直接卷制成形,锥体成形后只焊接一条纵缝即可,对于厚度较厚且锥角较大的锥体一般需要采用分片压制成锥片,再组焊成锥体的方法制造。

对于平板封头的制造方法比较简单,可采用钢板进行压制成形或用锻件直接加工而成。

3.压力容器接管和法兰的结构形式

(1)接管压力容器的接管结构形式多种多样,但对于其材料形式主要有两种:一是采用钢管直接作为接管,二是采用锻件加工而成。接管与容器本体的连接形式主要有三种形式:一是插入式全焊透结构形式,二是采用骑座式接管开I形坡口的角焊缝焊接形式,三是骑座式接管开坡口的全焊透焊接形式。

(2)法兰压力容器的法兰有装于接管上的接管法兰,还有装于筒身上的筒身法兰。对于法兰结构一般有两种形式,一种是用钢板制成的平焊法兰,与接管或筒身的连接为角焊缝,一般用于低压容器;另一种是用锻件制成的高径法兰,与筒身或接管的连接采用对接形式,这种法兰一般在中、高压容器上采用。

第四节　典型压力容器

一、球形压力容器

压力容器做成球形有两个显著的优点:在相同的内压力作用下,球形压力容器壳体上所受的应力,仅为相同直径和相同壁厚的圆筒形压力容器壳体上切向应力的一半。因此,球形压力容器的壁厚,可减薄到同一直径圆筒形压力容器壁厚的一半;在容积相同时,以球形压力容器表面积为最小。因此,在同一工作压力下,相同容积的压力容器中以球形压力容器的重量为最轻。球形压力容器常用作贮罐,因而有时也称为球罐。

球形压力容器可用以贮存各种气体、液化石油气、液化天然气、液态烃、液氨、液氮、液氧和液态氢等。工作压力一般均低于3MPa,但在特殊情况下也可高达100MPa。当用作贮罐时,其容积一般为100~1000m^3,但少数的容积也可达数万立方米。球形压力容器与圆筒形压力容器相比,制造中的特点是:

1.大型球形压力容器为节省材料、便于制造,常采用强度级别较高的低合金高强度结构钢,以尽量减薄壁厚,但这类钢的焊接性一般较差,故须采取可靠的焊接工艺措施。

2.球形压力容器由多块球瓣拼装而成,须严格保证装配尺寸精度,以防止在球壳局部部位产生过高的附加应力。

3.很多球形压力容器因体积大,只能在现场拼装焊接,需要更为严格的现场施工质量管理。

球形压力容器用作贮罐时,常贮存大量的易燃、易爆或有毒介质,一旦泄漏或破裂就会造成严重的恶果。历史上发生的破坏事故曾造成重大的人员伤亡和经济损失。因此,对球形压力容器的制造和运行,必须进行严格的检验和监督。

二、换热器

换热器是化工、炼油工业中普遍应用的典型工艺设备，用来实现热量的传递，使热量由高温流体传给低温流体。换热器在动力、冶金、核能、食品、交通等工业部门也有着广泛的应用。根据工艺过程或热量回收用途的不同，换热器可以是加热器、冷却器、蒸发器、再沸器、冷凝器、余热锅炉等。按照传热方式的不同，换热器可分为三类，即混合式换热器、蓄热式换热器和间壁式换热器，其中间壁式换热器是工业中应用最为广泛的换热器，间壁式换热器又分为管式换热器、板式换热器和扩展表面式换热器三种类型，其中管式换热器中的管壳式换热器在各个行业中占有主导地位，应用最为广泛。

1.固定管板式换热器

它是管壳式换热器的基本结构形式。管子的两端分别固定在与壳体焊接的两块管板上。在操作状态下由于管子与壳体的壁温不同，二者的热变形量也不同，从而在管子、壳体和管板中产生温差应力。这一点在分析管板强度和管子与管板连接的可靠性时必须予以考虑。为减小温差应力，可在壳体上设置膨胀节。固定管板式换热器一般只在适当的温差应力范围、壳程压力不高的场合下采用。固定管板式换热器的结构简单、制造成本低，但参与换热的两流体的温差受一定限制；管间用机械方法清洗有困难，须采用化学方法清洗，因此要求壳程流体应不易结垢。

2.浮头式换热器

为减小壳体与管束之间的间隙，以便在相同直径的壳体内排列较多的管子，常采用浮头式换热器的结构，即把浮头管板夹持在用螺栓连接的浮头盖与钩圈之间。管子一端固定在一块固定管板上，管板夹持在壳体法兰与管箱法兰之间，用螺栓连接；管子另一端固定在浮头管板上，浮头管板与浮头盖用螺栓连接，形成可在壳体内自由移动的浮头。由于壳体和管束间没有相互约束，拆下管箱可将整个管束直接从壳体内抽出，即使两流体温差较大，也不会在管子、壳体和管板中产生温差应力。对于浮头式换热器。浮头式换热器适用于温度波动和温差大的场合，管束可从壳体内抽出用机械方法清洗管间或更换管束，但与固定管板式换热器相比，它的结构复杂、装拆较为困难、造价高。

3.U形管式换热器

一束管子被弯制成不同曲率半径的U形管，其两端固定在同一块管板上，组成管束。管板夹持在管箱法兰与壳体法兰之间，用螺栓连接。拆下管箱即可直接将管束抽出，便于清洗管间。管束的U形端不加固定，可自由伸缩，故它适用于两流体温差较大的场合；又因其构造较浮头式换热器简单，只有一块管板，单位传热面积的金属消耗量少，造价较低，也适用于高压流体的换热。但管子有U形部分，管内清洗较直管困难，因此要求管程流体清洁，不易结垢。

管束中心的管子被外层管子遮盖，损坏时难以更换。相同直径的壳体内，U形管的排列数目较直管少，相应的传热面积也较小。

4.双重管式换热器

它是将一组管子插入另一组相应的管子中而构成的换热器。管程流体(B流体)从管箱进口管流入，通过内插管到达外套管的底部，然后反向，通过内插管和外套管之间的环形空间，最后从管箱出口管流出。其特点是内插管与外套管之间没有约束，可自由伸缩。因此，它适用于温差很大的两流体换热。但管程流体的阻力较大，设备造价较高。

5.填料函式换热器

管束一端与壳体之间用填料密封。管束的另一端管板与浮头式换热器同样夹持在管箱法兰与壳体法兰之间，用螺栓连接。拆下管箱、填料压盖等有关零件后，可将管束抽出壳体外，便于清洗管间。管束可自由伸缩，具有与浮头式换热器相同的优点。由于减少了壳体大盖，它的结构较浮头式换热器简单，造价也较低，但填料处容易渗漏，工作压力和温度受一定限制，直径也不宜过大。

6.双管板换热器

双管板换热器的管子两端分别连接在两块管板上，两块管板之间留有一定的空间，并装设开孔接管。当管子与一侧管板的连接处发生泄漏时，漏入的流体在此空间内收集起来，通过接管引出，因此可保证壳程流体和管程流体不致相互串漏和污染。双管板换热器主要用于严格要求参与换热的两流体不互相串漏的场合，但造价比固定管板式换热器高。

三、塔器

塔设备是石油、化学、医药和食品工业生产中重要的设备之一，它可使汽液或液液两相之间进行充分接触，达到相际传热及传质的目的。在塔设备中能进行的单元操作有：吸收、精馏、解吸以及气体的增湿和冷却等。塔器按系统内的两传质相间组分变化形式的不同，又可分为按层级(即阶梯式)组分变化的板式塔及连续组分变化(也称微分式)的填料塔两大类。

1.板式塔

塔器内部装置着一定数量塔板的称作板式塔。根据气－液相接触的状态及其特点的不同，塔板又分为鼓泡形和喷射形两类。鼓泡形塔板的板式塔在正常操作时，塔板上的液体为连续相，气体通过塔板进入液体成分散相，即成为鼓泡状态进行传质。喷射形塔板的板式塔在正常操作条件下塔板上的气体为连续相，而液体为分散相。当气体以一定速度通过塔板的定向孔时，将塔板上的液体吹成液滴式流束，进行着气液相间的传质过程。

属于鼓泡形塔板的有泡罩塔板、浮阀塔板和筛孔塔板等。属于喷射形塔板的有舌形塔板、浮动舌形塔板、斜孔塔板和钢板网形塔板等。板式塔具有单位处理量大、分离效率高、重量轻、造价低、清理检修方便、操作弹性较大(如浮阀塔和泡罩塔)和便于多段分馏的取出以及当处理系统的气液比很低时也可正常操作等优点。

2.填料塔

塔器内堆积着一定高度的填料层的称作填料塔。液体从塔顶沿着填料的表面呈薄膜状下流,气体则通过填料层逐渐上升,这样气一液相就通过填料表面的薄膜层进行传质。

填料塔所使用的填料按形状的不同,可分为实体填料和网体填料两类。属于实体填料的有拉西环、鲍尔环、鞍形和环矩鞍及波纹填料等。属于网体填料的有丝网及多孔延压薄板制成的各种填料,如鞍形网、目形网和延压孔环等。

填料塔多用于气液比大、压强降很低(如减压、真空系统)的情况。除具有施工安装方便、填料更换灵活的优点外,填料还可采用某些非金属(陶瓷、玻璃、塑料等)制成。因此填料塔还可用做某些强腐蚀系统的蒸馏塔。

四、反应器

许多石油化学工业的生产工艺过程,都有对原料进行若干物理过程处理后,再按一定的要求进行化学反应以得到最终的产品,这种完成化学反应的设备统称为反应器。常用的反应设备主要有固定床反应器、流化床反应器和搅拌反应器。

1.固定床反应器

固定床反应器多用于大规模气相反应,在一些场合反应器采用管子,故也称管式反应器,这类反应器广泛用于催化反应,如合成氨、合成甲醇等。

2.流化床反应器

流化床反应器多用于固体和气体参与的反应,在这类反应器中,细颗粒的固体物料装填在一个垂直的圆筒形容器的多孔板上,气流通过多孔板向上通过颗粒层,以足够大的速度使颗粒浮起呈沸腾状态,如催化裂化炉就是这种反应器。

3.搅拌反应器

搅拌反应器是搅拌设备用于化学反应,多用于液－液相反应、液－气相反应和液－固相反应。搅拌反应器的主要特征是搅拌,在有机化学中广泛应用,在合成橡胶、塑料、化纤三大合成材料的生产中,搅拌反应器约占反应设备的90%以上。

五、厚壁高压容器

高压容器是指设计压力在10～100MPa范围内工作的容器,设计压力超过

100MPa时称为超高压容器。在石油、化工及化肥工业中,很多介质常常是在高压或超高压条件下进行裂解或合成的。高压容器的壁厚与中低压容器相比要厚得多,因此在结构设计和制造工艺方面均有不同的特点。最常见高压容器的结构形式为单层厚壁形高压容器。按制造工艺的不同,单层厚壁形高压容器可分为单层板卷制式高压容器和单层板压制式高压容器。

第二章 锅炉压力容器焊接基础

压力容器设计过程中焊接接头的选择、制造过程中焊接质量的好坏及焊接过程中所产生的细小缺陷对压力容器质量的影响，作为压力容器的锅炉自然也不例外，同时也说明了焊接的重要性，故，本章就针对锅炉压力容器焊接的基础内容进行讲述。

第一节 金属学及热处理知识

一、金属的构造

金属是由原子构成的晶体组织。晶体内部结构中的原子(或离子)是按一定形式排列起来的，用来描绘原子排列规律的空间格子称为晶格。

金属组织是由无数个小晶体组成的，这些小晶体称为晶粒。结构分析表明，同一种金属及合金，各晶粒内部原子排列的晶体结构基本上是一样的。

每种金属在不同的温度下具有不同的晶格类型，例如，当纯铁温度在912℃以下时，原子排列为体心立方晶格。体心立方晶格好像一个立方体，它的中心和每个角上各有一个原子。当将纯铁温度加热到912℃以上时，原子排列由体心立方晶格转变为面心立方晶格。若继续把温度升到1394℃以上，原子排列将由面心立方晶格又重新转变为体心立方晶格，以后一直保持到熔化温度1535℃。铁的晶格转变称为纯铁的同素异晶转变。这一转变有着实际意义。可以利用钢铁内部组织结构同素异晶的变化规律，通过不同热处理工艺获得不同的组织和性能。同素异晶转变也是焊接热影响区不同区域组织变化的依据之一。

二、焊接熔池的结晶过程

液体金属随着温度的降低，原子之间的吸引力逐渐增大。当温度降低至凝固温度以下时，原子间的吸引力足以克服原子杂乱运动的力，原子就开始有规则地排列，这时液体金属开始结晶。

液体金属的结晶过程包括“形核”和“核长大”。焊接熔池的结晶过程如图2－1所示。在金属的结晶过程中,对焊接熔池来说,由于液体熔池中的热量主要是通过熔合线向母材方向散失,因此,接触熔合线处的一层液体金属降温最快并首先凝固结晶,如图2—1a所示。晶体不可能向着已凝固的金属扩展,而是向着与散热方向相反的方向长大,如图2—1b所示。同时,晶体向两侧方向的生长也很快受到相邻的正在生长的晶体的阻挡,因此晶体主要的生长方向是指向熔池中心,并形成柱状结晶,如图2—1c所示。当柱状晶体不断长大至互相接触时,在焊缝这一断面的结晶过程便结束如图2—1d所示。随着焊接热源的向前移动,熔池的形成及其结晶过程也不断向前推移。

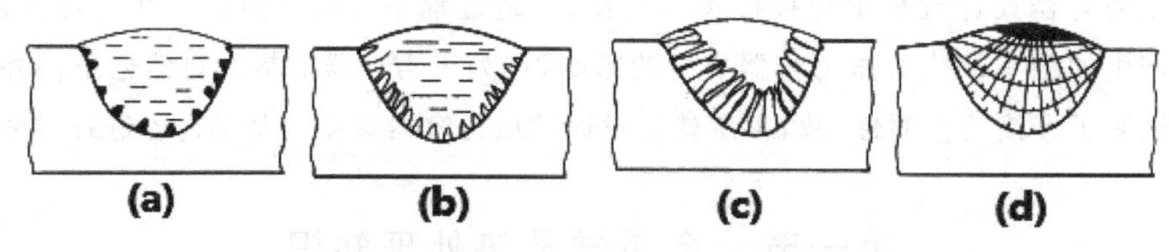

图2-1焊接熔池的结晶过程

(a)开始结晶;(b)晶体长大;(c)柱状结晶;(d)结晶结束

柱状晶的界面上容易被尚未结晶的(稍晚才能结晶的)、由某些偏析物形成的易熔共晶体所填充,再加上其他条件的影响,就有可能沿着界面产生裂纹。这种裂纹在焊接中称为热裂纹。由于柱状晶的界面总是与结晶时的等温面相垂直,因此,焊缝金属上的热裂纹也总是与焊缝的鱼鳞波纹相垂直。热裂纹的其他特征主要是:有热裂纹的焊缝断口上有高温氧化的蓝色或蓝黑色色彩;从焊缝表面上看,热裂纹呈不明显的锯齿形。一般在焊缝的收尾弧坑处更容易产生热裂纹。

三、合金的组织和铁碳相图

1.合金的组织

两种或两种以上的金属或金属与非金属元素熔合或烧结在一起形成的具有金属性质的物质称为合金。例如,普通钢是铁和碳的合金,铍青铜是铜和铍的合金等。根据合金元素之间相互作用的特性,以及合金元素之间形成的晶体结构和显微组织的特点,可将合金的组织分为三类:

(1)固溶体个固溶体是指一种物质均匀地分布于另一种物质内而形成的固体合金。固溶体分为置换固溶体和间隙固溶体。某一元素晶格上的原子部分地被另一种元素的原子所取代的固溶体,称为置换固溶体;如果元素晶格上的原子没有减少,而另一种元素的原子挤到该元素晶格原子之间的间隙中去,这种固溶体称为间隙固溶体。固溶体的形成,使晶格发生了畸变,增加了金属抵抗塑性变形的能力,因此固溶体的硬度、强度比纯金属高。

(2)化合物两种元素形成与两元素自身晶格类型及性质完全不同的晶体,称为化合物。金属与金属或金属与非金属形成的化合物，一般具有较高的硬度和脆性，并且有较高的熔点和比纯金属大的电阻。

(3)机械混合物。由两种或两种以上的晶体结构混合而成的晶体组织，称为机械混合物。机械混合物常常比单一固溶体合金有更高的强度、硬度，但塑性差。如珠光体是铁素体与渗碳体(Fe_3C)的机械混合物，它的硬度、强度高于铁素体，但其塑性低于铁素体。

2.铁碳相图

至大钢和铸铁都是铁碳合金。含碳量低于2%的铁碳合金为钢，含碳量超过2%的铁碳合金为铸铁。在工业上用的钢，含碳量很少超过1.4%，而其中用于制造焊接结构的钢，需要更低含碳量，否则，含碳量高，钢的塑性和韧性变差，致使钢的加工性能降低。特别是焊接性能(可焊性)，随着结构钢含碳量的提高而变得较差。铁碳合金基本组织的名称和性能见表2－1。

表2-1铁碳合金基本组织的名称和性能

名称	符号	组织	性能
铁索体	F	碳溶于α－Fe中形成的间隙固溶体	塑性，韧性高，强度、硬度低
奥氏体	A	碳在γ－Fe中形成的间隙固溶体	塑性较好。硬度和强度低
渗碳体	Fe_3C	铁和碳的化合物(Fe_3C)	硬度高，脆性大
珠光体	P	铁索体和渗碳体的机械混合物(共析体)	硬度比铁索体和奥氏体高，比渗碳体低；塑性比铁索体和奥氏体低，比渗碳体高
莱氏体	Ld	奥氏体与渗碳体的机械混合物	硬度高，脆性大

表2－1中的五种组织结构并不同时出现在钢的组织结构中。它们各自出现的条件，除取决于钢中的含碳量外，还取决于钢本身所处的温度范围。为了全面了解不同含碳量的钢在不同温度下所处的状态及所具有的组织结构，可用一图形来表示这种关系，这个图形称为铁碳相图，如图2－2所示。铁碳相图的纵坐标表示温度，横坐标表示铁碳合金中碳的质量分数，符号为ω(C)。如在横坐标左端，含碳量ω(C)为零，即为纯铁；在右端，含碳量ω(C)为6.69%，全部为渗碳体。铁碳相图中各条线都是铁碳合金内部组织结构发生转变的界限，所以也称这些线为组织转变线。

显而易见，铁碳相图可表示出铁碳合金在不同的含碳量和不同的温度时所处的状态和所具有的组织结构。因此铁碳相图对于热加工具有重要的指导意义。尤其对于焊接，可以根据铁碳相图来分析焊缝和热影响区的组织变化，并合理地选择焊后热处理工艺等。

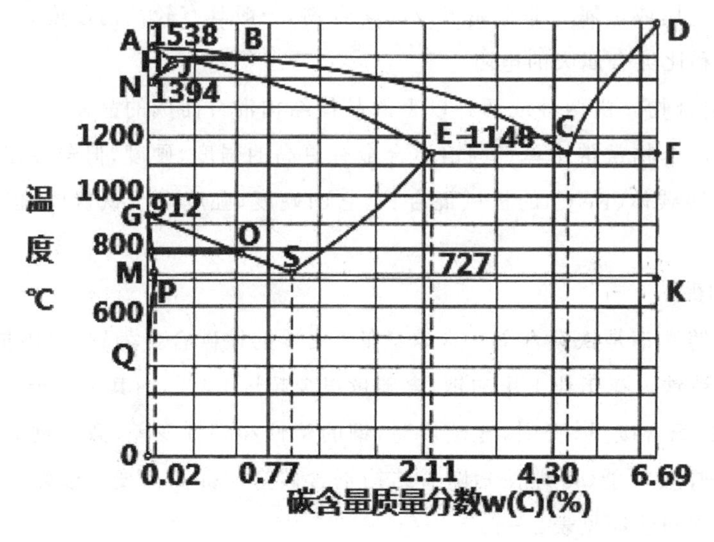

图2-2铁碳相图

四、钢的热处理

将钢件加热到一定温度，在此温度下保温一定时间，然后以一定的冷却速度降到室温，这个过程称为热处理。这种金属加工工艺能使某上金属材料经不同的热处理以后获得不同的组织和性能。根据加热、冷却方法的不同钢的热处理可分为退火、正火、淬火、回火等。

1.退火

将钢加热到适当温度并保温一定时间，然后缓慢冷却(一般是随炉冷却)的热处理工艺称为退火。常用的退火方法有完全退火、球化退火、去应力退火等。

(1)完全退火

将钢完全奥氏体化，随之缓慢冷却，获得接近平衡状态组织的热处理工艺称为完全退火。它可降低钢的硬度，细化晶粒，充分消除内应力。完全退火主要用于中碳钢及低、中合金结构钢的锻件、铸件等。

(2)球化退火

为使钢中碳化物呈球状化而进行的退火称为球化退火。它不但可使材料硬度降低，便于切削加工，而且在淬火加热时，奥氏体晶粒不易粗大，冷却时工件的变形和开裂倾向小。

球化退火适用于共析钢及过共析钢，如碳素工具钢、合金工具钢、轴承钢等。

(3)去应力退火

为了去除由于塑性变形、焊接及铸造等原因造成的残余内应力而进行的退火称为去应力退火。

热处理工艺是将钢加热到略低于Ac_1的温度（一般取600℃～650℃），经保温缓慢冷却即可。在去应力退火中，钢的组织不发生变化，只是消除内应力。

零件中存在内应力是十分有害的，如不及时消除，将使零件在加工及使用过程中发生变形，影响工件的精度。此外，内应力与外加载荷叠加在一起还会引起材料发生意外的断裂。因此，锻造、铸造、焊接以及切削加工后（精度要求高）的工件应采用去应力退火，以消除加工过程中产生的内应力。

2.正火

将钢件加热到Acs或Acm以上（40C～60℃），保温一定时间，然后在空气中冷却下来的热处理工艺称为正火。正火的目的与退火目的基本相同，但正火的冷却速度比退火稍快，故正火后工件的组织较细，它的强度、硬度比退火钢高。正火主要用于普通结构零件，当力学性能要求不太高时可作为最终热处理。

3.淬火

将钢件加热到Ac_3或Ac_{cm}以上：（30℃～50℃）温度，保温一定时间，然后以适当速度冷却（达到或大于临界冷却速度），以获得马氏体或贝氏体组织的热处理工艺称为淬火。淬火的目的及应用如下：

（1）提高钢的硬度和耐磨性各种刃具、模具、量具及滚动轴承等要求耐磨的零件，只有通过淬火才能获得高的硬度和耐磨性。

（2）提高钢的综合力学性能淬火后通过不同温度的回火，可有效地提高钢的强度、韧性及疲劳强度等，使钢满足各种使用要求。

4.回火

将淬火后的钢件重新加热至Ac_1以下的某一温度，保温一段时间，然后以一定的方式冷却到室温的热处理工艺称为回火。回火分为三种：低温回火、中温回火、高温回火。

（1）低温回火将工件加热至150℃～240℃然后空冷。目的：减少内应力和脆性，防止工件在使用中产生变形和开裂；提高钢的韧性，适当调整钢的强度和硬度，以满足各种工件的使用要求；获得要求的各种力学性能。低温回火适用于各类量具、刃具、模具等。

（2）中温回火将工件加热至300℃～500℃，然后空冷。中温回火的目的与低温回火的目的基本相同。中温回火适用于各种弹簧、弹簧夹头及某些要求强度较高的零件。

（3）高温回火将工件加热至＞500℃，然后空冷。目的：消除内应力及冷作硬化，稳定组织和尺寸，使工件在使用过程中不发生组织变化，从而保证工件的形状和尺寸精度；降低硬度、提高塑性和韧性。高温回火适用于齿轮、连杆、曲轴等受力情况复杂的结构零件。

五、关于锅炉、压力容器的热处理要求

1.锅炉的热处理要求

(1)锅炉受压元件的焊后热处理要求,锅炉受压元件的焊后热处理应符合下列规定:

1)低碳钢受压元件,其壁厚>30mm的对接接头,或内燃锅炉的筒体或管、板的壁厚>20mm的T形接头,必须进行焊后热处理。合金钢受压元件焊后需要进行热处理的厚度界限,按锅炉专业技术标准的规定。

2)异种钢接头焊后需要进行消除应力热处理时,其温度应不超过焊接接头两侧任一钢种的下临界点Ac_1。

3)对于焊后有产生延迟裂纹倾向的钢材,焊后应及时进行后热消氢处理或热处理。

4)锅炉受压元件焊后热处理宜采用整体热处理。如果采用分段热处理,则加热的各段至少有1500mm的重叠部分,且伸出炉外部分应有绝热措施减小温度梯度。焊缝局部热处理时,焊缝两侧的加热宽度应各不小于壁厚的3倍。

5)工件与它的检查试件(产品试板)热处理时,其设备和规范应相同。

6)焊后热处理过程中,应详细记录热处理规范的各项参数。

(2)注意事项

需要焊后热处理的受压元件,接管,管座、垫板和非受压元件等,与其连接的全部焊接工作,应在最终热处理之前完成。

已经热处理过的锅炉受压元件,如锅筒和集箱等,应避免直接在其上焊接非受压元件。如不能避免,在同时满足下列条件时,焊后可不再进行热处理。

受压元件为碳素钢或碳锰钢材料;角焊缝的计算厚度≤10mm;应按经评定合格的焊接工艺施焊;应对角焊缝进行100%表面探伤。

2.压力容器的热处理要求

钢制压力容器的焊后热处理应符合下列要求:

(1)高压容器、中压反应容器和储存容器、盛装混合液化石油气的卧式储罐移动式压力容器应采用炉内整体热处理。其他压力容器应采用整体热处理。大型压力容器,可采用分段热处理,其重叠热处理部分的长度应≥1500mm,炉外部分应采用保温措施。

(2)修补后的环向焊接接头、接管与筒体或封头连接的焊接接头,可采用局部热处理。局部热处理的焊缝,要包括整条焊缝。焊缝每侧加热宽度不小于母材厚度的2倍,接管与壳体相焊时加热宽度不小于两者厚度(取较大值)的6倍。靠近加热部位的

壳体应采取保温措施，避免产生较大的温度梯度。

(3)焊后热处理应在焊接工作全部结束并检测合格后，于耐压试验前进行。

(4)热处理装置(炉)应配有自动记录曲线的测温仪表，并保证加热区内最高与最低温度之差不>65℃(球形储罐除外)。

我国目前尚未有完整的各类钢种的焊后热处理规范，虽然在某些规程、规范中能见到一些类似的规定，但也非常不具体。

六、金属的焊接性及焊接性试验

1.金属的焊接性

金属的焊接性是指被焊金属材料在采用一定的焊接工艺方法、焊接材料、规范参数及结构形式条件下，对焊接加工的适应性。焊接性包括工艺焊接性和使用焊接性两方面，同一种金属材料，若采用不同焊接方法或材料，则其焊接性可能有很大差别。

(1)工艺焊接性

主要指在一定的焊接工艺条件下获得优质焊接接头的难易程度。

(2)使用焊接性

主要指在一定的焊接工艺条件下焊接接头在使用中的可靠性，包括焊接接头的力学性能，如强度、延性、韧性、硬度，以及抗裂纹扩展的能力等，和其他特殊性能，如耐热、耐蚀、耐低温、抗疲劳、抗时效等。

当采用新的金属材料制造工件时，了解及评价新材料的焊接性，是产品设计、施工准备及正确拟订焊接工艺的重要依据。

(3)焊接性的评定

焊接性的评定通常是检查金属材料焊接时产生裂纹的倾向性。

2.焊接性试验

(1)焊接性试验的目的

选择合理的焊接工艺，包括焊接方法、焊接规范、预热温度、焊后缓冷及焊后热处理方法等；选择合理的焊接材料；用来研究制造焊接性能良好的新材料。

(2)焊接性试验方法

焊接冷裂纹试验方法。可细分为间接评定方法和直接试验方法；焊接热裂纹试验方法。可细分为压板对接(FISCO)焊接裂纹试验方法、环形镶块裂纹试验方法、可变拘束试验方法和鱼骨状可变拘束裂纹试验方法；焊接再热裂纹试验方法。可细分为间接评定方法和直接试验方法；层次撕裂试验方法。可细分为Z向窗口试验和Z向拉伸试验。

七、锅炉压力容器常用钢材

1.锅炉用钢

锅炉用钢的特殊要求锅炉受压元件的工作条件是比较恶劣的。特别是锅炉受热面,它外部受炉内强烈的辐射或高温烟气的冲刷,内部受高压水和蒸汽的作用。由于受到高温、高压和锈蚀的作用,同时在制造过程中又存在加工变形较大的特点,这就要求钢材在常用和高温下应具有足够的强度,一定的抗腐蚀能力,以保证锅炉的使用寿命;同时应具有良好的抗疲劳性能,并具有良好的塑性和韧性,使之适于加工不易发生脆性破坏等。

2.压力容器用钢

(1)压力容器用钢的特点

目前制造压力容器的材料主要有碳钢、低合金钢、合金钢。

压力容器用钢必须满足使用条件下的力学性能要求,主要是强度、韧性及塑性要求。强度主要是常温和高温强度(碳钢及Q345R钢工作温度达400℃)。为防止压力容器因意外超载而发生破坏,要求压力容器用钢应具有一定的塑性裕度。为防止压力容器的脆性破坏,要求材料应具有良好的冲击韧度。压力容器用钢材的冲击韧度要求,室温下的 $a_K \geqslant 70J/cm^2$,$-40℃$时 $a_K \geqslant 40J/cm^2$(以上均为U形缺口试样)。压力容器用钢与一般钢种相比,在降低磷、硫含量,保证较多的性能指标,如保证抗拉强度 σ_b、屈服强度 σ_s、伸长率 δ_5、弯曲角 a、冲击韧度 a_K,增加检验数量等方面,都提高了要求。

(2)压力容器常用钢种

1)常用的低合金钢钢板有Q345R等;钢管有Q345、Q390、09Mn2V、16Mo等;锻件有Q345,Q390、10MnMo等;螺栓有Q345、40MnB、40MnVB、40Cr等。

2)常用的高合金钢钢板有06Crl3、06Cr19Ni10、06Cr18Ni11Ti、06Cr17Nil 2Mo2、0Cr19Ni10等;钢管有06Cr13、06Cr19Ni10、0Cr18Ni12Mo2Ti等;锻件有06Cr13、1Cr18Ni9Ti等;螺栓有20Cr13、1Cr18Ni9Ti,0Cr18Ni12Mo2Ti等。

3.焊接气瓶及压力管子用钢

(1)焊接气瓶用钢

制造焊接气瓶的钢材必须具有良好的延性和焊接性能。焊接气瓶用优质碳结构钢,主要有20HP、15MnHP。

(2)压力管子用钢

管子所用钢材应符合国家或相关行业有关钢材现行标准的规定。当需要采用新钢种时,应经有关部门鉴定后方可采用。当需要采用国外钢材时,应根据可靠资料经分析确认适合使用条件时才能采用。

20G钢管，若要求使用寿命不超过20年，使用温度可提高至450℃，但使用期间应加强气瓶或管子的监测。

第二节　焊接工艺

一、概述

锅炉是将水通过热能加热成为蒸汽或热水的设备，为人们日常生活与工业生产提供必要的热能，其应用领域相当广泛，不仅在日常生活与生产中发挥重要作用，而且在船舶、火电站与工矿产业领域具有重要意义。而压力容器是能承受一定压力并具有特定工艺功能的机械设备，多用于工业生产中，在能源工业、石油化工业、军工及科研等许多领域都占有重要地位，换热容器、反应容器及贮运容器等，都属于压力容器范畴。锅炉压力容器是锅炉与压力容器的总称，都是对国民经济发展贡献极大的特种设备。因此，锅炉压力容器事故带来的人身财产损害，为我国国民经济的健康快速发展造成极大危害。所以锅炉压力容器的质量，直接关系到其运行安全与使用寿命，必须得到足够的重视。焊接时锅炉压力容器生产与制造过程中的重要工序，据统计，多数锅炉压力容器事故都是因为焊缝问题与焊接质量问题而引发，所以对焊接工艺质量的控制，是有效提高锅炉压力容器运行质量与寿命的重要途径。

锅炉压力容器的焊接工艺与工艺评定。在进行锅炉压力容器焊接之前，需要进行必要的工艺评定，对焊接工艺是否合理正确做准确评定，这为焊接质量提供基础前提与可靠依据。焊接工艺评定是根据相关规范标准对拟定的焊接方法、材料及接头形式等评定试件进行试样与检验。对于焊接工艺的评定工作，首先需要经焊接责任工程师的审核与批准后的评定任务书，而焊接工程师再根据评定任务书进行评定指导说明书的编制，并交由焊接责任工程师审核批准后，由焊接实验室组织实施。焊接技术人员基于评定指导说明书进行试件的焊接评定，然后对试件的力学性能与无损探伤试验等进行必要检验，将相关资料汇总归纳并填写评定报告，经审核批准后便可进行焊接生产，若审核批准未合格，则需重新进行评定至合格。

二、锅炉压力容器焊接中的材料控制

在锅炉压力容器焊接中，要想加强对焊接质量的管理与控制，首先就要从源头上强化对焊接质量的管理，也就是说，要加强对焊接材料的控制与管理。而材料方面的控制重要体现在两个方面，即材料选用与材料的验收、领用及保管。材料选用方面，通常选用强度等级较低的焊接材料，部分特殊焊接要求的可选用高强度等级的焊接材料。另外还应结合焊接结构、刚度及工艺因素等，综合考虑焊接材料的选用。焊接

材料主要有焊剂、焊丝及焊条等，可根据实际焊接要求与具体焊接工艺等适当选择。而焊接材料的验收、领用及保管方面，应根据相关标准与规范严格执行。由于焊接材料的生产厂家不同，其工艺性能等方面也存在着不可忽略的差异，在进行锅炉压力容器的生产与制造前，对于焊接材料的选择，应结合实践经验与市场考察等，综合选用相对固定的焊接材料，以确保焊接材料的质量。同时要对材料进行严格规范的验收，对材料标志批号及质量证明书等进行严格检查，并要进行必要的抽样复验。在材料验收合格后，应根据型号、类别及批号等将材料合理安放与保管，对焊接材料安放的适度、温度等环境因素进行适当调整与控制，并且材料领用后应即刻投入使用，尽量减少存放时间。

三、锅炉压力容器的焊接工艺

不同的焊接方法所使用的焊接工艺也不相同，随着焊接方法的多样化发展，焊接工艺也不断地更新，主要的焊接工艺有如下几种。

1.底层焊

底层焊一般会采用氩弧焊，在锅炉的水冷壁、过热器、省煤器焊接中比较常用。采用自上而下的焊接顺序进行点焊的方式，可以保证焊缝的均匀性。在焊接前应对氩弧底部进行测试，保证氩气的纯洁性。做好施焊区的防护工作，避免自然风影响到焊接质量。在焊接过程中，可能会因为操作失误而影响到焊缝内部的均匀性，所以在焊接完成后，应该根据设计要求对底部焊缝进行检查，避免出现裂缝。

2.中层焊

在底层焊完成后，在施焊区可能会有残留的杂质，所以在中层焊焊接之前，应该对施焊区进行清理，并进行检查，如果发现底层焊存在质量问题要及时解决。实施中层焊的焊接接头要与底层焊的焊接接头错开10mm以上，适宜选择直径为3.2mm的焊条，这样焊缝的厚度可以达到焊条直径的8～12倍。

3.表层焊

因为表层焊质量直接关系到压力容器表面的美观性以及平整度，所以对焊接技术有较高的要求。在选择焊条时应该根据焊缝的已焊厚度来考虑，焊接过程中，需要控制好起弧和收弧的位置，要与中层焊的焊接接头错开，以保证焊接表面的平整度。在表层焊完成后，要检查焊缝表面是否有裂缝、熔渣等焊接质量缺陷，同时用钢丝刷清洁焊缝表面，并做好保温和防腐处理。

4.焊后热处理

焊后热处理是焊接工艺中重要的环节，因为焊缝和施焊区域内的工件在短时内受到加热和冷却的作用，会对其组织和性能产生不良影响。为了消除焊接产生的残余应力，防止冷裂纹的产生，在焊接完成后，应该根据焊件大小、结构以及性能采取适宜的热处理方法，提高焊缝质量，避免锅炉压力容器在使用中发生爆炸事故，提高锅炉压力容器的安全性，延长使用寿命。

5.无损检查

在所有焊接工作完成后，为了确保锅炉压力容器的焊接质量，要对其进行无损检查。采用适宜的方法和仪器对容器表面以及焊缝内部进行无损检查，在检查过程中，应该严格按照规范参数操作。通过无损检查，能够及时发现焊缝表面以及焊缝内部存在的质量缺陷，便于及时修复，提高锅炉压力容器使用的安全性。

四、锅炉压力容器焊接中的工艺优化

锅炉压力容器的焊接工艺优化与控制是焊接质量管理的重要途径，包括对焊接设备的控制、对焊接工艺参数的优化及对焊接检验过程的管理控制等。

1.首先在焊接设备的控制方面，要确保焊接设备的工作性能良好，这是确保焊接质量的基础条件。焊接设备有焊条烘干设备等，这些都必须设专人进行管理，并对其进行定期的检查与维修，确保焊接设备始终处于最佳状态。而焊接设备的选用与购买方面，应根据市场调查资料与长期实践经验，固定选取有质量保障的厂家购买与选用，并对焊接设备进行严格规范的验收。

2.焊接工艺参数直接影响着焊接质量，对于焊接工艺参数的确定与优化，应根据焊接工艺因素及焊接质量要求等进行综合考虑，根据焊接材料、工艺及要求的不同合理调整，确保焊接工艺的最优化，综合提高焊接质量。

3.强化焊接检验过程的管理，其实就是对焊接过程中的焊接施工质量进行合理控制与管理。在焊接检验过程中，应确保焊接工艺能按规范标准要求严格进行，焊接技术人员能遵循焊接工艺评定指导说明进行规范化操作，确保焊接过程中一切工序都合理有效。另外还要注重必要的焊后检验，对焊接完成后的焊接成果进行必要的检验或复验，通过无损探伤、致密性试验及耐压试验等进行焊后检验，检验时还要重视一些较易忽略的局部细节检验，确保焊接检验的全面完整，以免为锅炉压力容器的安全可靠运行埋下隐患。

五、锅炉压力容器焊接技术人员的管理

焊接技术人员是影响锅炉压力容器焊接质量的一大重要因素，所以还应加强对焊接技术人员的管理与培训，对上任前的焊接技术人员进行严格而必要的资格审查。首先需要加强对焊接技术人员的专业技能培训，焊接技术是涉及学科领域较广的综合性技术，焊接技术人员必须在掌握多方面相关的综合知识基础上，即在一定的文化知识水平上提高对焊接工艺技术的专业技能能力。而且，在专业技能培训的前提下，还应重视对技术人员综合素质的提高，让焊接技术人员不仅能掌握焊接工艺方面的

专业技能,而且有着高度的责任心与质量意识。可通过实际演练与培训,让技术人员参与到焊接工程实践中,从专业技能知识的实际应用中不断提高,将理论联系到实际中并指导实践行为。另外一方面,需要规范化对技术人员的培训考核,从技术人员的自身素质、理论水平与实践能力等多方面进行对技术人员的综合考核,对其上任资格进行必要的严格审查,坚决淘汰审查不合格的技术人员,以免焊接过程中因为人为因素而影响焊接质量。总之,必须加强对焊接技术人员的培训与资格审查,确保焊接技术人员方面不会产生焊接质量问题,为锅炉压力容器的焊接质量奠定良好基础。

第三节　锅炉压力容器焊接

一、埋弧焊

1.埋弧焊的原理、特点及应用范围

埋弧焊是以裸金属焊丝与工件(母材)间所形成的电弧为热源,并以覆盖在电弧周围的颗粒状焊剂及其熔渣作为保护的一种电弧焊方法。埋弧焊,又称为焊剂层下自动电弧焊。

(1)埋弧焊的原理

焊剂由焊剂输送管流出后,均匀地堆敷在装配好的母材上,焊丝盘中的焊丝经焊丝送进轮和导电嘴送入焊接电弧。焊接电源的两端分别接在导电嘴和母材上。送丝机构、焊剂输送管及控制盒装在一台小车上以实现焊接电弧的移动。焊接过程是通过操纵控制盒上的按钮开关来实现自动控制及机械化焊接的。

(2)埋弧焊的特点

1)生产效率高。由于焊丝的导电嘴伸出长度较短,故可采用较大的焊接电流,而且焊剂和熔渣有隔热作用,使热效率提高。因此,焊丝的熔化系数大,工件熔深大,焊接速度高。

2)焊缝质量好。一方面焊剂和熔渣隔绝了空气与熔池和焊缝的接触,故保护效果好,特别是在有风的环境中;另一方面,焊接参数可以通过自动调节保持稳定。因此,具有良好的综合力学性能,熔池结晶时间较长,冶金反应充分,缺陷较少,焊缝光滑、美观。

3)节省焊接材料和电能。埋弧焊因熔深较大,与焊条电弧焊相比在同等厚度下可不开坡口或只开小坡口,从而减少了焊缝中焊丝的填充量,也节省了加工工时和电能。而且由于电弧热量集中,减少了向空气中的散热及由于金属飞溅和蒸发所造成的热能损失与金属损失。

4)适合厚度较大构件的焊接。它的焊丝伸出长度小,较细的焊丝可采用较大的焊接电流(埋弧焊的电流密度可达100～150A/mm^2)。

5)劳动条件好。埋弧焊易实现自动化和机械化操作,劳动强度低,操作简单,而且没有弧光辐射,放出的烟尘少。

埋弧焊的缺点是对接头的加工、装配要求很高,只能在水平或倾斜度不大的位置施焊;只适于长焊缝的焊接,对于铝焊缝、小直径环缝及狭窄位置的焊接受到一定的限制;不适合焊薄板,电流＜100A时,电弧稳定性很差。

(3)埋弧焊的应用范围

埋弧焊是最常采用的高效焊接方法之一。目前主要用于焊接各种钢板结构,埋弧焊的应用范围见表2－2。埋弧焊还可用于焊接镍基合金和铜合金以及堆焊耐磨、耐蚀合金、复合钢材。在造船、锅炉、压力容器、桥梁、起重机械及冶金机械制造业中应用最广泛。

表2-2埋弧焊的应用范围

工件材料	适用厚度/mm	主要接头形式
低碳钢、低合金钢	23～150	对接、T形接、搭接,环缝、电铆焊、堆焊
不锈钢	⩾3	对接
铜	⩾4	对接

2.焊前准备

焊前准备包括工件坡口加工、待焊部位的表面清理、工件装配、定位焊、焊丝表面清理、焊剂烘干等。

3.焊接参数的选择

(1)焊接电流机械化埋弧焊熔池深度(简称熔深)决定于焊接电流,其近似的经验公式为:

$$h=kl$$

式中,h是熔深(mm);l是焊接电流(A);k是系数,决定于电流种类、极性和焊丝直径等,一般取0.01(直流正接)或0.011(直流反接、交流)。

焊接电流是决定熔深的主要因素。在一定的范围内,焊接电流增加时,焊缝的熔深和余高都增加,而焊缝的宽度增加不大。增大焊接电流能提高生产率,但在一定的焊接速度下,焊接电流过大会使热影响区过大并产生焊瘤及工件被烧穿等缺陷;若焊接电流过小,则熔深不足,产生熔合不好、未焊透、夹渣等缺陷,并使焊缝成形变坏。

为保证焊缝的成形美观,在提高焊接电流的同时要提高电弧电压,使它们保持合适的比例关系。

(2)焊接电压

焊接电压是决定熔宽的主要因素。焊接电压增加时,弧长增加,熔深减小,焊缝变宽,余高减小。焊接电压过大时,熔剂熔化量增加,电弧不稳,严重时产生咬边和气孔等缺陷。

(3)焊接速度

焊接速度对熔深及熔宽均有明显的影响。焊接速度增大时,熔深、熔宽均减小。因此,为了保证焊透,提高焊接速度时,应同时增大焊接电流及电压。但电流过大焊接速度过高时,易引起咬边等缺陷。因此,焊接速度不能过高。

对于一定的焊接电流,有一合适的焊接速度范围,在此范围内焊缝成形美观,当焊接速度大于该范围上限时,将出现咬边等缺陷。

(4)电源与极性

1)外特性。选用下降外特性。当选用等速送丝的埋弧焊机时,宜用缓降的外特性;当采用电弧自动调节系统的焊机时,用陡降的外特性。用细丝焊薄板时,宜用直流平特性电源。

2)极性。通常选用直流平特性电源。

(5)焊丝直径

电流一定时,焊丝直径越细,熔深越大,焊缝成形系数越小。然而对于一定的焊丝直径,使用的电流范围不宜过大,否则将使焊丝因电阻热过大而发红,影响焊丝的性能及焊接过程的稳定性。

(6)焊丝伸出导电滚轮的长度

焊丝伸出长度增加,电阻增大,焊丝熔化速度加快,余高增大,如伸出长度太大,焊丝伸出部分发红,甚至成段熔断;如伸出长度太短,电弧产生的热量易烧坏导电滚轮。焊丝伸出长度一般为30～40mm。

(7)焊丝与工件间的倾斜角度

在单丝埋弧焊时,焊丝一般为垂直工件位置,但双丝或三丝焊时,由于每根焊丝的作用不同,要适当倾斜=定的角度,当焊丝前倾时(焊丝与焊接方向间夹角＞90°),熔深显著减小,焊缝成形不好,一般仅用于多丝焊的前导焊丝。当焊丝后倾时,熔深增大、余高增加,焊缝深而窄。

(8)焊剂层厚度及焊剂粒度

焊剂层厚度过小,电弧保护不良,甚至出现明弧,造成电弧不稳,易产生气孔、裂纹。焊剂层厚度过大,则使焊缝变窄,焊缝成形系数减小(焊缝成形系数:焊缝宽度与熔深之比,用φ表示)。焊剂层厚度一般为20～30mm。焊剂粒度增大,熔深有所减小,熔宽略有增加,余高也略有减小。焊剂粒度一定时,如电流过大,会造成电弧不稳,焊道边缘凹凸不平。当焊接电流＜600A时,焊剂粒度为0.25～1.6mm;当焊接电流在600～1200A时,焊剂粒度为0.4～2.5mm;当焊接电流＞1200A时,焊剂粒度为1.6～3.0mm。

(9)工件位置影响

当进行上坡焊时，熔池液体金属在重力和电弧作用下流向熔池尾部，电弧能深入到熔池底部，使焊缝厚度和余高增加，宽度减小。如上坡角度a＞6°，成形会恶化，因此自动焊时，实际上总是避免采用上坡焊。下坡焊的情况正好相反，但角度a＞6°时，则会导致未焊透和熔池铁液溢流，使焊缝成形恶化。

(10)装配间隙和坡口角度的影响在其他条件相同时，增加坡口深度和宽度，则焊缝熔深略有增加，熔宽略有减小，余高和熔合比显著减小。因此，通常可以用开坡口的方法来控制焊缝的余高和熔合比。在对接焊缝中，改变间隙大小也可以作为调整熔合比的一种手段，而单面焊道完全熔透板厚时，改变间隙对熔合比几乎不起作用。

4.埋弧焊操作要点

(1)对接接头的焊接

1)单面焊双面成形

适用于厚度20mm以下的中、薄板焊接。工件开I形坡口，留一定间隙，其关键是采用结构可靠的衬垫装置。防止液态金属从熔池底部流失。背面常用的衬垫有充气焊剂垫(利用工件自重或充气橡胶软管衬托)，或焊剂铜垫(达到单面焊双面成形)，也可采用铜垫或热固化焊剂衬垫。其中以充气焊剂垫应用较广泛。

2)对接接头双面焊

工件厚度≥12mm时采用双面焊。

①采用焊剂垫的双面埋弧焊。工件厚度＜14mm时可以不开坡口。第一面焊缝在焊剂垫上，简易平板对接或筒体内纵缝焊接时的焊剂衬垫如图2-3所示。焊接过程中保持焊接参数稳定和焊丝对中。第一面焊缝的熔深必须保证超过工件厚度的60%～50%，反面焊缝使用的规范可与正面相同，或适当减小，但必须保证完全焊透。在焊第二面焊缝前可用碳弧气刨挑焊根进行焊缝根部清理(是否清根，需视第一层焊缝质量而定)，这样还可以减小余高。

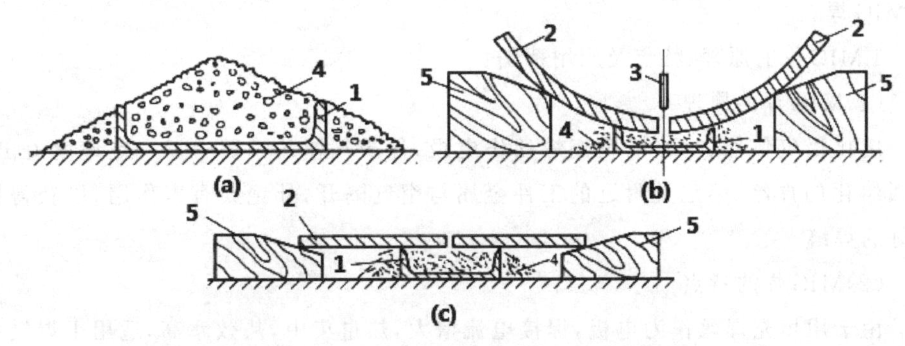

图2-3简易平板对接或筒体内纵缝焊接时的焊剂衬垫

(a)焊剂衬垫断面图；(b)筒体内纵缝焊接用焊剂衬垫；(c)平板对接焊用焊剂衬垫

1-槽钢；2-工件；3-焊丝；4-焊剂；5-木块

②悬空焊。对坡口和装配要求较高,工件边缘必须平直,装配间隙≤1mm。正面焊缝熔深为工件厚度的40%~50%,反面焊缝熔深应达到工件厚度的60%~50%,以保证工件完全焊透。

现场估计熔深的一种方法是焊接时观察焊缝反面热场,由颜色深浅和形状大小来判断熔深。对于6~14mm厚的工件,熔池反面热场应显红到大红色,长度要>80mm,才能达到需要的熔深;如果热场颜色由淡红色到淡黄色就接近焊穿;如果热场颜色呈紫红色或不出现暗红色时,说明焊接参数过小,热输入量不足,达不到规定的熔深。

(2)环缝的焊接

1)焊接顺序一般先焊内环缝,后焊外环缝,焊缝起点和终点要有30mm的重叠量。

2)偏移量的选择环缝自动焊时,焊丝应逆工件旋转方向相对于工件中心有一个偏移量,以保证焊缝有良好成形。

(3)窄间隙埋弧焊

适用于结构厚度大的工件的焊接技术要点是:采用1°~3°的斜坡口或U形坡口,坡口最好用机械加工而成;要选择脱渣性好的焊剂,在焊接过程中要及时回收焊剂;采用双道多层焊,单丝焊时导电嘴有一定的偏摆角度(≤6°),为可偏摆导电嘴;双丝焊时,前丝偏摆,后丝为直丝。

二、气体保护电弧焊

(一)熔化极惰性气体保护焊(MIG焊)

用外加气体作为电弧介质,并保护电弧和焊接区的电弧焊,称为气体保护电弧焊,简称气电焊。

使用熔化电极的惰性气体(Ar或Ar+He)保护焊称为熔化极惰性气体保护焊,简称MIG焊。

1.MIG焊的原理、特点及应用范围

(1)MIG焊的原理

熔化极气体保护焊,以填充焊丝作电极,保护气体从喷嘴中以一定速度流出,将电弧熔化的焊丝、熔池及附近的工件金属与空气隔开,杜绝其有害作用,以获得性能良好的焊缝。

(2)MIG焊的特点

由于用填充焊丝作为电极,焊接电流增大,热量集中,热效率高,适用于焊接中厚板;焊接铝及铝合金时,采用直流反接阴极雾化作用显著,能够改善焊缝质量;MIG焊亚射流过渡焊接铝及铝合金时,亚射流电弧的固有自调节作用显著,过程稳定;容易实现自动化操作。熔化极氩弧焊的电弧是明弧,焊接过程参数稳定,易于检测及控制，因此容易实现自动化。

MIG焊的缺点是对焊丝及工件的油、锈很敏感，焊前必须严格去除；惰性气体价格高，焊接成本高。

(3)MIG焊的应用范围

MIG焊可用于焊接碳钢、低合金钢、不锈钢、耐热合金、镁及镁合金、铜及铜合金、钛及钛合金等。可用于平焊、横焊、立焊及全位置焊接，焊接厚度最薄为1mm，最大厚度不受限制。

2.焊前准备

(1)焊前检查

焊前应对焊接设备的电路、水路、气路系统进行仔细检查，确认全部正常后，方可开机工作，以免由于焊接设备故障而造成焊接缺陷。

1)设备电路系统的检查。开启焊机电源开关，电源指示灯亮，冷却风扇转动，各显示仪表指示正常。工件焊接地线电缆可靠连接。

2)水路系统的检查。检查冷却水箱是否水源充足，管路有无漏水处，特别要注意水管接头的连接是否可靠。使用自来水的，要检查水龙头是否打开，确认自来水有水且畅通无阻。

3)气路系统的检查。检查气瓶或气路总阀门的开启，预热器的接通，减压器的开通，并点动电磁气阀调好流量计，最终确认自焊枪喷嘴可流出足够的保护气流。同时要注意气瓶中的气体不低于正常使用的储量要求，即减压器的高压表指示不低于1MPa。

4)送丝系统检查。送丝系统的检查主要是针对从焊丝盘到焊枪的整个送丝途径。即焊丝直径应符合所焊工件的要求，送丝轮之沟槽尺寸应与焊丝直径相符，导电嘴尺寸应与焊丝直径相符。检查送丝是否正常。按点动送丝按钮，将焊丝送出导电嘴15mm左右，如无点动按钮，可按焊枪上的送丝按钮，但要防止焊丝与工件打弧。检查送丝轮压紧力是否适当，必要时应加以调节。

(2)喷嘴的清理

喷嘴和导电嘴上粘附的飞溅要经常进行清理，为了防止飞溅粘住喷嘴表面不易清除，在焊接前喷嘴上最好喷上硅油。

(3)坡口的准备及装配

选择坡口形式及坡口尺寸的原则除了接头形式以外，主要决定于板厚和空间位置。例如，薄板和空间位置的焊接都是采用短路过渡，此时熔深较浅，故坡口钝边较小而根部间隙可稍大些。厚板的平焊大都采用射滴过渡，此时熔深较大，故坡口钝边可大些，而坡口角度和根部间隙均较小。这样既可熔透良好，又能减少填充金属量，提高生产效率。

在定位焊点固前，应将坡口面及坡口两侧至少各自20mm范围以内的油污、铁锈及氧化皮等清理干净。油污可用汽油及丙酮清洗、擦拭；铁锈可用钢丝刷清除；较厚的轧制氧化皮可用砂轮磨去。

定位焊缝是为装配和固定工件接头的位置而完成的焊缝。定位焊缝应采用与正式焊接时相同的焊丝，定位焊焊缝的长度及间隔应根据板厚选择。薄板的焊缝长度一般为几毫米，不超过10mm；间隔可为几十毫米。对于厚板的定位焊，焊缝长度可适当加长，但一般不超过50mm。

（4）MIG焊焊接参数的选择

1）焊丝直径。焊丝直径根据工件的厚度、施焊位置来选择。

2）过渡形式。焊丝直径一定时，焊接电流（即送丝速度）的选择与熔滴过渡类型有关。电流较小时，为滴状过渡（若电弧电压较低，则为短路过渡）；当电流达到临界电流值时，为喷射过渡。

3）焊接电流和电弧电压。焊接电流是最重要的焊接参数。应根据工件厚度、焊接方法焊丝直径、焊接位置来选择焊接电流。

焊接电流一定时，电弧电压与焊接电流应相匹配，以避免气孔、飞溅和咬边等缺陷。

4）焊接速度。焊接速度是重要焊接参数之一。焊接速度与焊接电流适当配合才能得到良好的焊缝成形。在热输入不变的条件下，焊接速度过大，熔宽、熔深减小，甚至会产生咬边、未熔合、未焊透等缺陷。如果焊接速度过慢，不但直接影响生产效率，而且还可能导致烧穿、焊接变形过大等缺陷。

自动熔化极氩弧焊的焊接速度一般为25～150m/h；半自动熔化极氩弧焊的焊接速度一般为5～60m/h。

5）焊丝伸出长度。焊丝伸出长度增加可增强其电阻热作用，使焊丝熔化速度加快，可获得稳定的射流过渡，并降低临界电流。一般焊丝伸出长度为13～25mm，视焊丝直径等条件而定。

6）气体流量。熔化极惰性气体保护焊对熔池保护要求较高。保护气体的流量一般根据电流大小，喷嘴直径及接头形式来选择。

通常喷嘴直径为20mm左右，气体流量为10～60L/min，喷嘴至工件距离为8～15mm。

7）喷嘴至工件的距离。喷嘴高度应根据电流的大小选择，喷嘴高度推荐值见表2—3所示。

表2-3喷嘴高度推荐值

电流大小/A	＜200	200～250	250～500
喷嘴高度/mm	10～15	15～20	20～25

8)焊丝位置。焊丝与工件间的夹角角度影响焊丝输入,从而影响熔深及熔宽。焊丝与工件的夹角有行走角和工作角两种。焊丝轴线与焊缝轴线所确定的平面内,焊丝轴线与焊缝轴线之垂线之间的夹角称为行走角。焊丝轴线与工件法线之间的夹角称为工作角。

3.半自动化MIG焊操作要点

(1)焊枪移动和操作姿势

焊枪移动时应该严格保持合适的焊枪角度和喷嘴到工件的距离。同时还要注意焊枪移动速度均匀,焊枪应对准坡口的中心线等。

半自动熔化极气体保护焊时,焊枪上接有焊接电缆、控制电缆、气管、水管和送丝软管等,所以焊枪较重。焊工操作时很容易疲劳,因而使焊工难以握稳焊枪,应利用焊工的肩部腿部等身体的可利用部位,减轻手臂的负荷,以确保焊接过程的稳定。

(2)引弧

常采用短路引弧法。引弧前应先剪去焊丝端头的球形部分,否则易造成引弧处焊缝缺陷。引弧前焊丝端部应与工件保持2～3mm的距离。引弧时焊丝与工件接触不良或接触太紧,都会造成焊丝成段爆断。焊丝伸出导电嘴的长度:细焊丝为8～14mm,粗焊丝为10～20mm。

1)引弧板法。对于要求严格的重要产品,可在引弧板上进行引弧,焊后可将引弧板去除。

2)倒退法。倒退法或回头法引弧是一种简便常用的引弧方法。倒退法引弧就是在焊缝始端向前20mm左右处引弧,快速返回起始点,然后开始向前焊接。

(3)焊接

焊工应紧握焊枪,克服焊接时电弧的向上反弹力,不使焊枪远离工件,一直保持喷嘴到工件表面的恒定距离。在焊接过程中,要尽量用短弧焊接,使焊丝伸出长度的变化最小。

根据焊枪的移动方向,熔化极气体保护焊可分为左焊法和右焊法两种。焊枪从右向左移动,电弧指向待焊部分的操作方法称为左焊法。焊枪从左向右移动,电弧指向已焊部分的操作方法称为右焊法。左焊法时熔深较浅,熔宽较大,余高较小,焊缝成形好;而右焊法时焊缝深而窄,焊缝成形不良。因此一般情况下采用左焊法。用右焊法进行平焊位置的焊接时,行走角一般保持在5°～20°。

(4)焊缝的接头尽管熔化极气体保护焊的焊丝是连续送进的,并不像焊条电弧焊那样需要频繁更换焊条,但半自动焊的长焊缝仍然存在焊缝接头问题。而焊缝接头处的质量又取决于焊工的操作方法。当无摆动焊接时,可在停弧点前方约20mm处引弧,然后快速将电弧引向停弧点,待熔化金属填满弧坑时立即将电弧引向前方,进行正常焊接。摆动焊时,也是在停弧点前方约20mm处引弧,然后立即快速将电弧引向停弧点，到达停弧点中心待熔化金属填满弧坑后，开始摆动并向前移动，同时加大摆幅转入正常焊接过程。

(5)收弧处的处理收弧时保持焊枪喷嘴到工件表面的距离不变，释放焊枪开关，待停止送丝、断电、停止送气后，方可移开焊枪。收弧时要注意克服焊条电弧焊焊工将焊把向上抬起的习惯。气体保护焊收弧时如将焊枪立即抬起，将破坏收弧处的保护效果。

对于要求较高的重要焊接结构产品，可以采用引出板，将熄弧点引至工件之外，省去弧坑处理操作。如果焊接电源本身带有弧坑处理装置，则在焊接前将焊接电源面板上弧坑处理开关调到"有弧坑处理"挡，在焊接结束收弧时，焊接电流和电弧电压都会自动减小到适宜的数值，容易将弧坑填平。

如果焊接电源本身无弧坑处理装置，通常是采用多次断续引弧填充弧坑的方法，直至填平为止。

4.常见焊接位置操作要点

(1)板对接平焊

平焊是较容易掌握的一种焊接位置。焊接时，焊工手握焊枪要稳、焊丝尖端与工件间的距离要保持恒定，等速向前移动焊枪。焊工可根据待焊工件的特点自行选择左焊法或右焊法。平焊时一般多采用左焊法，这样喷嘴不会挡住视线，能够清楚地看到熔池，并且熔池受电弧冲刷作用较小，焊缝成形比较平整美观。在焊接过程中必须根据装配间隙及熔池温度变化情况，及时调整焊枪角度、摆动幅度和焊接速度，以控制熔孔尺寸，保证试件背面形成均匀一致的焊缝。

(2)板对接立焊位置的焊接分为向下立焊和向上立焊两种。向下立焊主要用于薄板，向上立焊则用于厚度＞6mm的工件。

1)向下立焊。向下立焊主要采用细丝、短路过渡、小电流、低电压和较快的焊接速度。向下立焊常采用直线焊法。但要注意防止产生未焊透和焊瘤。为保持住熔池，不使铁液流淌，要将电弧始终对准熔池的前方，对熔池起着上托的作用。若掌握不好，铁液会流到电弧前方，则容易产生焊瘤和未焊透缺陷。一旦发生铁水导前现象，应加速焊枪的移动，并使焊枪的后倾角减小，靠电弧吹力把铁液推上去。

2)向上立焊。向上立焊时熔池较大，铁液易流失，故通常采用较小的焊接参数，适于厚度＞6mm的工件。向上立焊时焊枪的角度如图2－4所示，焊枪基本上保持与工件相垂直的位置，焊枪倾角应保持在工件表面垂直线上下约10°的范围内。在此要克服一般焊工习惯于焊枪指向上方的做法，因为这样做电弧易被拉回熔池，使熔深减小，影响焊缝的焊透性。

另外，焊枪摆动焊时，要注意摆幅与摆动波纹间距的匹配。为防止下淌，摆动时中间可稍快，为防止咬边产生，在焊缝两侧焊趾端要稍做停留。

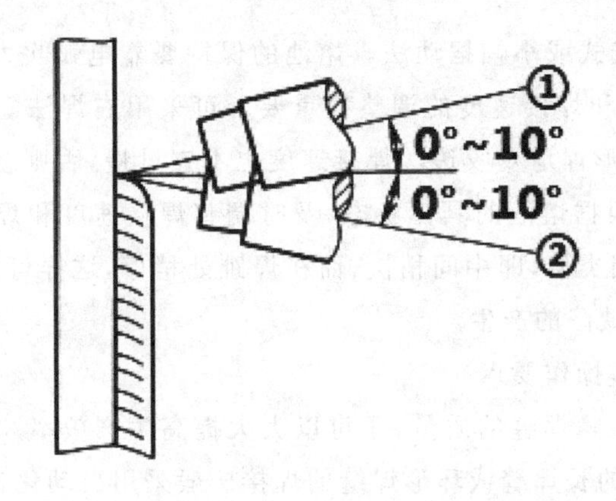

图 2-4向上立焊时焊枪的角度

(3)板对接横焊位置焊接的特点是,铁液受重力作用容易下淌,因此,在焊道上边易产生咬边,在焊道下边易造成焊瘤。为防止上述缺陷产生,要限制每道焊道的熔敷金属量。当坡口较大、焊道较宽时,应采用多层多道焊。

1)单道横焊。单道横焊适用于薄板。可采用直线式或小幅摆动法,为便于观察工件接缝,通常采用左焊法。如需采用摆动法焊出较宽的焊道,要注意焊枪的摆幅定要小,过大的摆幅会造成铁液下淌。有时进行较大宽度范围内的表面堆焊时,亦可采用右焊法。因为右焊法焊道较为凸起,便于后续焊道的熔敷。横焊时通常是采用低电压小电流的短路过渡形式。

2)多层多道横焊。厚板的对接焊和角接焊时,应采用多层多道焊法。第一层焊一道,焊枪的仰角为0°~10°并指向根部尖角处,可采用左焊法,以直线式或小幅摆动法操作。这一道要注意防止焊道下垂,熔敷成等焊脚尺寸的焊道。

第二层的第一道焊道焊接时,焊枪指向每一层焊道的下焊趾端部,采用直线式焊接法。第二层的第二道,以同样的焊枪仰角指向第一层焊道的上焊趾端部。这一道的焊接可采用小幅摆动法,要注意防止咬边,熔敷出尽量平滑的焊道。如果焊成了凸形焊道,则会给后续焊道的焊接带来困难,容易形成未熔合缺陷。

第三层及以后各层的焊接与第二层相类似,均是自下而上熔敷。

多层横焊时要注意焊层道数越多,热量的积累便越易造成焊接熔池铁液的下淌,故要逐次采取减少熔敷金属量和相应地增加焊道数的办法。另外就是要确保每一层焊缝的表面都应尽量平滑。中间各层可采用稍大的焊接电流进行焊接,盖面时焊接电流可略小些。

(4)板对接仰焊

仰焊时,操作不方便,同时由于重力作用,铁液下垂,焊道易呈凸形,甚至产生焊接熔池铁液下滴等现象。所以焊接难度较大，更需要掌握正确的操作方法和严格控制焊接参数。

仰焊可采用直线式或小幅摆动法。熔池的保持要靠电弧吹力和铁液表面张力的作用，所以焊枪角度和焊接速度的调整很重要。可采用右焊法。但焊枪的倾角不能过大，否则会造成凸形焊道及咬边。焊接速度也不宜过慢，否则会导致焊道表面凹凸不平。在焊接时要根据熔池的具体状态，及时调整焊接速度和焊枪的摆动方式。其摆动要领与立焊时相类似，即中间稍快，而在焊趾处稍停，这样可有效地防止咬边、熔合不良、焊道下垂等缺陷的产生。

5.自动化MIG焊操作要点

自动化不仅能保障焊缝的质量，还可以大大提高生产效率和减轻焊工的劳动强度。所以，平焊位置的长焊缝或环形焊缝的焊接一般采用自动化MIG焊，但对焊接参数及装配精度都要求较高。

（1）板对接平焊焊缝

两端加接引弧板和引出板，坡口角度为60°，钝边为0～3mm，间隙为0～2mm，单面焊双面成形。用垫板保证焊缝的均匀焊透，垫板分为永久型垫板和临时性铜垫板两种。

（2）环焊缝

环焊缝机械化MIG焊有两种方法，一种是焊枪固定不动而工件旋转，另一种是焊枪旋转而工件不动。焊前各种焊接参数必须调节恰当，符合要求后即可开机进行焊接。

1）焊枪固定不动。焊枪固定在工件的中心垂直位置，采用细焊丝，在引弧处先用手工TIG焊不加焊丝焊接15～30mm，并保证焊透，然后在该段焊缝上引弧进行MIG焊接。焊枪固定在工件中心水平位置，为了减少熔池金属流动，焊丝必须对准焊接熔池。其特点是焊缝质量高，能保证接头根部焊透，但余高较大。

2）焊枪旋转工件固定。在大型工件无法旋转的情况下选用。工件不动，焊枪沿导轨在环行工件上连续回转进行焊接。导轨要固定，安装正确，焊接参数应随焊枪所处的空间位置进行调整。定位焊位置处于水平中心线和垂直中心线上，对称焊四点。

（二）CO_2气体保护焊（CO_2焊）

CO_2气体保护焊是一种以CO_2作为保护气体的熔化电极电弧焊，简称CO_2焊。CO_2气体密度较大，且受电弧加热后体积膨胀较大，所以隔离空气、保护熔池的效果较好，但CO_2是一种氧化性较强的气体，在焊接过程中会使合金元素烧损，产生气孔和金属飞溅，故须用脱氧能力较强的焊丝或添加焊剂来保证焊接接头的冶金质量。

CO_2焊按焊丝可分为细丝（直径＜1.6mm）、粗丝（直径＞1.6mm）和药芯焊丝CO_2焊三种。按操作方法可分为半机械化和机械化CO_2焊两种。

1.CO_2焊的原理、特点及应用范围

(1)CO_2焊的原理

CO_2气体保护焊是采用CO_2作为保护气体，使焊接区和金属熔池不受外界空气的侵入，依靠焊丝和工件间产生的电弧热来熔化金属的一种熔化极气体保护焊。

(2)CO_2焊的特点

与其他电弧焊比较，CO_2焊的优点是焊接熔池与大气隔绝，对油、锈敏感性较低，可以减少工件及焊线的清理工作。电弧可见性良好，便于对中，操作方便，易于掌握熔池熔化和焊缝成形。电弧在气流的压缩下使热量集中，工作受热面积小，热影响区窄，加上CO_2气体的冷却作用，因而工件变形和残余应力较小，特别适用于薄板的焊接。电弧的穿透能力强，熔深较大，对接工件可减少焊接层数。对厚10mm左右的钢板可以开I形坡口一次焊透。角接焊缝的焊脚尺寸也可以相应地减小。焊后无焊接熔渣，所以在多层焊时就无需中间清渣。焊丝自动送进，容易实现机械化操作，生产效率高。抗透能力强，抗裂性能好，焊缝中不易产生气孔，所以焊接接头的力学性能好，焊接质量高。短路过渡技术可用于全位置及其他空间焊缝的焊接。焊接成本低。CO_2气体是酿造厂和化工厂的副产品，来源广，价格低。电能消耗低，以3mm厚度的低碳钢板对接焊缝为例，CO_2焊每米焊缝消耗电能，是焊条电弧焊的70%左右，而25mm厚的低碳钢板对接焊缝，CO_2焊每米焊缝消耗的电能，是焊条电弧焊的40%左右。CO_2焊的成本只有埋弧焊和焊条电弧焊的40%～50%。

CO_2焊的缺点是CO_2焊机的价格比焊条电弧焊机高。大电流焊接时，焊缝表面成形不如埋弧焊和氩弧焊平滑，飞溅较多。为了解决飞溅问题，可采用药芯焊丝，或者在CO_2焊气体中加入一定量的氩气形成混合气体保护焊。室外焊接时，抗风能力比焊条电弧焊弱。半自动化CO_2焊焊枪重，焊工在焊接时劳动强度大。焊接过程中合金元素烧损严重。如保护效果不好，焊缝中易产生气孔。

(3)CO_2焊的应用范围

适用于焊接低碳钢及低合金钢等钢铁材料和要求不高的不锈钢及铸铁焊补。薄板可焊到1mm左右，厚板采用开坡口多层焊，其厚度不受限制。

CO_2焊是目前广泛应用的一种电弧焊方法，主要用于汽车、船舶、管道、机车车辆、集装箱、矿山及工程机械、电站设备、建筑等金属结构的焊接生产。

2.焊前准备

(1)焊接检查

焊接设备电路、水路、气路检查。焊前要对焊接设备电路、水路、气路进行仔细检查，确认其全部正常后，方可开机工作，以免由于焊接设备故障而造成焊接缺陷。

(2)送丝系统检查

送丝系统的检查主要是针对自焊丝盘到焊枪的整个送丝途径。

(3)坡口加工和装配间隙

短路过渡时熔深浅,因此钝边可以小些,也可以不留钝边,间隙可以适当大些。如要求较高时,装配间隙不应>1.5mm。

(4)焊前清理

为了获得稳定的焊接质量,焊前应对工件焊接部位和焊丝表面的油、锈、水分等脏物进行仔细的清理,清理要求比焊条电弧焊要求高。

(5)定位焊

定位焊可采用焊条电弧焊或直接采用半机械化CO2焊进行,定位焊的焊缝长度和间距应根据材料厚度和结构形式来确定。一般定位焊长度为30~50mm,间距为100~300mm。

(6)CO_2焊焊接参数的选择

CO_2焊通常采用短路过渡及细颗粒过渡工艺。焊接参数主要有焊接电流、电弧电压、焊接速度、焊丝直径、焊丝伸出长度、气体流量、焊枪角度及焊接方向等。

1)焊丝直径的选择。CO_2气体保护焊所用焊丝直径范围较宽,ϕ1.6mm的焊丝多用于自动化焊接。

从焊接位置上看,细丝可用于平焊和全位置焊接,粗丝只适于水平位置焊接。从板厚来看,细丝适用于薄板,可采用短路过渡;粗丝适用于厚板,可采用熔滴过渡。采用粗丝焊接既可提高生产效率,又可加大熔深。同时在焊接电流和焊接速度一定时,焊丝直径越细,焊缝的熔深越大。

2)焊接电流和电弧电压的选择。焊接电流是影响焊接质量的重要焊接参数。它的大小主要取决于送丝速度,随着送丝速度的增加,焊接电流也增加,另外焊接电流的大小还与焊丝伸长、焊丝直径、气体成分等有关。

在CO_2气体保护焊中电弧电压是指导电嘴到工件之间的电压降。这一参数对焊接过程稳定性、熔滴过渡、焊缝成形、焊接飞溅等均有重要影响。短路过渡时弧长较短,随着弧长的增加,电压升高,飞溅也随之增加;再进一步增加电弧电压,可达到无短路的过程。相反,若降低电弧电压,弧长缩短,直至引起焊丝与熔池的固体短路。

3)焊接速度。焊接速度与电弧电压和焊接电流有一个对应的关系。半自动化焊时,熟练焊工的焊接速度为30≈60cm/min。自动化焊时,焊接速度可高达250cm/min。

4)气体流量。气体流量是气体保护焊的重要参数之一。保护效果不好时,将出现气孔,以至使焊缝成形变坏,甚至使焊接过程无法进行。通常情况下,保护气体流量与焊接电流有关。当采用小电流焊接薄板时,气体流量可小些;采用大电流焊接厚板时,气体流量要适当加大。十般情况下正常焊接时,200A以下薄板焊接,CO_2气体的流量为10~15L/min;200A以上厚板焊接,CO_2气体的流量为15~25L/min;粗丝大规范(颗粒过渡)自动化焊时则为25～50L/min。

5)焊丝伸出长度。短路过渡CO_2焊时所用的焊丝很细。因此,伸出长度过大时,电阻热增大,焊丝容易因过热而熔断,导致严重飞溅及电弧不稳,还容易导致未焊透。而伸出长度过小时,喷嘴至工件的距离很小,飞溅金属颗粒易堵塞喷嘴。

短路过渡CO_2焊时,伸出长度一般应控制在5～15mm内。细颗粒过渡CO_2焊所用的焊丝较粗,因此,伸出长度比短路过渡时选得大一些,一般应控制在10～20mm。

6)喷嘴至工件的距离。短路过渡CO_2焊时,喷嘴至工件的距离应尽量取得小一些,以保证良好的保护效果及稳定的过渡,但也不能过小。这是因为该距离过小时,飞溅颗粒易堵塞喷嘴,阻挡焊工的视线。喷嘴至工件的距离一般应取焊丝直径的12倍左右。

7)焊丝位置及焊接方向。CO_2焊一般采用左焊法,而右焊法也有其优点,在某些情况下具有良好的工艺性能。左焊法时焊枪的后倾角度应保持为10°～20°,倾角过大时,焊缝宽度增大而熔深变浅,而且还易产生大量的飞溅;右焊法时焊枪前倾10°～20°,过大时余高增大,易产生咬边。

3.半自动化CO_2焊的操作技术

半自动化CO_2焊操作与焊条电弧焊最大的区别是焊丝自动送进,焊枪沿焊接方向运动及横向摆动由手工操作,因此与焊条电弧焊有很多相似之处。

(1)焊枪的握法及操作姿势

一般用右手握焊枪,并随时准备用此手控制焊把上的开关,左手持面罩或使用头盔式面罩。根据焊缝所处位置,焊工成下蹲或站立姿势,脚跟要站稳,上半身略向前倾斜,焊枪应悬空,不要依靠在工件上或身体某个部位,否则焊枪移动会因此受到限制。

(2)引弧

1)如焊丝有球状端头应先剪除,使焊丝伸出导电嘴10～20mm。

2)在起弧处提前送气2～3s,排除待焊处的空气。

3)引弧前先点动送出一段焊丝,焊丝伸出长度为6～8mm。

4)将焊枪保持合适的倾角,焊丝端部离开工件或引弧板(对焊接缝可采用引弧板)的距离为2～4mm,合上焊枪的开关,焊丝下送,焊丝与工件短路后自动引燃电弧(短路时焊枪有自动顶起倾向,故要稍用力下压焊枪)。

5)引弧时焊丝与工件不要接触太紧,否则有可能引弧焊丝成段烧断。应在焊缝上距起焊处3～4mm的部位引弧后缓慢向起焊处移动,并进行预热。

6)电弧引燃后,缓慢返回端头。熔合良好后,以正常速度施焊。

(3)焊接

由于焊接时电弧有一个向上的反弹力,因此掌握焊枪的手应用力向下按住,使焊丝伸出长度及电弧长度保持不变。在焊接过程中，要尽量用短弧焊接，并使焊丝伸出长度的变化最小。同时要保持焊枪合适的倾角和喷嘴高度，沿焊接方向均匀移动。工件较厚时，焊枪可稍做横向摆动。

CO_2焊一般采用左焊法，焊枪由右向左移动，以便清晰地掌握焊接方向不致焊偏。焊枪与焊缝轴线（焊接方向的相反方向）成70°～80°的夹角。根据焊缝所处位置及焊缝所要求的宽度，在焊接时焊枪可做适当的横向摆动，摆动的方向与焊条电弧焊相同。

（4）收弧

1）焊机有弧坑控制电路时，则焊枪在收弧处停止前进，同时接通此电路，焊接电流和电弧电压自动变小，待熔池填满时断电。

2）焊机无弧坑控制电路时，在收弧处焊枪停止前进，并在熔池未凝固时，反复断弧、引弧几次，直至弧坑填满为止。操作时动作要快。

4.自动化CO_2焊操作要点

自动化CO_2焊工艺，不仅能保证焊缝质量，还可以大大提高劳动生产率和减轻焊工劳动强度。因此，平焊位置的长焊缝或环形焊缝的焊接，有条件的都采用自动化CO_2焊。但是，对焊接参数的选择及工件的装配的要求比半机械化严格。由于是焊机程序控制自动化操作，因此对焊工的操作技术要求不高，焊工只要能熟练地使用焊接设备，熟悉按规范调节各项焊接参数就能满足生产的需要。

（三）药芯焊丝气体保护电弧焊（TCAW焊）

1.TCAW焊的原理、特点及应用范围

（1）工作原理

药芯焊丝CO_2气体保护焊的基本工作原理与普通CO_2气体保护焊一样，是以可熔化的药芯焊丝为一个电极（通常接正极，即直流反接），母材作为另一电极。管状药芯焊丝气体保护焊喷嘴中喷出的CO_2或CO_2+Ar气体，对焊接区起气体保护作用。管状焊丝中的药粉（焊剂），在高温作用下熔化，并参与冶金反应形成熔渣，对焊丝端部、熔滴和熔池起渣保护作用。

（2）药芯焊丝气体保护焊的特点

药芯焊丝气体保护焊是渣、气联合保护，所以它既有渣保护特点又有气体保护焊特点。焊缝成形美观，电弧稳定性好，飞溅少且颗粒细小，容易清除。焊丝熔敷速度快，比普通熔化极气体保护焊使用电流更大，焊丝伸出长度较短。熔敷效率和生产效率都较高。焊接各种钢材的适应性强，通过焊剂成分的调节，可达到要求的焊缝金属化学成分，改善焊缝力学性能。抗气孔能力比实心焊丝CO_2气体保护焊强，因为焊接熔池受CO_2气体和熔渣的保护。对焊接电源无特殊要求。交流和直流焊机都可以使用，采用直流电源焊接时，要用反接法焊接。选用电源时，也不受平特性或陡降特性的限制。

缺点是焊丝制造复杂;送丝难度增大,需用低压力的送丝机构送丝;焊丝表面易锈蚀,粉剂易吸潮,对焊丝保管要求严格。

(3)药芯焊丝的应用范围

可以用于自动化焊、半自动化焊,选用不同的气体与焊丝相互配合,可以对碳钢、低合金钢、不锈钢、铸铁等,进行平焊、仰焊和全位置焊接。

2.TCAW 焊焊接参数的选择

(1)焊接电流和电弧电压的选择

药芯焊丝中的焊剂改变了电弧性质,稳弧性得到改善,所以可以采用交流、直流、平特性、降特性电源,但大多数还是用直流平特性电源。电弧电压与焊接电流应相配合,焊接电流增加,电弧电压相应提高。

(2)焊丝伸出长度和焊丝工作位置

送丝速度确定之后,焊丝伸出长度随焊接电流增大而减小,一般在19~38mm。过长飞溅增加,电弧稳定性变坏。太短飞溅物易堵塞喷嘴,造成保护不良,引起气孔等缺陷。焊丝位置:平焊时焊丝行走角在15°~20°,大大降低保护效果;角焊时焊丝的工作角在40°~50°。

(3)保护气体流量保护气体的流量与普通CO_2气体保护焊相同。

3.TCAW 焊操作要点

焊接操作与实芯焊丝的气体保护焊基本相似。半自动药芯焊丝焊时,焊枪所处的位置及焊枪的移动,均由手工操作。药芯焊丝焊接时,也可根据需要选择右焊法或左焊法。

立焊位置的操作也可分为向上立焊和向下立焊。向下立焊法,因其热输入小,通常用于薄板焊接。细直径酸性药芯焊丝因其具有良好的射流过渡性能经常用于立焊。

(四)钨极(非熔化极)气体保护焊(TIG 焊)

钨极气体保护焊是利用高熔点钨棒作为一个电极,以工件作为另一个电极,并利用氩气、氦气或氩、氦混合气体作为保护介质的一种焊接方法。我国通常只采用氩气作为保护气体,因此又称为钨极氩弧焊,简称 TIG 焊。

1.TIG 焊的原理、特点及应用范围

(1)TIG 焊的原理

用难熔金属纯钨或活化钨(钍钨、铈钨)作为电极,用氩气来保护电极和电弧区及熔化金属的一种电弧焊方法,通常又称为钨极氩弧焊。

氩气属惰性气体,不溶于液态金属。焊接时电弧在电极与工件之间燃烧,氩气使金属熔池、熔滴及钨极端头与空气隔绝。

(2)TIG焊的特点

1)用难熔金属钍钨或活化钨制作的电极在焊接过程中不熔化。

2)利用氩气隔绝大气,防止了氧、氮、氢等气体对电弧及熔池的影响,被焊金属及焊丝的元素不易烧损(仅有极少数烧损)。因此,容易保持恒定的电弧长度,焊接过程稳定,焊接质量好。

3)焊接时可不用焊剂,焊缝表面无熔渣,便于观察熔池及焊缝成形,及时发现缺陷,在焊接过程中可采取适当措施来消除缺陷。

4)钨极氩弧稳定性好,当焊接电流<10A时电弧仍能稳定燃烧。因此特别适合薄板、焊接。

5)由于热源和填充焊丝分别控制,热量调节方便,使输入焊缝的热输入更容易控制。因此,适于各种位置的焊接,也容易实现单面焊双面成形。

6)氩气流对电弧有压缩作用,故热量较集中,熔池较小;由于氩气对近缝区的冷却,可使热影响区变窄,工件变形量减小。

7)焊接接头组织致密,综合力学性能较好;在焊接不锈钢时,焊缝的耐腐蚀性特别是抗间腐蚀性能较好。

8)由于填充焊丝不通过焊接电流,所以不会产生因熔滴过渡造成的电弧电压和电流变化引起的飞溅现象,为获得光滑的焊缝表面提供了良好的条件。

9)TIG焊的电弧是明弧,焊接过程参数稳定,便于检测及控制。

10)易于实现机械化和自动化及各种空间位置的焊接。

缺点是TIG焊利用气体进行保护,抗侧向风的能力较差。熔深浅、熔敷速度小、生产效率低。钨极有少量的熔化蒸发,钨微粒进入熔池会造成夹钨,影响焊缝质量,尤其是电流过大时,钨极烧损严重,夹钨现象明显。与焊条电弧焊相比,操作难度较大,设备比较复杂,且对工件清理要求特别高。生产成本比焊条电弧焊、埋弧焊和CO_2焊均高。

(3)TIG焊的应用范围钨极氩弧焊,可以焊接易氧化的非铁金属及其合金、不锈钢、高温合金、钛及钛合金以及难熔的活性金属(钼、铌、锆)等,以焊接3mm以下薄板为主,对于大厚度的重要结构,如压力容器、管道等可用于根部打底焊缝的焊接。

TIG焊是目前广泛应用的一种焊接方法,主要用于飞机制造、原子能、化工、纺织等金属结构的焊接生产。

2.焊前准备

厚度≤3mm的碳钢、低合金钢、不锈钢、铝及铝合金的对接接头,及厚度≤2.5mm的高镍合金,一般开I形坡口;厚度在3~12mm的上述材料可开V形和Y形坡口。V形坡口角度要求为:碳钢、低合金钢和不锈钢的坡口角度为60°,高镍合金为80°,用交流电焊接铝及铝合金时通常为90°。

3.TIG焊焊接参数的选择

（1）手工TIG焊焊接参数的选择

1）焊接电流类型及极性接法。焊接电流类型有直流、交流两种。直流又有正接和反接两种不同的使用方法。电流种类和接法的选择主要取决于被焊材料的种类和对焊缝的要求。为减小或排除因弧长变化而引起的电流波动，TIG焊要求采用具有陡降或恒流外特性的电源。

2）焊接电流和钨极直径。焊接电流通常根据工件材质、厚度和焊接位置来选择。钨极直径则必须根据焊接电流选择。

电流种类和大小变化时，钨极端部应具有不同的形状。

3）电弧电压。电弧电压是决定焊道宽度的主要参数。在TIG焊中采用较低的电弧电压，以获得良好的熔池保护。在氦气保护下焊接时，因氦气的电离度较高，相同的电弧长度具有比氩弧更高的电弧电压。电弧电压与钨极尖端的角度有关。钨极端部越尖，电弧电压越高，常用的电弧电压范围为10～20V。

4）钨极直径和端部形状。钨极直径的选择取决于拟采用的焊接电流种类、极性及大小。同时钨极端部角度对焊缝的熔深和熔宽有一定的影响。

5）焊接速度。TIG焊的焊接速度由工件厚度和焊接电流而定。由于钨极所能承受的电流较低，焊接速度通常在20m/h以下。自动TIG焊的最高焊接速度可以达到35m/h以上，但此时要考虑焊接速度对保护气体层流形状的影响。可以采用加大气体流量和将焊枪向前倾斜一定角度的方法。

6）钨极伸出长度。通常将露在喷嘴外面的钨极长度称为钨极的伸出长度。焊接对接缝时，钨极伸出长度以5～6mm为宜；焊接角焊缝时，钨极伸出长度以7～8mm为宜。

（2）自动TIG焊焊接参数的选择

自动TIG焊焊接参数包括手工TIG焊焊接参数和送丝速度。送丝速度应与焊接速度和焊接电流相匹配。

（3）焊接参数的影响

TIG焊焊接参数对焊缝成形及焊接质量有很大影响，在实际生产中独立的参数很少，如手工TIG焊工艺中，只规定了焊接电流和氩气流量两个焊接参数；自动TIG焊时，需控制的焊接参数包括焊接电流、焊接电压、焊接速度、氩气流量、焊丝直径及送丝速度。除此之外，焊接一些特别活泼的金属，如钛等，必须加强高温区的保护，采取严格的保护措施。

4.手工TIG焊操作要点

（1）焊枪的握法

用右手握焊枪，食指和拇指夹住焊枪前身部位，其余三指触及工件支点，也可用食指或中指作为支点。呼吸要均匀，要稍微用力握住焊枪，保持焊枪的稳定，使焊接电弧稳定。关键在于焊接过程中钨极与工件或焊丝不能形成短路。

(2)引弧

引弧的方法有两种：一种方法是利用高压脉冲发生器或高频振荡器进行非接触引弧，将焊枪倾斜，使喷嘴端部边缘与工件接触，使钨极稍微离开工件，并指向焊缝起焊部位；接通焊枪上的开关，气路开始输送氩气，相隔一定的时间(2～7s)后即可自动引弧；电弧引燃后提起焊枪，调整焊枪与工件间的夹角开始进行焊接。另一种方法是直接接触引弧，但需要引弧板(纯铜板或石墨板)，在引弧板上稍微刮擦引燃电弧后再移到焊缝开始部位进行焊接，避免在始焊端头出现烧穿现象，此法适用于薄板焊接。引弧前应提前5～10s送气。

(3)填丝

填丝的基本操作技术见表2－4。填丝时，还必须注意以下几点：

1)必须等坡口两侧熔化后填丝。

2)填丝时，焊丝和工件表面夹角15°左右，敏捷地从熔池前沿点进，随后撤回，如此反复。

3)填丝要均匀，快慢适当。送丝速度应与焊接速度相适应。坡口间隙大于焊丝直径时，焊丝应随电弧做同步横向摆动。

表2-4填丝的基本操作技术

填丝技术	操作方法	适用范围
连续填丝	用左手拇指、食指、中指配合动作送丝，无名指和小指夹住焊丝控制方向，要求焊丝比较平直，手臂动作不大，待焊丝快用完时前移	对保护层扰动小，适用于填丝量较大，强焊接参数下的焊接
断续填丝(点滴送丝)	用左手拇指、食指、中指捏紧焊丝，焊丝末端始终处于氩气保护区内；填丝动作要轻，靠手臂和手腕的上下反复动作将焊丝端部熔滴送入熔池	适用于全位置焊
焊丝贴紧坡口与钝边一起熔入	将焊丝弯成弧形，紧贴在坡口间隙处，保证电弧熔化坡口钝边的同时也熔化焊丝；要求坡口间隙小于焊丝直径	可避免焊丝遮住焊工视线，适用于困难位置的焊接
横向摆动填丝	焊丝随焊枪做横向摆动，两者摆动的幅度应一致	此法适用于焊缝较宽的工件
反面填丝	焊丝在工件的反面送给，它对坡口间隙、焊丝直径和操作技术的要求较高	此法适用于仰焊

(4)左焊法或右焊法

左焊法适用于薄件的焊接,焊枪从右向左移动,电弧指向未焊部分,有预热作用,焊接速度快、焊缝窄、熔池在高温停留时间短,有利于细化金属结晶。焊丝位于电弧前方,操作容易掌握。右焊法适用于厚件的焊接,焊枪从左向右移动,电弧指向已焊部分,有利于氩气保护焊缝表面不受高温氧化。

1)弧长(加填充丝)3~6mm。钨极伸出喷嘴端部的长度一般在5~8mm。

2)钨极应尽量垂直工件或与工件表面保持较大的夹角(70°~85)。

3)喷嘴与工件表面的距离不超过10mm。

4)厚度大于4mm的薄板立焊时,采用向下立焊或向上立焊均可,板厚4mm以上的工件一般采用向上立焊。

5)为使焊缝得到必要的宽度,焊枪除了做直线运动外,还可以做适当的横向摆动,但不宜跳动。

6)平焊、横焊、仰焊时可采用左焊法或右焊法,一般都采用左焊法。

7)焊接时,焊丝端头应始终处在氩气保护区内,不得将焊丝直接放在电弧下面或抬得过高,也不应让熔滴向熔池"滴渡"。

8)操作过程中,如钨极和焊丝不慎相碰,发生瞬间短路,会造成焊缝污染。应立即停止焊接,用砂轮磨掉被污染处,直至磨出金属光泽,并将填充焊丝头部剪去一段。被污染的钨极应重新磨成形后,方可继续焊接。

(5)接头在焊缝的接头处应注意下列问题:接头处要有斜坡,不能有死角;新引弧位置在原弧坑后面,使焊缝重叠20~30mm,重叠处一般不加或少加焊丝;熔池要贯穿到接头的根部,以确保接头处熔透。

(6)收弧

收弧时要采用电流自动衰减装置,以避免形成弧坑。没有该装置时,则应改变焊枪角度、拉长电弧、加快焊接速度。管子封闭焊缝收弧时,多采用稍拉长电弧,重叠焊缝20~40mm,重叠部分不加或少加焊丝的方法。手工钨极氩弧焊的收弧方法、操作要领及适用场合见表2-5。收弧后,应延时10s左右再停止送气。

表2-5手工钨极氩弧焊的收弧方法、操作要领及适用场合

收弧方法	操作要领	适用场合
焊缝增高法	在焊接终止时,焊枪前移速度减慢,焊枪向后倾斜度增大,送丝量增加,当熔池饱满到一定程度后熄弧	此法应用普遍,一般结构都适用
增加焊接速度法	在焊接终止时,焊枪前移速度逐渐加快,送丝量逐渐减少,直至工件不熔化,焊缝从宽到窄,逐渐终止	此法适用于管子氩弧焊,对焊工技能要求较高

收弧方法	操作要领	适用场合
采用引出板法	在工件收尾处外接一块电弧引出板，焊完工件时将熔池引至引出板上熄弧，然后割除引出板	此法比较简单，适用于平板及纵缝焊接
电流衰减法	在焊接终止时，先切断电源，让发电机的旋转速度逐渐减慢，焊接电流也随之减弱，从而达到衰减收弧	此法适用于采用弧焊发电机的场合。如果用硅弧焊整流器，则需另加一套逐渐减小励磁电流的简便装置

(7)常见TIG焊焊接位置操作要点

见表2—6。

表2-6常见TIG焊焊接位置操作要点

焊接方法	焊接特点	注意事项
I形坡口对接接头的平焊	选择合适的握枪方法，喷嘴高度为6～7mm，弧长2～3mm，焊枪前倾，左焊法，焊丝端部放在熔池前沿	焊枪行走角、焊接电流不能太大，为防止焊枪晃动，最好用空冷焊枪
1形坡口角接平焊	握枪方法同对接平焊；喷嘴高度为6～7mm，弧长2～3mm	钨极伸出长度不能太大，电弧对中接缝中心不能偏离过多，焊丝不能填得太多
板搭接平焊	握枪方法同对接平焊；喷嘴高度和弧长同角接平焊，不加丝时，焊缝宽度约等于钨极直径的2倍	板较薄时可不加焊丝，但要求搭接面无间隙，两板紧密贴合；弧长等于钨极直径，缝宽约为钨极直径的2倍，必须严格控制焊接速度；加丝时，缝宽是钨极直径的2.5～3倍，从熔池上部填丝可防止咬边
T形接头平焊	握枪方法、喷嘴高度和弧长同对接平焊	电弧要对准顶角处；焊枪行走角、弧长不能太大；先预热，待起点处坡口两侧熔化，形成熔池后才开始加丝
板对接立焊	握枪方法同平焊	要防止焊缝两侧咬边，中间下坠
T形接头向上立焊	握枪方法和喷嘴高度同平焊。最佳填丝位置在熔池最前方，同对接立焊	—
对接横焊	最佳填丝位置在熔池前面和上面的边缘处	防止焊缝上侧出现咬边，下侧出现焊瘤；同时要做到焊枪和上、下两垂直面间的工作角不相等，利用电弧向上的吹力支持液态金属

焊接方法	焊接特点	注意事项
T形接头横焊	握枪方法、弧长和喷嘴高度同T形接头平焊	—
对接仰焊	最佳填丝位置在熔池正前沿处	—
T形接头仰焊	如条件许可，采用反面填丝	由于熔池容易下坠，因此焊接电流要小，焊接速度要快
兼有平焊、立焊、仰焊	起焊点一般选在时钟“6点”的位置，先逆时针焊至“3点”位置，然后从“6点”位置焊至“9点”位置，再分别从“3点”“9点”位置起弧，焊至“12点”位置；管子口径小时，可直接从“6点”位置焊至“12点”，然后再焊完另一半；盖面时为使整圈焊缝的厚薄、成形均匀，可先在平焊位置（“11点”→“1点”）加焊一层，管子转动平对接焊时焊枪或焊丝与工件的相对位置	焊接处应先修磨，以保证焊透；焊丝可预先弯成一定形状，以便给送；焊枪与工件的角度要始终不变，焊丝位置以顺手为宜；对小口径管子焊接填丝封底焊时，焊道高度以2～3mm为宜；有时也可采用不加丝封底焊来保证焊透

三、等离子弧焊

（一）等离子弧的形成、类型及特点

等离子弧焊是借助水冷喷嘴对电弧的拘束作用，获得较高能量密度的等离子弧进行焊接的方法。它是20世纪60年代出现的一种电弧焊方法。等离子弧是电弧的一种特殊形式（一种压缩的钨极氩弧），它由等离子体组成。随着科学技术的发展，等离子弧焊已经成为合金钢及非铁金属的一项重要加工工艺。等离子是物质的第四形态（固态、液态、气态为物质的其他三态），是充分进行过电离的气体，其中正、负电荷数量相等，就其整体而言是中性的。

1.等离子弧的形成

等离子弧是自由电弧压缩而成的，具有很高的能量密度、温度及电弧力。等离子弧是通过下列三种压缩作用获得的。

（1）机械压缩。电弧通过水冷喷嘴的通道时，弧柱直径（原为自由电弧）受到孔道的限制，大大提高了弧柱的能量密度及温度，称为机械压缩。

（2）热压缩。喷嘴中的冷却水使喷嘴内壁附近形成一层冷气膜，迫使弧柱的导电断面进一步缩小，电流弧柱的能量密度及温度进一步增大，这就是所谓的热收缩，或称热压缩。

（3）磁压缩。由弧柱电流本身产生的磁场，对弧柱又产生压缩作用，这种作用称为磁压缩效应。实践及实验证明，电流密度越大，磁压缩作用越强。

电弧经过水冷喷嘴孔道时，受到以上“三种压缩”的作用，弧柱断面减小，电流密度增大，弧内电离度提高，便形成等离子弧。

2.等离子弧的类型

按电源供电方式不同，分为非转移型弧、转移型弧和联合型等离子弧。

（1）非转移型等离子弧。电源负极端接电极（钨极），电源正极端接喷嘴。等离子弧在钨极和喷嘴之间燃烧，在离子气流压送下，弧焰从喷嘴高速喷出，形成等离子焰。等离子焰向工件传送热量，同时为形成转移弧创造条件。这种形式的等离子弧可用于金属材料焊接，也可用于非金属材料的焊接。

（2）转移型等离子弧。电源负极端接电极（钨极），电源正极端接工件，等离子弧在钨极与工件之间燃烧。它可以直接将大量的热量传到工件上，这种类型的等离子弧称为转移型等离子弧。但是转移弧难以直接形成，必须先引燃非转移弧，然后才能过渡到转移弧，一旦形成转移弧，非转移弧就立即自行熄灭。转移型等离子弧在金属焊接中应用较广泛，对较厚的工件进行等离子弧焊接时一般采用转移弧。

（3）联合型等离子弧。在焊接过程中既存在非转移弧，也存在转移弧，称为联合型等离子弧。它的特点是，电弧稳定性好，主要应用于微束等离子弧焊和粉末堆焊。

1）温度高。等离子弧柱的断面积很小，般＜$3mm^2$，弧柱中心温度高达18000℃～24000℃，而自由状态的钨极氩弧弧柱中心温度为14000℃～18000℃。

2）能量非常集中。能量密度可达10^5～$10^6W/cm^2$。而氩弧的能量密度则＜$10^5W/em^2$。

3）导电及导热性能好。等离子弧的弧柱内，带电粒子常处于加速的电场中，具有高导电及导热性能。能在较小的断面内通过较大的电流，传导较多的热量。

4）电弧挺直度好。由于等离子弧电离度极高，放电过程稳定，弧柱成圆柱形，挺直度相当好。等离子弧的发散角为5°，而自由状态的钨极氩弧的发散角为45°，因此当弧长增加或减少时，工件加热面积的变化程度比钨极氩弧焊小8～10倍。

5）具有很强的冲刷力。等离子弧在上述三种压缩效应的作用下从喷嘴喷出的速度可高达300m/s以上，因此具有很强的冲刷力。

6）焊接参数调节性好。等离子弧的温度电流、弧长、弧柱直径、冲击力等参数，均可根据需要进行调节。例如，调节成柔性弧，以减少冲击力。

（二）等离子弧焊的特点及应用范围

1.等离子弧焊的特点

（1）等离子弧焊与钨极氩弧焊相比具有下列优点

1）等离子弧能量集中，弧柱温度高，穿透能力强（焰流速度可达300m/s以上），可单面焊双面成形，一次焊透的厚度可达12mm，焊缝质量优于钨极氩弧焊。

2）焊接电流小到0.1A，电弧仍能稳定燃烧，并保持良好的挺度和方向性。

3)焊接速度比钨极氩弧焊快,生产效率高。

4)电弧呈圆弧形,弧长在一定范围内变化,不会影响加热面积和焊接质量。

5)等离子弧焊的电极内缩在喷嘴内,不可能与工件相碰,避免了夹钨现象,电极使用时间长。

6)采用微束等离子焊可焊很薄(0.01mm)的板材和线材。

7)焊缝具有形状狭窄、熔深较大的特点,热影响区小。

(2)等离子弧焊与钨极氩弧焊相比具有下列缺点

1)焊枪、电源、控制电路、供气系统比较复杂,费用较高。

2)喷嘴要经常更换。

3)喷嘴结构设计、钨极安装对中要求较高。

4)焊接参数多,匹配较复杂。

5)不适于手工操作,不如手工氩弧焊灵活。

6)可焊厚度有限,一般在25mm以下。

2.等离子弧焊的应用范围

等离子弧焊可焊接低碳钢、低合金钢、不锈钢、耐热钢、铜及铜合金、镍及镍合金、钛及钛合金、铝及铝合金等。充氩箱内等离子弧焊还可以焊接钨、钼、钽、铌及锆合金。微束等离子弧焊接薄件具有明显的优势,0.01mm的板厚或直径都能进行焊接。大电流等离子弧焊时,不开坡口、不留间隙、不填焊丝、不加衬垫,一次可焊透7～12mm。

等离子弧焊主要应用于航天、航空、原子能、化工、电子、精密仪器仪表等领域。

(三)等离子弧焊工艺

1.等离子弧焊的基本方法

等离子弧焊可分为穿透型、熔透型和微束等离子弧焊三种。

(1)穿透(小孔)型等离子弧焊

电弧在熔池前穿透工件形成小孔,随着热源移动在小孔后形成焊道的方法称为穿透(小孔)型等离子弧焊接。它是利用等离子弧的能量密度大、挺直度好、等离子流量大的特点,将工件熔透并产生一个贯穿工件的小孔。被熔化的金属在电弧吹力、液体金属重力和表面张力相互作用下保持平衡。焊枪前进时,小孔在电弧后方锁闭,形成完全熔透的焊缝。

小孔效应只有在足够的能量密度条件下才能形成。当工件厚度增大时所需的能量密度也要增加,然而等离子弧能量密度是有限的,所以穿透型等离子弧焊只能在一定板厚范围内实现。

穿透型等离子弧焊最适宜焊接厚3～8mm的不锈钢、厚12mm以下的钛合金及铝合金,厚2～8mm的低碳钢或低合金钢,以及铜及铜合金、镍及镍合金的对接焊缝。

(2)熔透型等离子弧焊

在焊接过程中只熔透工件而不产生小孔效应的焊接方法称为熔透型等离子弧焊,简称熔透法。是离子气流量较小、弧柱压缩程度较弱时的一种等离子弧焊。此种方法基本上与钨极氩弧焊相似,随着焊枪向前移动,熔池金属液凝固成焊缝。它适用于板厚<3mm的薄板、I形坡口、不加衬垫,单面焊双面成形,厚板开V形坡口多层焊。其优点是焊接速度比钨极氩弧焊快。

(3)微束等离子弧焊

利用小电流(通常在30A以下)进行焊接的等离子弧焊,通常称为微束等离子弧焊,又称为针状等离子弧焊。它采用ϕ0.6~ϕ1.2mm的小孔径压缩喷嘴及联合型等离子弧,当焊接电流<1A时,仍有较好的稳定性。其特点是特别适合于薄板和细丝的焊接。焊接不锈钢时,最小厚度可以达到0.025mm。

熔点和沸点低的金属和合金,如铅、锌等不适于等离子弧焊。

2.等离子弧焊的接头形式

等离子弧焊通常采用的接头形式有I形、单面V形、U形坡口及双面V形和双面U形坡口。除对接接头外,等离子弧焊也适用于焊接角焊缝及T形接头。

(1)当工件厚度在0.01~1.6mm时,通常采用微束等离子弧熔透法焊接,采用的接头形式有I形对接,卷边对接或卷边角接及端接。卷边高度h可为(2~5)δ。

(2)厚度>1.6mm,但小于各种工件材料的厚度时,采用I形坡口、不加焊丝、不加衬垫,穿透型单面焊双面成形。

(3)厚度较大的工件,可采用小角度V形坡口,钝边可达5mm的对接形式,第一道焊缝为穿透型焊接,填充焊层采用熔透法完成。

3.等离子弧焊的工件清理

工件越薄、越小,清理越要仔细。如待焊处、焊丝等必须清理干净,以确保焊接质量。

4.等离子弧焊的工件装配和夹紧

小小一般与钨极氩弧焊相似,但对于微束等离子弧焊接薄板时,则应满足以下要求:微束(30A以下小电流)等离子弧焊的引弧处(即起焊处)坡口边缘必须紧密接触,间隙应小于工件厚度的10%,否则起焊处两侧金属熔化难以结合形成熔池,容易烧穿。如达不到间隙要求时,必须添加焊丝。

5.等离子弧焊焊接参数的选择

(1)穿透型等离子弧焊焊接参数的选择

1)焊接电流:根据板厚和熔透要求确定焊接电流。电流过小,难于形成小孔效应;电流过大,会造成熔池金属坠落,难于形成合格焊缝,甚至出现双弧,烧坏喷嘴,破坏焊接过程。

2)焊接速度:焊接速度适当时,才能保证稳定的穿孔效应焊接。焊接速度过低会烧穿,而过高则会出现未焊透、气孔等缺陷。

3)离子气流量:离子气增大,离子流冲力增大,熔透能力加大。过大则会破坏焊缝成形,降低电弧稳定性。离子气流量不足,则形不成穿透小孔。只有适当的离子气流量,才有可能形成稳定的小孔效应。

4)保护气流量:保护气流量对保护效果和等离子弧的稳定性有影响,应与离子气流量匹配。一般在15～30L/min。过大和过小都会影响和降低保护效果。

5)喷嘴高度:一般取3～5mm。高度过高,会降低熔透能力。高度过低,则喷嘴易被飞溅物玷污,破坏喷嘴正常工作。

(2)熔透型及微束等离子弧焊焊接参数

焊接参数与穿透型类似,对于中、小电流熔透型等离子弧焊宜采用联合型等离子弧。联合型等离子弧,由于维弧一非转移弧的存在,使转移弧易于稳定。甚至1A以下仍能稳定燃烧。非转移弧(维弧)电流不宜过大,以免损坏喷嘴,一般以2～5A为宜。

(四)等离子弧焊操作要点

1.基本操作

基本操作与钨极氩弧焊相似。手工焊时,头戴头盔式面罩,右手持焊枪,左手拿焊丝。

2.焊前准备

(1)检查焊机气路并打开气路,检查水路系统并接通电源上的电源开关。

(2)检查电极和喷嘴的同轴度。接通高频振荡器回路,高频火花应在电极与喷嘴之间均匀分布且达80%以上。

3.引弧

(1)接通电源后提前送气至焊枪,接通高频回路,建立非转移弧。

(2)焊枪对准工件,保持适当的高度,建立起转移弧,形成主弧电流,进行等离子弧焊接,随即非转移弧回路、高频回路自动断开,维弧电流被切断。另一种方法是电极与喷嘴接触。当焊接电源、气路、水路都进入开机状态时,按下操作按钮,加上维弧回路空载电压,使电极与喷嘴短路,然后回抽向上,在电极与喷嘴之间产生电弧,形成非转移电弧。焊枪对准工件,等离子弧形成(转移弧),引弧过程结束,维弧回路自动切断,进入施焊阶段。

(3)穿透型等离子弧焊的引弧,板厚<3mm的纵缝和环缝,可直接在工件上引弧,工件厚度较大的纵缝可采用引弧板引弧。但由于环缝不便加引弧板又必须在工件上引弧,因此,应采用焊接电流和离子气递增的办法,完成引弧建立小孔的过程。

4.收尾

采用熔透法焊,收尾可在工件上进行,但要求焊机具有离子气流量和焊接电流递减功能，避免产生弧坑等缺陷。如收尾处可能会产生弧坑，应适当添加与工件相匹配的焊丝来填满弧坑。采用穿透法焊收尾时，纵缝厚板应在引出板上收尾，环缝只能在工件上收尾，但要采取焊接电流和离子气流量递减的方法来解决小孔问题。

5.常见等离子弧焊焊接位置操作要点

(1)对接焊操作。焊枪与焊接方向的夹角为70°～80°，焊枪与两侧平面的夹角各为90，采用左焊法。如自动焊，焊枪与工件可成90°的夹角。等离子弧焊各种位置的操作技术与钨极氩焊相似。

(2)注意事项。在引弧后等离子弧加热工件达到一定的熔深时，较高压力的等离子气流从熔池反面流出，把熔池内的液体金属推向熔池的后方，形成隆起的金属壁，从而破坏焊缝成形，使熔池金属严重氧化，甚至产生气孔，这就是引弧时的翻弧现象。为了避免这种现象，在焊接刚开始时，选用较小的焊接电流和较小的离子气流，使焊缝的熔深逐渐增加，等到焊缝焊到一定的长度后再增加焊接电流并达到一定的工艺定值，同时工件或焊枪暂停移动，增加离子气流量达到规定值。此时工件温度较高，受到等离子弧热量和等离子流力的作用，便很快形成穿透型小孔，一旦小孔形成，工件移动(或焊枪移动)便进入正常焊接过程。还有一种防止翻弧的方法是先在起焊部位钻一个ϕ2mm的小孔。

6.双弧现象及其预防措施

燃烧在钨极和工件之间的转移弧称为主弧，燃烧在钨极、喷嘴、工件之间的串联旁弧称为副弧。主弧和副弧同时存在时称双弧现象。双弧现象使主弧电流降低，喷嘴过热，导致正常的焊接或切割过程被破坏，严重时将会导致喷嘴烧毁。

(1)形成双弧的因素。喷嘴结构参数对双弧形成有着决定性作用。喷嘴孔径减小、孔道长度或内缩长度增大时，都容易形成双弧；喷嘴结构确定后，电流增大，会导致双弧的形成；钨极和喷嘴不同轴常常是导致双弧形成的主要因素；喷嘴冷却不良、表面有氧化物玷污，也是导致双弧的原因。

(2)防止双弧现象发生的措施。采用陡降外特性电源可以获得较大的不发生双弧的等离子弧电流；正确选择电流及离子气流量，减少转弧时的冲击电流，喷嘴孔道不要太长，电极和喷嘴应尽可能对中，喷嘴至工件的距离不要太近，采用切向进气的焊枪可防止双弧的形成，电极内缩量不要太大，加强对喷嘴和电极的冷却。

四、电阻焊

电阻焊是将被焊工件压紧于两电极之间并通以电流，利用电流流经工件接触面及邻近区域产生的电阻热将其加热到熔化或塑性状态，使之形成金属结合的一种焊接方法。电阻焊主要分为点焊、缝焊、凸焊和对焊。

(一)电阻焊的原理、特点及应用范围

1.电阻焊的原理

工件组合后通过电极施加压力,利用电流通过接头的接触面及邻近区域产生的电阻热进行焊接。

2.电阻焊的特点

(1)电阻焊是利用工件内部产生的电阻热(属于内部分布能源),由高温区向低温区传导,加热及熔化金属实现焊接的。

(2)电阻焊的焊缝是在压力下凝固或聚合结晶,属于压焊范畴,具有锻压特征。

(3)由于焊接热量集中,加热时间短,焊接速度快,所以热影响区小,焊接变形和应力也较小。所以,通常焊后不需要矫正及热处理。

(4)通常不需要焊条焊丝、焊剂、保护气体等焊接材料,焊接成本低。

(5)电阻焊的熔核始终被固体金属包围,熔化金属与空气隔绝,焊接冶金过程比较简单。

(6)操作简单,易于实现自动化,劳动条件较好。

(7)生产效率高,可与其他工序一起安排在组装焊接生产线上。但是闪光焊因有火花喷溅,尚需隔离。

(8)由于电阻焊设备功率大,焊接过程的程序控制较复杂,自动化程度较高,使得设备的一次投资大,维修困难。而且常用的大功率单相交流焊机不利于电网的正常运行。

(9)点、缝焊的搭接接头不仅增加构件的质量,而且使接头的抗拉强度及疲劳强度降低。

(10)电阻焊质量,目前还缺乏可靠的无损检测方法,只能靠工艺试样、破坏性试验来检查,以及靠各种监控技术来保证。

3.电阻焊的应用范围电阻焊具有生产效率高、成本低、节省材料、易于实现自动化等优点,因此广泛应用于航空、航天、能源、电子、汽车、轻工等各工业领域,是重要的焊接工艺之一。

(二)点焊

1.电极结构和材料

点焊电极由端部、主体、尾部和冷却小孔四部分组成。标准电极有五种形式。电极端面直径和球面端面半径取决于工件厚度和所要求的熔核尺寸。

2.点焊结构设计

(1)接头形式和接头尺寸

1)接头形式。最常见的是板与板点焊时采用的搭接和卷边接的形式。圆棒的点焊也比较常见。

2)接头尺寸。为保证点焊接头质量,点焊接头尺寸设计应该恰当。

(2)结构形式被焊工件结构的设计应考虑下述因素:伸入焊机回路内的铁磁体工件或夹具的断面积应尽可能小,并且在焊接过程中不能剧烈的变化,否则会增加回路阻抗,使焊接电流减小;尽可能采用具有强烈水冷的通用电极进行点焊;可采用任意顺序点焊各焊点,以防止变形;焊点离工件边缘的距离不应太小;焊点不应布置在难以进行形变的位置。

3.点焊焊接参数的选择

点焊的主要焊接参数包括电极压力、焊接时间、焊接电流、电极工作端面的形状及尺寸等,对于某些合金的点焊,还应规定预压时间、保压时间和休止时间等参数。

(1)焊接电流

焊接电流是决定析热量大小的关键因素,将直接影响熔核直径和焊透率,因此必然影响到焊点的强度。电流太小则能量过小,无法形成熔核或熔核过小。电流太大则能量过大,容易引起飞溅。

(2)焊接通电时间

焊接通电时间对析热与散热均产生一定的影响。在焊接通电时间内,焊接区析出的热量除部分散失外,将逐步积累,用来加热焊接区,使熔核扩大到所要求的尺寸。如焊接通电时间太短,则难以形成熔核或熔核过小。焊接通电时间对熔核尺寸的影响规律与焊接电流相似。

(3)电极压力

电极压力大小将影响到焊接区的加热程度和塑性变形程度。随着电极压力的增大,则接触电阻减小,使电流密度降低,从而减慢加热速度,导致焊点熔核减小而致使强度降低;但当电极压力过小时,将影响焊点质量的稳定性。因此,如在增大电极压力的同时,适当延长焊接通电时间或增大焊接电流,可使焊点强度的分散性降低,焊点质量较稳定。

(4)电极工作部分的形状和尺寸

焊接各种钢材用平面电极;焊接纯铝、铝合金、钛合金用球面电极;通常焊点直径为电极表面直径(指平面电极)的0.9～1.4倍。

4.点焊的分类

点焊按一次形成的焊点数,可分为单点焊和多点焊;按对工件的供电方向,可分为单面点焊和双面点焊。

(1)双面单点焊

两个电极从工件上、下两面接近工件并压紧,进行单点焊接。此种焊接方法能对工件施加足够大压力,焊接电流集中通过焊接区,减少工件的受热体积,有利于提高焊点质量。

(2)单面双点焊

两个电极放在工件同一面,一次可同时焊成两个焊点。其优点是生产效率高,可方便地焊接尺寸大形状复杂和难以进行双面单点焊的工件,可以保证工件有一个表面光滑、平整、无电极压痕。缺点是焊接时部分电流直接经工件的上面形成分流,使焊接区的电流密度下降。减小分流的措施是在工件下面加铜垫板。

(3)单面单点焊

两个电极放在工件的同一面,其中一个电极与工件接触的工作面很大,仅起导电快的作用,对该电极不施加压力。这种方法与单面双点焊相似,主要用于不能采用双面单点焊的场合。

(4)双面双点焊

由两台焊接变压器分别对工件上、下两面的成对电极供电。两台变压器在接线方向应保证上、下对准电极,并在焊接时间内极性相反。上、下两变压器的二次电压呈顺向串联,形成单一的焊接回路。在一次点焊循环中可形成两个焊点。其优点是分流小,主要用于厚度较大,质量要求较高的大型部件的点焊。

(5)多点焊

一次可以焊多个焊点的方法。多点焊既可采用数组单面双点焊组合起来,也可采用数组双面单点焊和双面双点焊的组成进行点焊。

5.焊接顺序及操作技术

(1)所有焊点都尽量在电流分流值最小的条件下进行点焊。

(2)焊接时应先进行定位点焊,定位点焊应选择在结构最难以变形的部位,如圆弧上、肋条附近等。

(3)尽量减小变形。

(4)当接头的长度较长时,点焊应从中间向两端进行。

(5)对于不同厚度铝合金工件的点焊,除采用硬规范外,还可以在厚件一侧采用球面半径较大的电极,以有利于改善电阻焊点核心偏向厚件的程度。

(三)缝焊

1.缝焊机用电极

缝焊用电极是扁平的圆形滚轮,滚轮直径一般为50~600mm,常用的滚轮直径为180~280mm。滚轮厚度为10~20mm。滚轮的端面有圆柱面、球面和圆锥面三种。

圆柱面滚轮除双侧倒角外还有单侧倒角,以适应卷边接头的缝焊,接触面宽度b可按工件厚度而定,一般为3~10mm。球面半径R为25~200mm。圆柱面滚轮主要用于各种钢材和高温合金的焊接,球面滚轮因易于散热、压痕过渡均匀,常用于轻合金的焊接。

滚轮在焊接时通常采用外部冷却的方式。焊接非铁金属和不锈钢时,可用清洁的自来水冷却。而焊接碳钢和低合金钢时，为防止生锈，应采用质量分数为5%的硼砂水溶液冷却。滚轮也可采用内部循环水冷却，但结构较为复杂。

2.接头形式与尺寸

最常用的缝焊接头形式是卷边接头和搭接接头。卷边宽度不宜过小，板厚为1mm时，卷边不＜12mm；板厚为1.5mm时，卷边不＜16mm；板厚为2mm时，卷边不＜18mm。搭接接头的应用最广，搭边长度为12～18mm。

3.定位焊

(1)定位焊点焊的定位

定位焊点焊或在缝焊机上采用脉冲方式进行定位，焊点间距为75～150mm，定位焊点的数量应能保证工件足够固定。定位焊的焊点直径应不大于焊缝的宽度，压痕深度小于工件厚度的10%。

(2)定位焊后的间隙

1)低碳钢和低合金结构钢。当工件厚度＜0.8mm时，间隙要＜0.3mm；当工件厚度＞0.8mm时，间隙要＜0.5mm。重要结构的环形焊缝应＜0.1mm。

2)不锈钢。当焊缝厚度＜0.8mm时，间隙要＜0.3mm，重要结构的环形焊缝应＜0.1mm。

3)铝及铝合金。间隙小于较薄工件厚度的10%。

4.缝焊的分类及选择

(1)搭接缝焊这种方法与点焊相似，可用一对滚轮或用一个滚轮和一根芯轴电极进行缝焊。接头的最小搭接量与点焊相同。搭接缝焊又可分为双面缝焊、单面单缝缝焊、单面双缝缝焊，以及小直径圆周缝焊等。

(2)压平缝焊两焊件少量地搭接在一起，焊接时将接头压平。压平缝焊时的搭接量一般为工件厚度的1～1.5倍。焊接时可采用圆锥面形的滚轮，其宽度应能覆盖接头的搭接部分。另外，要使用较大焊接压力和连续电流。压平缝焊常用于食品容器和冷冻机衬套等产品的焊接。

(3)垫箔对接缝焊

这是解决厚板缝焊的有效方法。当板厚＞3mm时，若采用常规的搭接缝焊，就必须采用较大的电流和电极压力以及较慢的焊接速度，因而造成工件表面过热及电极粘附。如采用垫箔对接缝焊则可解决上述问题。垫箔对接缝焊采用这种工艺方法时，先将工件边缘对接，在接头通过滚轮时，不断将两条箔带垫于滚轮与板件之间。由于箔带增加了焊接区的电阻，使散热困难，因而有利于熔核的形成。使用的箔带尺寸为：宽4～6mm，厚0.2～0.3mm。这种方法的优点是不易产生飞溅，可减小电极压力，焊接后变形小，外观良好等。缺点是装配精度要求高，焊接时将箔带准确的垫于滚轮和工件之间也有一定的难度。

(4)铜线电极缝焊

这种工艺方法是防止镀层钢板缝焊镀层粘着滚轮的有效方法。焊接时，将圆铜线不断地送到滚轮和工件之间后再连续地盘绕在另一个绕线盘上，使镀层仅粘在铜线上，不会污染滚轮。由于这种方法焊接成本不高，主要用于制造食品罐头。如果先将铜线扎成扁平线再送入焊区，搭接接头和压平缝焊一样。

5.缝焊焊接参数的选择

(1)焊点间距

焊点间距通常为1.5～4.5mm，并随着工件厚度的增加而增大，对于不要求气密性的焊缝，焊点间距可适当增大。

(2)焊接电流

焊接电流的大小，决定了熔核的焊透率和重叠量，焊接电流随着板厚的增加而增加，在缝焊0.4～3.2mm钢板时，适用的焊接电流范围为8.5～28kA。焊接电流还应与电极压力相匹配。在焊接低碳钢时，熔核的平均焊透率控制在钢板厚度的45%～50%，有气密性要求的焊接重叠量不小于20%，以获得气密性较好的焊缝。缝焊时，由于熔核互相重叠而引起较大的分流，因此焊接电流比点焊的电流提高15%～30%，但过大的电流会导致压痕过深和烧穿等缺陷。

(3)电极(滚轮)压力

电极压力对熔核尺寸和接头质量的影响与点焊相同。在进行各

种材料缝焊时，电极压力至少要达到规定的最小值，否则接头的强度会明显下降。电极压

力过低，会使熔核产生缩孔，引起飞溅，并因接触电阻过大而加剧滚轮的烧损；电极压力过

高，会导致压痕过深，同时会加速滚轮变形和损耗。所以要根据板厚和选定的焊接电流，确

定合适的电极压力。

(4)焊接通电时间和休止时间

缝焊时，熔核的尺寸主要决定于焊接通电时间，焊点的重叠量可由休止时间来控制。因此，焊接通电时间和休止时间应有一个适当的匹配比例。在较低的焊接速度下，焊接通电时间和休止时间的最佳比例为(1.25～2):1。以较高速度焊接时，焊接通电时间与休止时间之比应在3:1以上。

(5)焊接速度

焊接速度决定了滚轮与工件的接触面积和接触时间，也直接影响接头的加热和散热。当焊接速度增加时，为了获得较高的焊接质量必须增加焊接电流，如过快的焊接速度则会引起表面烧损，电极粘附而影响焊缝质量。通常焊接速度根据被焊金属

种类、厚度以及对接头强度的要求来选择。在焊接不锈钢、高温合金和非铁金属时，为获得致密性高的焊缝、避免飞溅，应采用较低的焊接速度；当对接头质量要求较高时，应采用步进缝焊，使熔核形成的全过程在滚轮停转的情况下完成。缝焊机的焊接速度可在0.5～3m/min的范围内调节。

（四）凸焊

1.凸点制备

凸点以半圆形及圆锥形凸点应用最广。凸点直径和高度的公差为±0.2mm。凸焊时应注意如下几点：检查凸点的形状和尺寸及凸点有无异常现象；为保证各点的加热均匀性，凸点的高度差应不超过±0.2mm；各凸点间及凸点到工件边缘的距离，不应小于2D；不等厚工件凸焊时，凸点应在厚板上。但厚度比超过1:3时，凸点应在薄板上；异种金属凸焊时，凸点应在导电性和导热性好的金属上。

2.电极设计

（1）点焊用的圆形平头电极用于单点凸焊时，电极头直径应不小于凸点直径的2倍。

（2）大平头棒状电极适用于局部位置的多点凸焊。

（3）具有一组局部接触面的电极，将电极在接触部位加工出凸起接触面，或将较硬的铜合金嵌块固定在电极的接触部位。

3.凸焊焊接参数的选择

（1）焊接电流

凸焊时每一焊点所需电流比点焊同样的一个焊点时小，在采用合适的电极压力下不至于挤出过多金属时的电流作为最大电流。在凸点完全压溃之前能使凸点熔化的电流作为最小电流。工件的材质及厚度是选择焊接电流的主要依据。多点凸焊时，总的焊接电流为凸点所需电流总和。

（2）电极压力

电极压力应使凸点达到焊接温度时能全部压溃，并使两工件紧密贴合。电极压力过大会过早地压溃凸点，失去凸焊的作用，同时因电流密度减小而降低接头强度；压力过小又会造成严重的喷溅。电极压力的大小，同时影响吸热和散热。电极压力的大小应根据工件的材质和厚度来确定。

电极压力通常可按各点（按不通电时凸点压下不超过10%为准）总和的1.5倍计算。

单点电极压力：当板厚1mm时为500～800N；5mm时为5000～6000N。

（3）焊接通电时间

是指焊一个点的通电时间，凸焊的焊接通电时间比点焊长。如要缩短焊接通电时间就应增大焊接电流，但过大的焊接电流会使金属过热和引起喷溅。对于给定的工件材料和厚度，焊接通电时间应根据焊接电流和凸点的刚度来确定。通常单点焊接通电时间为0.5～2.5s。工件厚度>3mm时，可多次通电，如3～5次，每次通电0.04～0.8s，间歇0.06～0.2s，以防止个别点过热。

(4)焊接功率焊接每一个焊点所需的电功率视厚度不同而异，一般工件厚1mm，功率为40～50kW；工件厚3mm，功率为80～100kW。

(5)凸点所处的工件焊接同种金属时，凸点应冲在较厚的工件上，焊接异种金属时，凸点应冲在电导率较高的工件上。尽量做到两工件间的热平衡。

4.预防凸点位移的措施

(1)凸点位移的原因

一般凸点熔化期电极要相应地随着移动，若不能保证足够的电极压力，则凸点之间的收缩效应将引起凸点的位移，凸点位移使焊点强度降低。

(2)克服凸点位移的措施

1)凸点尺寸相对于板厚不应太小。为减小电流密度而使凸点过小，易造成凸点熔化而母材不熔化的现象，难于达到热平衡，甚至出现位移。因此，焊接电流不能低于某一限度。

2)多点凸焊时凸点高度如不一致，最好先通预热电流使凸点变软。

3)为达到良好的随动性，最好采用提高电极压力或减小加压系统可动部分质量的措施。

4)凸点的位移与电流的平方成正比，因此在能形成熔核的条件下，最好采用较低的电流值。

5)尽可能增大凸点间距，但不宜大于板厚的10倍。

6)要充分保证凸点尺寸、电极平行度及工件厚度等的精度是较困难的。因此，最好采用可转动电极即随动电极。

(五)对焊

1.对焊接头设计

电阻对焊接头均设计成等断面的对接接头；闪光对焊对于大断面的工件，为增大电流密度，易于激发闪光，应将其中一个工件的端部倒角。

2.对焊焊接参数选择

(1)电阻对焊焊接参数

包括伸出长度、焊接电流密度、焊接通电时间、焊接压力和顶锻压力。

1)伸出长度。指的是工件伸出夹具电极端面的长度。如果伸出长度过长，则顶锻时工件会失稳旁弯；伸出长度过短，则由于向夹钳口的散热增强，使工件冷却过于强烈，导致接头处产生塑性变形的困难。伸出长度应根据不同金属材质来决定。如低碳钢为(0.5～1)D，铝为(1～2)D，铜为(1.5～2.5)D，其中D为工件的直径。

2)焊接电流密度和焊接通电时间。在电阻对焊时,工件的加热主要决定于焊接电流密度和焊接通电时间。两者可以在一定范围内相应地调配,可以采用大焊接电流密度和短焊接通电时间(硬规范),也可以采用小焊接电流密度和长焊接通电时间(软规范)。但是规范过硬时,容易产生未焊透缺陷,过软时,会使接口端面严重氧化,接头区晶粒粗大,影响接头强度。

3)焊接压力和顶锻压力。它们对接头处的产热和塑性变形都有影响。宜采用较小的焊接压力进行加热,而采用较大的顶锻压力进行顶锻。但焊接压力不宜太低,否则会产生飞溅,增加端面氧化。

(2)闪光对焊的焊接参数

包括伸出长度、闪光电流、闪光速度、闪光留量、顶锻压力、顶锻电流、顶锻留量、顶锻速度、夹具夹持力、预热温度、预热时间等。

1)伸出长度与电阻对焊相同,主要是根据散热和稳定性确定。在一般情况下,棒材和厚壁管材为(0.7～1.0)D,D为直径或边长。

2)闪光留量。选择闪光留量时,应确保在闪光结束时整个工件端面有一层熔化金属,同时在一定深度上达到塑性变形温度。闪光留量过小,会影响焊接质量,过大会浪费金属材料,降低生产效率。另外,在选择闪光留量时,预热闪光对焊比连续闪光对焊小30%～50%。

3)闪光电流。闪光对焊时,闪光阶段通过工件的电流,其大小取决于被焊金属的物理性能、闪光速度、工件端面的面积和形状,以及加热状态。随着闪光速度的增加,闪光电流随之增加。

4)闪光速度。具有足够大的闪光速度才能保证闪光的强烈和稳定。但闪光速度过大,会使加热区过窄,增加接头处塑性变形的困难。因此,闪光速度应根据被焊材料的特点,以保证端面上获得均匀金属熔化层为标准。一般情况下,导电、导热性好的材料闪光速度较大。

5)顶锻压力。一般采用顶锻压强来表示。顶锻压强的大小应保证能挤出接口内的液态金属,并在接头处产生一定塑性变形。同时还取决于金属的性能,温度分布特点,顶锻留量和顶锻速度,工件端面形状等因素。顶锻压强过大则变形量过大,会降低接头冲击韧度;顶锻压强过低则变形不足,接头强度下降。一般情况下,高温强度大的金属需要较大的顶锻压强,导热性好的金属也需要较大的顶锻压强。

6)顶锻留量。顶锻留量的大小影响到液态金属的排除和接头处塑性变形的大小。顶锻留量过大,降低接头的冲击韧度,过小,使液态金属残留在接口中,易形成疏松、缩孔、裂纹等缺陷。顶锻留量应根据工件断面积选取,随工件断面的增大而增加。

7)顶锻速度。一般情况下,顶锻速度应越快越好。顶锻速度取决于工件材料的性能,如焊接奥氏体钢的最小顶锻速度约是珠光体钢的2倍。导热性好的金属需要较高的顶锻速度。

8)夹具夹持力。必须保证在整个焊接过程中不打滑,它与顶锻压力和工件与夹具间的摩擦力有关。

9)预热温度。预热温度是根据工件断面的大小和材料的性质来选择的,对低碳钢而言,一般为700℃~900℃。预热温度太高,因材料过热会使接头的冲击韧度和塑性下降。焊接大断面工件时,预热温度应相应提高。

10)预热时间。预热时间与焊机功率、工件断面积和金属的性能有关。预热时间取决于所需的预热温度。

3.闪光对焊的注意事项及焊后加工

(1)闪光对焊的注意事项

1)低碳钢闪光对焊的接头强度可接近或等于母材。

2)结构钢因高温强度高,顶锻压力应比碳钢大25%~50%。为防止低合金钢中的合金元素氧化,对焊时应提高烧化速度和顶锻速度。

3)焊不锈钢的顶锻压力应比焊低碳钢时大1~2倍,烧化速度和顶锻速度也应较高。

4)纯铜较难焊,闪光过程不易稳定。但铜合金较易焊接。

5)异种金属闪光对焊中,铜和钢、黄铜和钢之间,钢烧化量大,伸出长度应较大;铝和铜光对焊时要求烧化速度和顶锻速度尽量高,有电顶锻应严格控制。

(2)闪光对焊的焊后加工

1)切除毛刺及多余的金属。通常采用机械方法,如车、刮、挤压等,一般在焊后趁热切除。焊大断面合金钢工件时,多在热处理后切除。

2)零件的矫形。在些零件,如强轮箍、刀具等,焊后需要矫形,矫形通常在压力机、压胀机及其他专用机械上进行。

3)焊后热处理。焊后热处理根据材料性能和工件要求而定。焊接大型零件和刀具,一般焊后要求退火处理;调质钢工件要求回火处理;镍铬奥氏体钢,有时要进行奥氏体化处理。焊后热处理可以在炉中做整体处理,也可以用高频感应加热进行局部热处理,或焊后在焊机上通电加热进行局部热处理,热处理规范根据接头硬度或显微组织来选择。

4.对焊常见缺陷及预防措施

(1)错边

产生的原因可能是工件装配时未对准或倾斜,工件过热,伸出长度过大,焊机刚度不够大等。主要防止措施是提高焊机刚度、减小伸出长度及适当限制顶锻留量。错边的允许误差一般小于厚度的0.1mm或0.5mm。

(2)裂纹

产生的原因可能是在对焊高碳钢时，淬火倾向大。可采用预热、后热和及时退火措施来防止。

(3)未焊透

产生的原因可能是顶锻前接头处温度太低，顶锻留量太小，顶锻压力和顶锻速度低，金属夹杂物太多等。防止的措施是采用合适的对焊焊接参数。

(4)白斑

这是对焊特有的一种缺陷，在断口上表现有放射状灰白色斑。这种缺陷极薄，不易在金相磨片中发现(在电镜分析中才能发现)。白斑对冷弯较敏感，但对抗拉强度的影响很小，可采取快速及充分顶锻措施消除。

五、电渣焊

(一)电渣焊的原理、特点及应用范围

利用电流通过液体熔渣所产生的电阻热进行焊接的方法称为电渣焊。根据使用的电极形状，可以分为丝极电渣焊、板极电渣焊，熔嘴电渣焊、管极电渣焊等。

1.电渣焊的原理

电渣焊是在垂直位置或接近垂直位置进行的。在被焊工件的两端面保持一定的间隙，为了保持熔池的形状，需在间隙两侧使用中间通水冷却的成形铜滑块紧贴于工件，使被焊处构成一个方柱形的空腔，在空腔底部放上一层焊剂。焊接电源的一个极接在工件上，另一个极接在焊丝的导电嘴上，引弧后电弧首先对焊剂加热使其熔化，形成具有一定导电性的液态熔渣熔池，然后电弧熄灭。焊丝通过导电嘴送入渣池中，焊丝和工件间的电流通过渣池产生很大的电阻热，使渣池达到1600℃～2000℃的高温。高温的渣池把热量传给工件和焊丝，使工件边缘和送入的焊丝熔化，由于液态金属的密度较熔渣大，沉于渣池下部，形成熔池。随着焊丝和工件边缘不断熔化，使熔池及渣池不断上升，金属熔池达到一定深度后，下部逐渐冷却凝固成焊缝。

2.电渣焊的特点

(1)适于焊接处于垂直位置的焊缝。垂直位置对于电渣焊形成熔池及焊缝的条件最好，也可用于倾斜焊缝(与水平面的垂直线夹角≤30°)的焊接。

(2)工件均可制成I形坡口，只留一定尺寸的装配间隙便可一次焊接成形。特别适合于大厚度工件的焊接，生产效率高、劳动卫生条件较好。

(3)焊接材料及电能消耗较少，如焊剂消耗量只有埋弧焊的1/15～1/20；电能消耗只有埋弧焊的1/2～1/3。

(4)金属熔池的凝固速度低，熔池中的气体和杂质较易浮出，焊缝不易产生气孔和夹渣。

(5)焊缝成形系数调节范围大，容易防止产生焊缝热裂纹。

(6)焊缝及近缝区冷却速度缓慢,对碳当量高的钢材,不易出现淬硬组织和冷裂纹倾向,故焊接低合金高强度钢及中碳钢时,通常可以不预热。

(7)液相冶金反应比较弱。由于渣池温度低,熔渣的更新率也很低,液相冶金反应比较弱,所以焊缝化学成分主要通过填充焊丝或板极合金成分来控制。此外,渣池表面与空气接触,熔池中活性元素容易被氧化烧损。

(8)渣池的热量大,对短时间的电流波动不敏感,使用的电流密度大,为0.2～300A/mm²。

电渣焊的缺点是焊接热输入大,焊缝热影响区在高温停留时间长,易产生晶粒大和过热组织。焊缝金属呈铸态组织。焊接接头的冲击韧度低,一般焊后需要正火加回火处理,以改善接头的组织和性能。

3.电渣焊的应用范围

(1)电渣焊主要用于厚壁压力容器纵缝和环缝,如原子能电站和热电站的大型压力容器焊接。

(2)广泛应用于锅炉、重型机械和石油化工高压精炼设备及各种大型铸焊、锻焊组合件焊接和厚板拼焊等大型结构件的制造。

(3)广泛应用于碳钢,低合金高强度钢、合金钢、珠光体型耐热钢,还可用于焊接铬镍不锈钢、铝及铝合金、钛及钛合金、铜和铸铁等。

(4)可焊工件厚度达2m,焊缝长度10m以上。工件厚度在30～450mm的均匀断面(纵缝和环缝),多采用丝极电渣焊;工件厚度＞450mm的均匀断面及变断面工件可采用熔嘴电渣焊。

(二)焊前准备

1.接头形式及制备方法

电渣焊的各种接头形式,电渣焊接头边缘的加工可以采用热切割法,热切制后去除切割面的氧化皮后即可焊接。但低合金钢和中合金钢工件接缝边缘切割后,切割面应做磁粉探伤,如发现裂纹,要清除补焊后再焊接。

2.工件清理

焊前应将工件待焊处及焊丝清理干净。

3.工件装配

焊接直缝时,工件间的装配间隙上端应比下端大,其差值约等于焊缝长度的0.1%。工件待焊两边缘间的夹角β一般为1°～2°,工件错边不应超出的中2mm。环缝电渣焊可将整个筒体在滚轮上装配,滚轮宜采用可驱动式,如不可驱动,则应另附驱动装置。环缝时工件错边应控制在1mm以内。

4.定位焊

焊接直缝时采用∩形定位板定位,定位板与工件两端(上、下)的距离为200～

300mm。长焊缝时，中间装若干个∩形定位板，定位板之间的距离为800～1000mm。对于厚度400mm以上的工件，定位板的厚度应为50mm。定位板经修正后可继续使用。∩形定位板可用焊条电弧焊焊接在工件上。定位板材质为Q235。

环缝焊时，简体连接可用∩形定位板，也可用间隙垫。采用∩形定位板，通常用四块连接；采用间隙垫，其尺寸应为100mm×40mm，焊脚尺寸应＞15mm，一般在简体质量＜30t时使用。

5.装引弧槽

直缝焊时，工件底部应装有引弧槽，以便在引弧槽内建立渣池，引弧槽的高度为150mm，板厚＞60mm，宽度同焊接端面。材质尽量和母材一致。环缝焊时的引弧槽为斗式。引弧槽上的挡铁在引弧造渣过程中逐个装接，直至建立正常渣池，引弧位置应选在最小间隙附近。

6.装焊缝成形装置焊缝成形装置的作用是防止渣和熔池内液态金属的流失，强制熔池冷却凝固形成焊缝。焊缝成形装置一般用纯铜制成，有空腔可通冷却水。移动式成形滑块有整体式和组合式两种，可随焊机移动，用于丝极电渣焊；固定式成形板用于熔嘴电渣焊、板极电渣焊等。

7.装引出板

在焊缝结尾处应装有引出板，以便引出渣池和引出易于产生缩孔、裂纹和杂质较多的收尾部分，引出板的高度为100mm，厚度＞80mm，宽度同焊接端面。材质尽量和母材一致。

（三）焊接参数的选择

1.焊接电流（送丝速度）

焊接电流与送丝速度成正比，它与焊丝直径、焊丝材料、焊丝伸出长度和焊接电压等因素有关。当电流增大时，渣池对流速度加快，母材熔深增大，金属熔池宽度增大，易产生热裂纹。焊接电流一般为480～520A（送丝速度为140～500m/h）。

2.焊接电压

焊接电压增大时，金属熔池宽度增大，金属熔池深度也稍有增大。但焊接电压过高则会破坏电渣过程的稳定性，甚至在渣池表面处产生电弧，造成未焊透。焊接电压过低会导致焊丝与工件的短路，引起渣的飞溅。焊接电压要根据接头形式来确定，一般为43～56V。

3.渣池深度

对金属熔池的宽度影响较大。随着渣池深度的增加，金属熔池的宽度减小，深度也略有减小。焊接过程中渣池的深度是根据送丝速度来决定的。所以要根据送丝速度（焊接电流）来判定渣池的深度，并保持渣池的稳定性。渣池深度一般为40～70mm。

4.装配间隙宽度

当宽度增大时，金属熔池深度基本不变，金属熔池宽度增大。宽度太大则降低生产效率，增加成本。宽度过小，导电嘴易与工件边缘接触打弧，焊丝导向困难。

5.焊丝直径和伸出长度

丝极电渣焊焊接时，焊丝直径通常为3mm，焊丝伸出长度是指从导电嘴末端到渣池表面之间的焊丝长度，通常为50～70mm。如果保持送丝速度不变，增加焊丝伸出长度，则焊接电流略有下降，金属熔池宽度和深度减少，而形状系数略有增大。焊丝伸出长度过长时，难以保证焊丝在间隙中的准确位置，当伸出长度达到165mm时，应有导向措施。伸出长度过短时，导电嘴易被渣池辐射热所过热而破坏。

6.电极数(焊丝根数)和每根焊丝负担的厚度

当工件厚度不变时，如增加焊丝根数，则电流成正比增大，渣池内析出的功率也增大，焊接速度也相应增大，但导入铜滑块和工件的热量相对减小。因此，随着焊丝根数增大，金属熔池的深度和宽度都增大。

7.焊丝摆动参数

焊丝不摆动时，单根焊丝置于间隙的中心处，焊缝横断面呈腰鼓形，即中间宽而两端窄。如焊丝横向摆动并在摆动到端点处做适当的停留，那么在工件厚度方向上，工件边缘熔透深度可以比较均匀。焊丝摆动速度通常为40～80m/h，焊丝停留时间为3～8s。

8.焊接速度

一般低碳钢为0.7～1.2m/h，中碳钢和低合金钢为0.3～07m/h。

9.熔嘴电渣焊的焊接参数与丝极电渣焊基本相同，主要是按工件的厚度选择熔嘴的形式和尺寸。对于厚度＜300mm的工件，多采用单熔嘴。

(四)电渣焊操作要点

电渣焊焊接过程分为建立渣池、正常焊接和焊缝收尾三个阶段。现将直缝与环缝焊时的焊接过程操作介绍如下：

1.引弧造渣过程的操作焊丝伸出长度以40～50mm为宜；引出电弧后，要逐步加入熔剂，使之逐步形成熔渣。引弧时可先在引弧槽内放入少量铁屑并撒上一层焊剂，引弧后靠电弧热使焊剂熔化建立渣池。引弧造渣阶段应比正常焊接的电压和电流稍高。

环缝焊时，首先装好内(外)滑块，引弧从靠近内(外)径开始。随渣池的扩大，开始摆动焊丝并送入第二根焊丝，随筒体的旋转，渣池扩大，逐个装接引弧挡铁，依次送入第三根焊丝，最后完成造渣过程。

待渣池达到一定深度、电渣过程稳定后可立即开动机头进行正常焊接。

2.正常焊接过程的操作

经常测量渣池深度，均匀地添加焊剂，严格按照工艺要求控制恒定的焊接参数，以保证稳定的造渣过程。经常调整焊丝（熔嘴），使其始终处于间隙中心位置，经常检查水冷滑块的出水温度及流量。要防止产生漏渣漏水现象，当发生漏渣而使渣池变浅后应降低送丝速度，逐步加入适量焊剂以维持电渣过程的稳定进行。

环焊缝在工件转动时，应适时割掉间隙垫（或∩形定位板），当焊至±1/4环缝时，开始切除引弧槽及附近未焊部分。切割表面凹凸不平度应在±2mm范围内，并要将残渣及氧化皮清理干净。气割工件按样板进行，气割结束后立即装焊预制好的引出板。如发生焊接过程中断，也应控制筒体收缩变形，并采用适当的方式重新建立电渣过程。

3.收尾阶段的操作

在收尾时，可采用断续送丝或逐渐减小送丝速度和焊接电压的方法来防止缩孔的形成和收弧裂纹的产生。焊接结束时不要立即把渣池放掉，以免产生裂纹。焊后应及时切除引出部分和介形定位板，以免引出部分产生的裂纹扩展到焊缝上。

环缝焊时，当切割线转至和水平轴线垂直时，即停止转动，此时靠电焊机上升机构焊直缝，逐个在引出板外侧加条状挡铁。这一阶段电压提高1～2V，靠近内径焊丝尽量接近切割线，控制在6～10mm；为防止裂纹，宜适当减小焊接电流，当焊出工件之后即可减小送丝速度和焊接电压。焊接结束后，待引出板冷至200℃～300℃时，即可割掉引出板。

六、其他焊接方法

（一）摩擦焊

1.摩擦焊的原理、特点及应用范围

（1）原理摩擦焊英文缩写FW，ISO代号为42，是在压力作用下，通过待焊界面相对旋转运动中相互摩擦而产生的热量，使局部达到热塑性状态，而后加压形成焊接接头的方法。

1）可焊接的金属范围广，特别适于焊接异种金属。

2）焊接表面不易氧化，接头组织致密，不易产生气孔、裂纹等缺陷，通常比较容易得到与母材强度相同的接头强度。

3）焊接参数易控制，接头质量好且稳定。

4）易于实现自动化生产，适合大批量的生产，生产效率高，如排气阀每小时可焊千件。

5）劳动卫生条件好，便于放在机械加工生产线上使用。

6）焊后工件的尺寸精度及几何精度高，可作为组件加工后的精密装配焊。焊后长度公差可达到±0.1mm，偏轴度可＜0.2mm。

7)占用的设备电容量小,耗电量小(与闪光焊比可省电70%~80%),工件材料损耗少。

8)可以低成本进行异种金属焊接,如钢铝、铜－不锈钢,碳钢－不锈钢等。

9)圆形或管形件的摩擦对接焊有逐步取代闪光对焊的趋势,非圆断面的工件出般较难用摩擦焊焊接。大断面的工件用摩擦焊焊接时,受电动机功率、设备轴向加压的限制。

10)一些薄壁、易碎材料不能进行摩擦焊。

(2)摩擦焊的分类

按摩擦表面的相对运动形式分类如下:

直中旋转式摩擦焊以工件几何中心为轴,做旋转摩擦运动,主要是焊接有旋转断面的工件。

单因轨迹式摩擦焊中的工件端面都以一定的轨迹和相同的速度做平行摩擦运动,主要是焊接非圆断面的工件,实际应用较少。

(3)应用范围

摩擦焊是一种优质、高效、节能、无污染的焊接方法,不仅在锅炉压力容器、机械制造、汽车制造、石油及化工等生产领域得到应用,而且在航空、航天、核电设备、海洋开发等高新技术领域也得到了广泛的应用。摩擦焊工艺在对难熔材料、复合材料、轻金属、粉末冶金材料、陶瓷和塑料等非导电材料,以及异种材料的焊接上有着独特的优势。可用于摩擦焊的被焊零件的形状已由最初的圆断面扩展到非圆断面及板材。

2.焊接参数的选择

(1)连续驱动摩擦焊焊接参数

在摩擦及顶锻阶段,焊接区处于高温的金属被挤出,形成环状的飞边。可调的主要焊接参数有转速、压力和加热时间。

1)转速。在焊接过程中,如转速过低将产生过大的转矩,使工件不易被夹持住。而高转速,对轴向推力和加热时间的精度控制要求较高。一般钢的旋转线速度取1.3~1.8m/s。

2)压力。包括加热压力和顶锻压力。加热压力决定了焊接区的温度梯度,还影响驱动功率和轴向缩短量。顶锻压力对接头形成影响很大。对钢而言形成致密焊缝的压力范围很宽,加热压力在20－100MPa,顶锻压力在40~280MPa。

3)加热时间。加热时间过短,不能形成完整的塑性变形层,温度分布也不能满足焊接要求。加热时间过长,将导致金属过热,缩短量增加,降低生产效率。连续驱动摩擦焊加热时间一般在1~40s范围内,具体参数由实验确定。

(2)惯性摩擦焊焊接参数惯性摩擦焊利用飞轮的惯性,使焊接的转速由开始时的焊接速度,逐渐降低为焊接终了时的零值。主要焊接参数有飞轮惯性矩、轴向压力和飞轮初速度。

1)飞轮惯性矩。它决定工件端面的加热程度，惯性矩的大小，取决于飞轮的质量和转动惯量半径。

2)轴向压力。是指两工件端面摩擦时的压力，对温度及温度分布影响较大。一般根据材料和棒材的直径选取。

3)飞轮初速度。对于每一种金属都存在出个能使接头具有最佳性能的外圆周速度范围。在焊接实心钢棒时，初速度范围为2.5～7.6m/s。

飞轮质量和初始速度可在较宽的范围内相反的变化，而保持的总能量不变。大的飞轮能延长顶锻阶段，若飞轮太小，则顶锻阶段就不能以压实焊缝和从界面上挤除杂质。

目前，摩擦焊焊接参数还不能用计算方法来确定，其焊接参数可以在较大范围内变动，生产中所采用的焊接参数，都是用实验方法确定的。

3.操作要点

操作要点如下：

(1)焊接面的表面平面度不宜太大，应避免焊接面中心凹陷。

(2)焊接面有中心孔时，孔的直径及深度应足够大，以容纳飞边及空气。

(3)焊接面上的锻造、轧制氧化皮及渗碳、渗氮或镀层应在焊前去除掉。

(4)焊接活性金属时，焊接面必须仔细清洗。

(5)焊前热处理对焊接性有一定的影响。如铜—铝焊接前应分别进行退火处理。

(6)焊后热处理有利于改善接头的应力、组织状态，提高工件性能，特别是疲劳极限，降低飞边硬度(便于去除)或防止焊后开裂。其要求有：同种钢接头通常用回火或正火等；异种钢接头焊后热处理时要注意防止生成扩散产物；碳当量ω(CE)0.4%—0.5%的钢，一般可在焊后任何时间内进行热处理；碳当量ω(CE)>0.8%的钢，焊后应立即入炉处理。

(二)电弧螺柱焊

将螺柱端与板件(或管件)表面接触，通电引弧将接触面熔化，给螺柱一定压力完成焊接的方法称为螺柱焊。螺柱焊可采用多种焊接方法施焊，工业上应用最广的方法是电弧螺柱焊和电容放电螺柱焊。锅炉压力容器生产中主要采用电弧螺柱焊。

1.电弧螺柱焊的原理、特点及应用范围

(1)原理

电弧螺柱焊实质上是电弧焊方法的又一应用。焊接时首先在螺柱与工件之间引燃电弧，将螺柱端面和与其接触的工件表面加热到熔化状态，然后把螺柱挤压到熔池中去，使两者结合而形成焊缝。

(2)特点

螺柱焊是焊接紧固件的一种快速方法,焊接时间约为零点几秒到几秒,因此生产效率高。对焊接接头的质量可进行有效控制,能保证焊接接头的导热性、导电性、密封性及接头强度。在把紧固件(螺柱或螺母等)固定在工件上的方法中,电弧螺柱焊可代替焊条电弧焊、电阻焊和钎焊,也可以代替铆接、钻孔和攻螺纹。可进行平焊、立焊、仰焊等。可将螺柱焊到平面和曲面上。可使紧固件之间的距离达到最小。

(3)应用范围

广泛应用于造船、机车制造、槽车、储罐、容器、锅炉、汽车、电力变压器、大型建筑钢结构、小器具等制造领域。

2.焊接参数的选择

输入焊接能量的大小是能否获得优质螺柱焊接头的关键,只有足够大的焊接能量才能保证接头的质量。而输入焊接接头的能量与焊接电流、电弧电压及焊接时间有关。当螺柱提高工件的距离确定后则电弧电压基本上保持不变。因此输入的焊接能量由焊接电流和焊接时间来决定。使用不同的焊接时间与焊接电流的组合均能得到相同的输入焊接能量。但对应每种尺寸的螺柱,要获得合格焊缝的焊接电流是有一定的范围的,而焊接时间的选择应与此范围相配合。焊接电流和焊接时间的选择是根据螺柱的材质、横断面尺寸大小来确定的。

3.操作要点

螺柱端部和母材待焊处应具有清洁表面,无漆层、氧化皮和油水污垢等。检查焊接电缆、导电夹头是否正常,导电回路是否牢固连接。钢螺柱焊采用直流正接铝及铝合金螺柱焊采用直流反接。将待焊接螺柱装入螺柱焊枪夹头中,并将相配合的陶瓷保护套圈装入瓷圈夹头中。调整好螺柱伸出陶瓷的长度和提高长度。调整好焊机电压输出,确认设备能够进行正常运行,焊前准备即可结束。

(1)将螺柱接触面置于工件待焊部位。

(2)利用焊枪上的弹簧压下机构使螺柱与陶瓷圈同时紧贴工件表面。

(3)打开焊枪上的开关,接通焊接回路使焊枪体内的电磁线圈励磁,此时螺柱自动提高工件,即可在螺柱与工件之间引弧。

(4)螺柱处于提高工件位置时,电弧引燃扩展到整个螺柱端面,在电弧热能作用下,使端面少量熔化,同时也使螺柱下方的工件表面熔化而形成熔池。

(5)电弧燃烧到预定时间时熄灭,同时焊接回路断开,电磁线圈去磁,靠弹簧压力快速将螺柱熔化端压入熔池。

(6)弹簧压到一定时间后,将焊枪从焊好的螺柱上抽出,打碎并除去保护瓷圈。

第三章　焊接材料

上一章我们主要讲述了锅炉压力容器的焊接，那么本章，我们则主要从焊接材料方面展开具体的说明。

第一节　焊接材料的定义和基本要求

一、焊接材料的定义

1.焊接材料：焊接时所消耗材料（包括焊条、焊丝、焊剂、气体等）的通称。

2.焊条：涂有药皮的供焊条电弧焊用的熔化电极，它由药皮和焊芯两部分组成。

3.焊丝：焊接时作为填充金属或同时作为导电的金属丝。

4.焊剂：焊接时，能够熔化形成熔渣和气体，对熔化金属起保护和冶金处理作用的一种物质。

5.保护气体：焊接过程中用于保护金属熔滴、熔池及焊缝区的气体，它使高温金属免受外界气体的侵害。

6.电极：熔焊时用以传导电流，并使填充材料和母材熔化或本身也作为填充材料而熔化的金属丝（焊丝、焊条）、棒（石墨棒、钨棒）、管、板等。电阻焊时，是指用以传导电流和传递压力的金属极。

二、对焊接材料的基本要求

1.对焊条的基本要求

（1）焊缝金属应具有良好的力学性能或其他物理性能。如结构钢、不锈钢、耐热钢等焊条，均要求焊缝金属具有规定的抗拉强度等力学性能或耐蚀、耐热等物理性能。

（2）焊条的熔敷金属应具有规定的化学成分，以保证其使用性能的要求。

（3）焊条应具有良好的工艺性能。如电弧稳定、飞溅小、脱渣性好和焊缝成形好、生产效率高、低尘低毒等特性。

(4)要求焊条具有良好的抗气孔、抗裂纹能力。

(5)焊条应具有良好的外观(表皮)质量。药皮应均匀、光滑地包覆在焊芯周围。偏心度应满足标准的规定。药皮无开裂、脱落、气泡等缺陷,磨头、磨尾圆整、焊条尺寸和极限偏差应符合有关规定,焊芯应无锈迹,药皮与焊芯应具有一定的结合强度及一定的耐潮性。

(6)为保护环境、保障焊工安全健康,焊条的发尘量和有毒气体应符合有关标准的规定。

2.对焊丝的基本要求

(1)焊丝应具有规定的化学成分。

(2)焊丝应具有光滑的表面,应没有对焊接特性、焊接设备的操作或焊缝金属的性能有不利影响的裂纹、凹坑、划痕、氧化皮、皱纹、折叠和外来物。

(3)焊丝的每一个连续长度应由一个炉号或一个批号的材料组成。当存在接头时应适当处理,以便焊丝在自动焊和半自动焊设备上使用时,不影响均匀、不间断地送进。

(4)除特殊规定外,焊丝可以采用合适的保护涂层,诸如涂上铜层。

(5)焊丝的缠绕应无扭结、波折、锐弯、重叠和嵌入。使焊丝在无拘束的状态下能自由退绕。焊丝的外端(开始焊接的一端)应加识别标记,以便容易找到,并应固定牢,防止松脱。

(6)非直段焊丝的弹射度和螺旋度,应使焊丝在自动焊和半自动焊设备中能无间断地送进。气体保护焊用非直段焊丝的弹射度和螺旋度应符合有关规定。

弹射度是指从包装中截取能形成一定直径圆圈的长度焊丝,焊丝无拘束地放在平面上,散开形成一个环的直径。

螺旋度是指在弹射度试验时,从焊丝环上任意一点到平面上的最大距离。

(7)焊丝的包装应符合有关规定。包装形式有直段、卷装、盘装和筒装四种。

3.对焊剂的基本要求

(1)焊剂应具有良好的冶金性能焊剂配以适宜的焊丝,选用合理的焊接参数,使焊缝金属具有适宜的化学成分和良好的力学性能,以满足产品的设计要求,同时,焊剂还应有较强的抗气孔和抗裂纹能力。

(2)焊剂应具有良好的焊接工艺性能在规定的焊接参数下进行焊接,焊接过程中应保证电弧燃烧稳定,熔合良好,过渡平滑,焊缝成形好,脱渣容易。

(3)焊剂应具有较低的含水量和良好的抗潮性出厂焊剂中水的质量分数不得大于0.20%。焊剂在温度25℃,相对湿度70%的环境条件下,放置24h,吸潮率不应大于0.15%。

(4)控制焊剂中机械夹杂物焊剂中机械夹杂物(碳粒、铁屑、原料颗粒及其他杂物)的质量分数不应大于0.30%,其中碳粒与铁合金凝珠质量分数不应大于0.20%。

(5)焊剂应有较低的硫、磷含量焊剂中硫、磷的质量分数一般为S≤0.06%,P≤0.08%。对于锅炉、压力容器等承压设备用焊接材料而言,焊剂中的硫、磷的质量分数应控制在S≤0.035%,P≤0.040%。

(6)焊剂应有一定的颗粒度

焊剂的粒度一般分为两种:一是普通粒度为2.5mm~0.45mm(8~40目);二是细粒度为1.18mm~0.28mm(14－60目)。要求小于规定粒度的细粉一般不大于5%,大于规定粒度的粗粉一般不大于2%。

(7)电渣焊用焊剂

为了使电渣过程能够稳定进行并得到良好的焊接接头,电渣焊用焊剂除了具有焊剂的一般要求外,还应具有如下特殊要求:

1)熔渣的电导率应在合适的范围内:熔渣的电导率应适宜,若电导率过低,会使焊接无法进行;若电导率过高,在焊丝和熔渣之间可能引燃电弧,破坏电渣过程。

2)熔渣的粘度应适宜:熔渣的粘度过小,流动性过大,会使熔渣和金属流失,使焊接过程中断;粘度过大,会形成咬边和夹渣等缺陷。

3)控制焊剂的蒸发温度:不同用途的焊剂,其组成不同,沸点也不同。熔渣开始蒸发的温度决定于熔渣中最易蒸发的成分。氟化物的沸点低,可降低熔渣开始蒸发的温度,使产生电弧的可能性增大,从而降低电渣过程的稳定性,并形成飞溅。

另外,焊剂还应具有良好的脱渣性、抗热裂性和抗气孔能力。

焊剂中的SiO_2含量增多时,电导率降低,粘度增大。氟化物和TiO_2增多时,电导率增大,粘度降低。

第二节　焊条的组成、分类及型号

一、焊条的组成

焊条由焊芯和药皮两部分组成。

(一)焊芯

焊芯是指焊条中被药皮包覆的金属芯。通常根据被焊金属材料的不同,选用相应的焊丝作为焊芯。

焊条电弧焊时,焊芯的作用:一是传导焊接电流,产生电弧;二是焊芯熔化形成焊缝中的填充金属。焊芯作为填充金属约占整个焊缝金属的50%~70%,所以焊芯的化学成分将直接影响焊缝金属的成分和性能。因此用于焊芯的钢丝都是经特殊冶炼的,且单独规定了它的牌号和成分,这种焊接钢丝称为焊丝。国家标准规定的焊接用钢丝有44种之多。常用的低碳钢及一般低合金高强钢焊条基本上以HO8A钢作为焊芯,对S、P控制要求严格时,采用HO8E钢作为焊芯。一些低合金高强钢焊条,为了从焊芯过渡合金元素以提高焊缝金属质量而采用各种特定成分的焊芯。

通常所说的焊条直径和长度就是指焊芯的直径和长度。焊条直径有多种规格,生产中应用最多的是ϕ3.2mm、ϕ4.0mm和ϕ5.0mm三种规格。

(二)药皮

药皮是焊条的重要组成部分,也是决定焊条和焊接质量的重要因素。一般说来焊条药皮是由矿石、铁合金或纯金属、化工物料和有机粉末混合均匀后粘接在焊芯上。

1.药皮的作用

焊条的药皮在焊接过程中起着极为重要的作用,其主要作用如下:

(1)保护作用在焊接过程中,某些物质(如有机物、碳酸盐等)受热分解出气体(如CO_2等)或形成熔渣起到气保护或渣保护作用,使熔滴和熔池金属免受有害气体(如大气中的O_2、N_2等)的影响。

(2)冶金处理作用与焊芯配合,通过冶金反应脱氧,去氢,除硫、磷等有害杂质或添加有益的合金元素,以得到所需的化学成分,改善组织,提高性能。

(3)改善焊接工艺性能通过焊条药皮不同物质的合理组配(即药皮配方设计),有助于提高焊条的操作工艺性能,促使电弧燃烧稳定、减少飞溅、改善脱渣、焊缝成形和提高熔敷效率等。

2.药皮的组成

焊条药皮的组成成分相当复杂,一种焊条药皮配方中,组成物一般有七八种之多,主要分为矿物类、铁合金及金属粉、有机物和化工产品四类。根据药皮组成物在焊接过程中所起的作用可将其分为如下七类:

(1)造气剂,主要作用是形成保护气氛,以隔绝空气。常用的有机物有淀粉、木粉等;碳酸盐类矿物质如:大理石、菱镁矿等。

(2)造渣剂,主要作用是在熔化后形成具有一定物理化学性能的熔渣,覆盖在熔池和焊缝表面,起机械保护和冶金处理作用。常用造渣剂有大理石、钛铁矿、金红石和赤铁矿等。

(3)脱氧剂,主要作用是使焊缝金属脱氧,以提高焊缝的力学性能。常用的脱氧剂有锰铁、硅铁、钛铁及铝粉等。

(4)合金剂,其作用是向焊缝渗加有益的合金元素,以提高焊缝的力学性能或使焊缝获得某些特殊性能(如耐蚀、耐磨等)。根据需要可选用各种铁合金,如锰铁、硅铁、钼铁等或粉末状纯金属,如金属锰、金属铬等。

(5)稳弧剂,主要起稳定电弧的作用。一般多采用易电离的物质,如碱金属及碱土金属的化合物碳酸钾、碳酸钠等。

(6)粘结剂,用以将各种粉状加入剂粘附在焊芯周围。常用的是水玻璃。

(7)增塑剂,用以改善涂料的塑性和滑性,便于焊条压涂机压涂焊条药皮,有利于挤和成形,故又称成形剂。常用的有白泥、云母、糊精和钛白粉等。

二、焊条的分类

1.按熔渣性质分类

按熔渣酸碱性分类,可将焊条分为酸性焊条和碱性焊条两大类。熔渣以酸性氧化物为主的焊条称为酸性焊条。熔渣以碱性氧化物和氟化钙为主的焊条称为碱性焊条。在碳钢焊条和低合金钢焊条中,低氢型焊条(包括低氢钠型、低氢钾型和铁粉低氢型)是碱性焊条;其他涂料类型的焊条均属酸性焊条。

碱性焊条与强度级别相同的酸性焊条相比,其熔敷金属的延性和韧性高,扩散氢含量低,抗裂性能强。因此,当产品设计或焊接工艺规程规定用碱性焊条时,不能用酸性焊条代替。酸性焊条和碱性焊条的特性对比见表3－1。

2.按药皮的主要成分分类

焊条药皮由多种原料组成,按照药皮的主要成分可以确定焊条的药皮类型,焊条药皮类型分类见表3－2。

表3-1酸性焊条和碱性焊条的特性对比

酸性焊条	碱性焊条
药皮组分氧化性强	药皮组分还原性强
对水、锈产生气孔的敏感性不大,焊条使用前经150～200℃烘焙1h	对水、锈产生气孔的敏感性大,要求焊条使用前经300－400℃,1－2h再烘干
电弧稳定,可用交流或直流电流施焊	由于药皮中含有氟化物,恶化电弧稳定性,需用直流电流施焊,只有当药皮中加稳弧剂后,方可交直流电流两用
焊接电流较大	焊接电流比小,比同规格的酸性焊条小10%左右
可长弧操作	需短弧操作,否则易引起气孔及增加飞溅
合金元素过渡效果差	合金元素过渡效果好
焊缝成形较好,除氧化铁型外,熔深较浅	焊缝成形尚好,容易堆高,熔深较深
熔渣结构呈玻璃状	熔渣结构呈岩石结晶状
脱渣较方便	坡口内第一层脱渣较困难,以后各层脱渣较容易
焊缝的常、低温冲击性能一般	焊缝常、低温冲击性能较高

酸性焊条	碱性焊条
除氧化铁型外，抗裂性能较差	抗裂性能好
焊缝中含氢量高，易产生白点，影响塑性	焊缝中扩散氢含量低
焊接时烟尘少	焊接时烟尘多，且烟尘中含有害物质较多

表3-2焊条药皮类型分类

药皮类型	药皮的主要成分(质量分数,%)	电源种类
钛型	氧化钛≥35%	直流或交流
钛钙型	氧化钛30%以上，钙、镁的碳酸盐20%以下	直流或交流
钛铁矿型	钛铁矿≥30%	直流或交流
氧化铁型	多量氧化铁及较多的锰铁脱氧剂	直流或交流
纤维素型	有机物15%以上、氧化钛30%左右	直流或交流
低氢型	钙、镁的碳酸盐和萤石	直流
石墨型	多量石墨	直流或交流
盐基型	氯化物和氟化物	直流

3.按焊条的性能特征分类

按焊条的性能特征，可将焊条分为低尘低毒焊条、铁粉高效焊条、超低氢焊条、立向下焊条、底层焊条、耐吸潮焊条、水下焊条、重力焊条和躺焊焊条等。

三、焊条的型号及牌号

焊条型号是按熔敷金属力学性能、药皮类型、焊接位置、电流类型、熔敷金属化学成分和焊后热处理状态等进行划分。

1.非合金及细晶粒钢焊条及热强钢焊条型号

非合金钢(即碳素钢)及细晶粒钢(大部分的合金钢)焊条型号的主体结构由字母“E”和四位数字组成，短画线“—”后附加熔敷金属化学成分和焊后状态。增加了可选附加代号“U”和“HX”。

(1)非合金钢及细晶粒钢焊条型号组成

非合金钢及细晶粒钢焊条型号由五部分组成，其结构和含义如下：

1)第一部分用字母“E”表示焊条。

2)第二部分为字母“E”后面的紧邻两位数字，表示熔敷金属的最低抗拉强度代号。

3)第三部分为字母“E”后面的第三和第四两位数字，表示药皮类型、焊接位置和电流类型。

4)第四部分为短画线“—”后的字母、数字或字母和数字的组合，表示熔敷金属的化学成分分类代号。

5)第五部分为熔敷金属的化学成分代号后的一位或两位字母,表示焊后状态代号,其中无标记表示焊态,"P"表示热处理状态,"AP"表示焊态和焊后热处理两种状态均可。除以上强制分类代号外,根据供需双方协商,可在型号后依次附加可选代号。

①字母"U"表示在规定试验温度下,冲击吸收功可以达到47J以上。

②扩散氢代号"HX",其中x代表15、10或5,分别表示每100g熔敷金属中扩散氢含量的最大值(mL)。

非合金钢及细晶粒钢焊条型号示例:

E5515——N5PUH10

E——表示焊条。

55——表示熔敷金属抗拉强度最小值为550MPa。

15——表示药皮类型为碱性,适用于全位置焊接,采用直流反接。

N5——表示熔敷金属化学成分分类代号。

p——表示焊后状态代号,此处表示热处理状态。

U——为可选附加代号,表示在规定温度下(-60℃),冲击吸收功47J以上。

H10——可选附加代号,表示熔敷金属扩散氢含量不大于10mL/100g。

(2)热强钢焊条型号组成

热强钢焊条型号组成,其结构和含义如下:

1)第一部分用字母"E"表示焊条。

2)第二部分为字母"E"后面的紧邻两位数字,表示熔敷金属的最低抗拉强度。

3)第三部分为字母"E"后面的第三和第四两位数字,表示药皮类型、焊接位置和电流类型。

4)第四部分为短画线"-"后的字母、数字或字母和数字的组合,表示熔敷金属的化学成分分类代号。

其中熔敷金属化学成分用"xCxMx"表示,标识"C"前的整数表示Cr的名义含量,"M"前的整数表示Mo的名义含量。对于Cr或者Mo,如果名义含量(质量分数)少于1%,则字母前不标记数字。如果在Cr和Mo之外还加入了W、V、B、Nb等合金成分,则按照此顺序,加于铬和钼标记之后。

除以上强制分类代号外,根据供需双方协商,可在型号后附加扩散氢代号"HX",其中X代表15、10或5,分别表示每100g熔敷金属中扩散氢含量的最大值(mL)。

热强钢焊条型号示例:

E6215——2C1MH10

E——表示焊条。

62——表示熔敷金属抗拉强度最小值为620MPa。

15——表示药皮类型为碱性，适用于全位置焊接，采用直流反接。

2C1M——表示熔敷金属化学成分分类代号

H10——可选附加代号，表示熔敷金属扩散氢含量不大于10mL/100g。

2.不锈钢焊条型号

焊条型号的主体是由字母“E”和三位数字及附加字母组成，其中字母“E”表示焊条；三位数字和附加字母表示焊条熔敷金属的化学成分，药皮类型、焊接位置及电流种类，并以短画线“－”与焊条型号的主体分开。

不锈钢焊条型号由四部分组成，其结构和含义如下：

（1）第一部分用字母“E”表示焊条。

（2）第二部分为字母“E”后面的数字表示熔敷金属的化学成分分类，数字后面的“L”表示碳含量较低，“H”表示碳含量较高，若有其他特殊要求的化学成分，该化学成分用元素符号表示放在数字的后面。

（3）第三部分为短画线“－”后的第一位数字，表示焊条的焊接位置。

（4）第四部分为最后一位数字，表示焊条的药皮类型。

不锈钢钢焊条型号示例：

E308——16

E——表示焊条。

308——表示熔敷金属化学成分分类代号。

1——表示焊接位置，适用于全位置焊接。

6——表示药皮类型，为金红石型，适用于交直流电流两用焊接。

3.铸铁焊条型号

铸铁焊条型号由字母“E”和“Z”组成“EZ”表示焊条用于铸铁焊接；在“EZ”之后用熔敷金属的主要成分的元素符号或金属类型代号表示，见表3－3。

表3-3铸铁焊条类别及型号

<table>
<tr><th>类别</th><th>名称</th><th>型号</th></tr>
<tr><td rowspan="2">铁基焊条</td><td>灰铸铁焊条</td><td>EZC</td></tr>
<tr><td>球墨铸铁焊条</td><td>EZCQ</td></tr>
<tr><td rowspan="4">镍基焊条</td><td>纯镍铸铁焊条</td><td>FZNi</td></tr>
<tr><td>镍铁铸铁焊条</td><td>EZNiFe</td></tr>
<tr><td>镍铜铸铁焊条</td><td>EZNiCu</td></tr>
<tr><td>镍铁铜铸铁焊条</td><td>EZNiFeCu</td></tr>
<tr><td rowspan="2">其他焊条</td><td>纯铁及碳钢焊条</td><td>EZFe</td></tr>
<tr><td>高钒焊条</td><td>EZV</td></tr>
</table>

4.堆焊焊条型号

堆焊焊条型号的表示方法为:字母“ED”表示用于表面耐磨堆焊焊条;后面用一或两位字母、元素符号表示焊条熔敷金属化学成分分类代号,见表3—4,还可附加一些主要成分的元素符号;在基本型号内可用数字、字母进行细分类,细分类代号也可用短画划线“—”与前面符号分开;型号中最后两位数字表示药皮类型和焊接电源种类,用短画线“—”与前面符号分开,见表3—5。

表3-4熔敷金属化学成分分类

型号分类	熔敷金属化学成分分类	型号分类	熔敷金属化学成分分类
EDP××—××	普通低、中合金钢	EDZ××—××	合金铸铁
EDR××—××	热强合金钢	EDZCr××—××	高铬铸铁
EDCr××—××	高铬钢	EDCoCr××—××	钴基合金
EDMn××—××	高锰钢	EDW××—××	碳化钨
EDCrMn××—××	高铬锰钢	EDT××—××	特殊型
EDCrNi××—××	高铬镍钢	EDNi××—××	镍基合金
EDD××—××	高速钢		

表3-5药皮类型和电源种类

焊条型号	药皮类型	电源种类
ED××—00	特殊型	交流或直流
ED××—03	钛钙型	
ED××—15	低氢钠型	直流
ED××—16	低氢钾型	交流或直流
ED××—08	石墨型	

5.铜及铜合金焊条型号

铜及铜合金焊条型号的表示方法为:字母“E”表示焊条,在“E”后面的字母直接用元素符号表示型号分类。同一分类中有不同化学成分要求时,用字母或数字表示,并以短画线“—”与前面元素符号分开,例如ECuAl—B。

6.铝及铝合金焊条型号

铝及铝合金焊条型号的表示方法为:字母“E”表示焊条,E后面的数字表示焊芯用的铝及铝合金牌号。

第三节 焊丝的分类、型号及牌号

一、焊丝的分类

焊丝可按多种方法分类，如按焊丝结构形状分，按焊接钢种分，按焊接方法分，如表3－6～表3－8所示。

表3-6焊丝按结构形状分类

<table>
<tr><td rowspan="28">焊丝</td><td rowspan="27">药芯焊丝</td><td rowspan="2">按结构分</td><td colspan="3">有缝焊丝(有多种截面形状)</td></tr>
<tr><td colspan="3">无缝焊丝(可镀铜)</td></tr>
<tr><td rowspan="25">按填料分</td><td rowspan="18">药粉型(有造渣剂)</td><td rowspan="8">CO_2保护</td><td>低碳钢</td></tr>
<tr><td>高强钢</td></tr>
<tr><td>耐热钢</td></tr>
<tr><td>低温钢</td></tr>
<tr><td>不锈钢</td></tr>
<tr><td>镍基合金</td></tr>
<tr><td>表面堆焊</td></tr>
<tr><td>耐候钢</td></tr>
<tr><td rowspan="6">Ar+CO_2保护</td><td>低碳钢</td></tr>
<tr><td>高强钢</td></tr>
<tr><td>低温钢</td></tr>
<tr><td>不锈钢</td></tr>
<tr><td>耐热钢</td></tr>
<tr><td>镍基合金</td></tr>
<tr><td rowspan="4">自保护</td><td>低碳钢</td></tr>
<tr><td>高强钢</td></tr>
<tr><td>表面堆焊</td></tr>
<tr><td>不锈钢</td></tr>
<tr><td rowspan="7">金属粉型(无造渣剂)</td><td rowspan="3">CO_2保护</td><td>低碳钢</td></tr>
<tr><td>高强钢</td></tr>
<tr><td>表面堆焊</td></tr>
<tr><td rowspan="4">Ar+CO_2保护</td><td>低碳钢</td></tr>
<tr><td>高强钢</td></tr>
<tr><td>低湿钢</td></tr>
<tr><td>不锈钢</td></tr>
<tr><td colspan="5">实心焊丝</td></tr>
</table>

表3-7焊丝按焊接钢种分类

<table>
<tr><td rowspan="12">焊丝</td><td colspan="2">低碳钢焊丝</td></tr>
<tr><td rowspan="4">低合金钢焊丝</td><td>高强钢用焊丝</td></tr>
<tr><td>耐热钢用焊丝</td></tr>
<tr><td>低温钢用焊丝</td></tr>
<tr><td>耐候钢用焊丝</td></tr>
<tr><td colspan="2">不锈钢焊丝</td></tr>
<tr><td colspan="2">硬质合金堆焊焊丝</td></tr>
<tr><td colspan="2">铜及铜合金焊丝</td></tr>
<tr><td colspan="2">铝及铝合金焊丝</td></tr>
<tr><td colspan="2">镍及镍合金焊丝</td></tr>
<tr><td colspan="2">钛及钛合金焊丝</td></tr>
<tr><td colspan="2">铸铁焊丝</td></tr>
</table>

表3-8焊丝按焊接方法分类

<table>
<tr><td rowspan="11">焊丝</td><td colspan="2">埋弧焊焊丝</td></tr>
<tr><td colspan="2">电渣焊焊丝</td></tr>
<tr><td rowspan="2">氩弧焊焊丝</td><td>TIC焊焊丝</td></tr>
<tr><td>MIG焊焊丝</td></tr>
<tr><td colspan="2">自保护焊焊丝</td></tr>
<tr><td rowspan="3">MAG焊焊丝</td><td>CO_2气体保护焊焊丝</td></tr>
<tr><td>Ar+CO_2气体保护焊焊丝</td></tr>
<tr><td>LAr+O_2气体保护焊焊丝</td></tr>
<tr><td colspan="2">堆焊焊丝</td></tr>
<tr><td colspan="2">气焊焊丝</td></tr>
<tr><td colspan="2">气电立焊焊丝</td></tr>
</table>

二、实芯焊丝的型号及牌号

1.焊接用碳钢、低合金钢、不锈钢焊丝

实芯焊丝的牌号均以字母“H”表示焊丝,其牌号的编制方法为:

(1)以字母“H”表示焊丝。

(2)在“H”之后的一位(千分位)或两位(万分位)数字表示焊丝含碳量(平均约数)。

(3)化学元素符号及其后的数字表示该元素的大约质量分数,当主要合金元素的质量分数≤1%时,可省略数字,只记元素符号。

(4)在焊丝牌号尾部标有“A”或“E”时,分别表示为“优质品”或“高级优质品”,表明S、P等杂质的含量更低。

2.气体保护焊用碳钢、低合金钢焊丝

该类焊丝的型号是按化学成分进行分类的,采用熔化极气体保护焊时,则按熔敷金属的力学性能来进行分类的。

焊丝型号的表示方法为ER××—×;字母“ER”表示焊丝,“ER”后面的两位数字表示熔敷金属的最低抗拉强度,短画线“—”后面的字母或数字,表示焊丝化学成分的分类代号。还附加其他化学成分时,可直接用元素符号表示,并以短画线“—”与前面数字分开。

3.铜及铜合金焊丝

焊丝型号以字母“SCu”表示铜及铜合金焊丝,在“SCu”后面是四位数字表示焊丝型号,四位数字后面为可选部分表示化学成分代号,如SCu4700、SCu6800等。

4.铝及铝合金焊丝

焊丝型号以字母“SAI”表示铝及铝合金焊丝,在“SAI”后面是四位数字表示焊丝型号,四位数字后面为可选部分表示化学成分代号,如SA15554、SAI5654等。

5.镍基合金焊丝

镍及镍合金焊丝型号以字母“SNi”表示镍焊丝,SNi后面的四位数字表示焊丝型号,四位数字后面为可选部分表示化学成分代号,如SNi2061、SNi6082等。

6.铸铁焊丝

铸铁焊丝型号以字母“R”表示焊丝,字母“Z”表示焊丝用于铸铁焊接;以“C”(灰铸铁)“CH”(合金铸铁)“CQ”(球墨铸铁)表示熔敷金属类型。如RZC、RZCH、RZCQ等。

7.硬质合金堆焊焊丝

目前国产的硬质合金堆焊焊丝有高铬合金铸铁(索尔玛依特)和钴基合金(司太立)两类。在《焊接材料产品样本》中,硬质合金堆焊焊丝的牌号以HS1××表示。

三、药芯焊丝的型号

药芯焊丝也称粉芯焊丝或管状焊丝,是一种颇有发展前途的焊接材料。药芯焊丝具有如下优点:焊接工艺性能好;熔敷速度快,生产效率高;合金系统调整方便、对钢材适应性强;能耗低;综合成本低。

1.碳钢药芯焊丝

碳钢药芯焊丝的型号按标准的规定,依据熔敷金属的力学性能,焊接位置及焊丝类别特点(包括保护类型、电流类型、渣系特点等)分类。

焊丝型号的表示方法为:E×××T—×ML,字母“E”表示焊丝,字母“T”表示药芯焊丝。型号中的符号按排列顺序分别说明如下：

(1)字母“E”后面的前2个符号“××”表示熔敷金属的力学性能。

(2)字母“E”后面的第3个符号“×”表示推荐的焊接位置，其中，“0”表示平焊和横焊位置，“1”表示全位置。

(3)短画线后面的符号“×”表示焊丝的类别特点。

(4)字母“M”表示保护气体(体积分数φ)为Ar75%～80%+$CO_2$5%－20%。当无字母“M”时，表示保护气体为CO_2或为自保护类型。

(5)字母“L”表示焊丝熔敷金属的冲击性能在－40℃时，其V形缺口冲击吸收功不小于27J。当无字母“L”时，表示焊丝熔敷金属的冲击性能符合一般要求。

2.低合金钢药芯焊丝

低合金钢药芯焊丝按药芯类型分为金属粉型药芯焊丝和非金属粉型药芯焊丝两种，其型号按标准的规定，金属粉型药芯焊丝根据熔敷金属的抗拉强度和化学成分进行划分，非金属粉型药芯焊丝型号还包括焊接位置、药芯类型和保护气体。

非金属粉型药芯焊丝型号的表示方法为E×××T×－××(－JH×)，字母“E”表示焊丝、字母“T”表示非金属型药芯焊丝。型号表示中的符号按排列顺序分别说明如下：

(1)字母“E”后面的前2个符号“××”表示焊丝熔敷金属的最低抗拉强度。

(2)字母“E”后面的第3个符号“×”表示推荐的焊接位置，其中“0”表示平焊和横焊位置，“1”表示全位置。

(3)字母“T”与其后的符号“×”表示药芯类型及电源种类。

(4)短画线“－”后面的符号“×”表示焊丝熔敷金属的化学成分分类代号。

(5)化学成分代号后面的符号“×”表示保护气体类型：C表示CO_2气体，M表示φ(Ar)20%～25%+φ(CO_2)80%+75%混合气体，当该位置没有符号出现时，表示不采用保护气体，为自保护型。

(6)低温度的冲击性能(可选附加代号)以型号中如果出现第二个短画线“－”及字母“J”时，表示焊丝具有更低温度的冲击性能。

(7)熔敷金属扩散氢含量(可选附加代号)以型号中如果出现第二个短画线“－”及字母“Hx”时，表示熔敷金属扩散氢含量，“x”为扩散氢含量最大值。

金属粉型药芯焊丝型号的表示方法为E××C－X(－Hx)，字母“E”表示焊丝、字母“C”表示金属粉型药芯焊丝。型号表示中的符号按排列顺序分别说明如下：

1)字母“E”后面的前2个符号“××”表示焊丝熔敷金属的最低抗拉强度。

2)短画线“－”后面的符号“×”表示焊丝熔敷金属的化学成分分类代号。

3)熔敷金属扩散氢含量(可选附加代号)以型号中如果出现第二个短画线“－”及字母“Hx”时，表示熔敷金属扩散氢含量，“×”为扩散氢含量最大值。

3.不锈钢药芯焊丝

不锈钢药芯焊丝的型号按标准的规定，根据熔敷金属化学成分、焊接位置、保护气体及焊接电流类型划分。型号表示方法为用“E”表示焊丝，“R”表示填充焊丝；后面用三位或四位数字表示焊丝熔敷金属化学成分分类代号；若有特殊要求的化学成分，将其元素符号附加在数字后面，或者用“L”表示含碳量较低、“H”表示含碳量较高、“K”表示焊丝应用于低温环境；最后用“T”表示药芯焊丝，之后用一位数字表示焊接位置，“0”表示焊丝适用于平焊位置或横焊位置焊接，“1”表示焊丝适用于全位置焊接；“—”后面的数字表示保护气体及焊接电流类型。

第四节 焊剂的分类、型号及牌号

埋弧焊的焊接材料由焊丝(或带极)与焊剂的组合构成。焊剂是具有一定粒度的颗粒状物质，是埋弧焊和电渣焊时不可缺少的焊接材料。目前我国焊丝和焊剂的产量占焊材总量的15%左右。在焊接过程中，焊剂的作用相当于焊条药皮。焊剂对焊接熔池起着特殊保护、冶金处理和改善I艺性能的作用。

焊剂的焊接工艺性能和化学冶金性能是决定焊缝金属性能的主要因素之一，采用同样的焊丝和同样的焊接参数，而配用的焊剂不同，所得焊缝的性能将有很大的差别，特别是冲击韧度差别更大。一种焊丝与多种焊剂的合理组合，无论是在低碳钢还是在低合金钢上都可以使用，而且能兼顾各自的特点。

一、焊剂的分类

目前国产焊剂已有50余种。焊剂的分类方法有许多种，可分别按用途、制造方法、化学成分、焊接冶金性能等对焊剂进行分类，但每一种分类方法都只是从某一方面反映了焊剂的特性。了解焊剂的分类是为了更好地掌握焊剂的特点，以便进行选择和使用。

1.按用途分类

焊剂按使用用途可分为埋弧焊焊剂、堆焊焊剂、电渣焊焊剂；也可按所焊材料分为低碳钢用焊剂、低合金钢用焊剂、不锈钢用焊剂、镍及镍合金用焊剂、钛及钛合金用焊剂等。

2.按制造方法分类

按制造方法的不同，可以把焊剂分成熔炼焊剂和烧结焊剂两大类：

(1)熔炼焊剂

把各种原料按配方在炉中熔炼后进行粒化得到的焊剂称为熔炼焊剂。由于熔炼焊剂制造中要熔化原料，所以焊剂中不能加碳酸盐、脱氧剂和合金剂，而且制造高碱度焊剂也很困难。熔炼焊剂根据颗粒结构的不同，又可分为玻璃状焊剂、结晶状焊剂和浮石状焊剂等。玻璃状焊剂和结晶状焊剂的结构较致密，浮石状焊剂的结构比较疏松。

(2)烧结焊剂

把各种粉料按配方混合后加入粘结剂，制成一定尺寸的小颗粒，经烘熔或烧结后得到的焊剂，称为烧结焊剂。

制造烧结焊剂所采用的原材料与制造焊条所采用的原材料基本相同，对成分和颗粒大小有严格要求。按照给定配比配料，混合均匀后加入粘结剂(水玻璃)进行湿混合然后送入造粒机造粒。造粒之后将颗粒状的焊剂送入干燥炉内固化、烘干、去除水分，加热温度一般为150～200℃，最后送入烧结炉内烧结。根据烘焙温度的不同，烧结焊剂可分为：

1)粘结焊剂(亦称陶质焊剂或低温烧结焊剂)通常以水玻璃作为粘结剂，经400～500℃低温烘焙或烧结得到的焊剂。

2)烧结焊剂：要在较高的温度(600～1000℃)烧结，经高温烧结后，焊剂的颗粒强度明显提高，吸潮性大大降低。烧结焊剂的碱度可以在较大范围内调节而仍能保持良好的工艺性能，可以根据需要过渡合金元素；而且，烧结焊剂适用性强，制造简便，故发展很快。

根据不同的使用要求，还可以把熔炼焊剂和烧结焊剂混合起来使用，称之为混合焊剂。

3.按焊剂的化学性质分类

焊剂的化学性质决定了焊剂的冶金性能，焊剂碱度及活性是常用来表征焊剂化学性质的指标。焊剂碱度及活性的变化对焊接工艺性能和焊缝金属的力学性能有很大影响。

(1)酸性焊剂($B<1.0$)：通常酸性焊剂具有良好的焊接工艺性能，焊缝成形美观，但焊缝金属含氧量高，冲击韧度较低。

(2)中性焊剂($B=1.0\sim1.5$)：熔敷金属的化学成分与焊丝的化学成分相近，焊缝含氧量有所降低。

(3)碱性焊剂($B>1.5$)：通常碱性焊剂熔敷金属的含氧量较低，可以获得较高的焊缝冲击韧度，但焊接工艺性能较差。

二、焊剂的型号与牌号

我国埋弧焊和电渣焊用焊剂主要分为熔炼焊剂和烧结焊剂两大类。

1.型号

根据规定，我国低合金钢埋弧焊用焊剂型号根据焊缝金属力学性能和焊剂渣系来划分。

字母“F”表示埋弧焊用焊剂；其后第一位数字代号X1分为5、6...10，表示熔敷金属拉伸性能，每类均规定了抗拉强度、屈服强度及伸长率三项指标。第二位代号X2表示试样状态：0表示焊态，1表示焊后热处理状态；第三位数字代号X3分为0、1...6、8、10，表示熔敷金属冲击吸收功不小于27J的试验温度，第四位代号X4分为1、2...6，表示焊剂渣系。

2.牌号

(1)熔炼焊剂

牌号前“HJ”表示埋弧焊及电渣焊用熔炼焊剂。牌号第一位数字表示焊剂中氧化锰的含量，牌号第二位数字表示焊剂中二氧化硅、氟化钙的含量，牌号第三位数字表示同一类型焊剂的不同牌号，按0、1、2、...9顺序排列。对同一牌号生产两种颗粒度时，在细颗粒焊剂牌号后面加“X”字。

(2)烧结焊剂

牌号前“SJ”表示埋弧焊用烧结焊剂。牌号第一位数字表示焊剂熔渣的渣系，牌号第二位、第三位数字表示同一渣系类型焊剂中的不同牌号的焊剂。

第五节 焊接常用气体

焊接用气体主要是指气体保护焊中使用的保护性气体，如CO_2、Ar、He、H_2、O_2、N_2等，以及焊接用气体，如$O_2-C_2H_2$焊、H_2气焊等。高温时不分解，且既不与金属起化学作用，也不溶解于液态金属的单原子气体称之为惰性气体，焊接中常用作保护气体的有氩气、氦气等；高温时能分解出与金属起化学反应或溶解于液态金属的气体称之为活性气体，焊接中常用的有CO_2以及含有CO_2、O_2的混合气体等。

一、氩气

氩气无色、无味，比空气约重25%，在空气中的体积分数约为0.935%(按容积计算)，是一种稀有气体。其沸点为-186℃，介于O_2(-183℃)和N_2(-196℃)的沸点之间，是分馏液态空气制取氧气时的副产品。

氩气是一种惰性气体，它既不与金属起化学作用，也不溶解于液态金属中，因此可避免焊缝中合金元素的烧损(合金元素的蒸发损失仍然存在)及此带来的其他焊接缺陷，使焊接冶金反应变得简单和易于控制，为获得高质量的焊缝提供了有利条件。

氩气电导率小，且是单原子气体，高温时不分解吸热，电弧在氩气中燃烧时热量损失少，故在各类气体保护焊中氩气保护焊的电弧较易引燃，电弧稳定而柔和，是电弧稳定性最好的一种气体保护焊。氩气的密度大，在保护时不易飘浮散失，易形成良好的保护罩,保护效果良好。熔化极氩弧焊焊丝金属易于呈稳定的轴向射流过渡,飞溅极小。

高强钢、不锈钢、铝、钛、镍、铜及其合金的焊接和异种金属的焊接时,常选用氩气作为焊接气体。

氩气作为焊接用保护气体,一般要求纯度(体积分数)为99.9%～99.99%,视被焊金属的性质和焊缝质量要求而定。一般来说,焊接活泼金属时,为防止金属在焊接过程中氧化、氮化,降低焊接接头质量,应选用高纯度氩气。

二、氧气

氧在常温状态和大气压下,是无色无味的气体。在标准状态下(即0℃和101.325kPa压力下),1m^3的氧气质量为1.43kg,比空气重。氧气本身不能燃烧,是一种活泼的助燃气体。

氧气是气焊和气割中不可缺少的助燃气体,氧气的纯度对气焊、气割质量和效率有很大影响。对质量要求高的气焊、气割应采用纯度高的氧气。氧气也常用作惰性气体保护焊时的附加气体,其主要目的是增加保护气体的氧化性,细化熔滴,改变熔滴的过渡形态,克服电弧阴极斑点漂移,增加母材输入热量,提高焊接速度等。

三、二氧化碳

CO_2是氧化性保护气体,有固、液、气三种状态。液态CO_2是无色液体,其密度随着温度的不同而变化,当温度低于－11℃时比水重,高于－11℃时则比水轻。CO_2由液态变为气态的沸点很低(－78℃),所以工业用CO_2都是液态,常温下可以气化。在0℃和101.3kPa(1标准大气压)下,1kg液态CO_2可气化为509L气态的CO_2。使用液态CO_2经济、方便。一个容积为40L的标准钢瓶即可装入25kg的液态CO_2(按容积的80%计算),剩余约20%的空间则充满气化了的CO_2。气瓶压力表所指示的压力值,就是部分气体的饱和压力,此压力的大小与环境温度有关,温度升高,压力增大。只有当气瓶内液态CO_2全部挥发成气体后,瓶内的气压才会随CO_2气体的消耗而逐渐下降。

液态CO_2中可溶解质量分数为0.05%的水,多余的水则成自由状态沉于瓶底。这些水在焊接过程中随CO_2一起挥发并混入CO_2气体中,一起进入焊接区。因此,水分是CO_2气体中最主要的有害杂质,随着CO_2气体中水分增加,即露点温度的提高,焊缝金属中含氢量增高、塑性下降,甚至产生气孔等缺陷。焊接用CO_2的纯度(体积分数)应大于99.5%,国外有时还要求纯度大于99.8%、露点低于－40℃(水分的质量分数为0.0066%)。

在生产现场使用的市售CO_2气体如含水较高,可采取如下减少水分的措施:

1.将新灌CO_2气瓶倒置2h，开启阀门将沉积在下部的水排出（一般排2～3次，每次间隔约30min），放水结束后仍将气瓶倒正。

2.使用前先放气2～3min，因为上部气体一般含有较多的空气和水分。

3.在气路中设置高压干燥器和低压干燥器，进一步减少CO_2气体中的水分。一般使用硅胶或脱水硫酸铜作干燥剂，可复烘去水后多次重复使用。

4.当CO_2气瓶中气压降低到980MPa以下时，不再使用。此时液态CO_2已挥发完，气体压力随着气体的消耗而降低，水分分压相对增大，挥发量增加（约可增加3倍），如继续使用，焊缝金属将会产生气孔。

四、焊接用钨极

钨极是钨极氩弧焊用的不熔化电极。常用的有纯钨、钍钨和铈钨极三种。

钨极的特点：

1.纯钨极

纯钨极熔点和沸点高，不易熔化挥发、烧损，尖端污染少，但电子发射较差，不利于电弧的稳定燃烧。

2.钍钨极

钍钨极是在纯钨极配料中加入了质量分数为1.0%～2.0%的氧化钍的电极，电子发射能力强，可以使用较大的电流密度，电弧燃烧较稳定，但钍元素有一定的放射性，推广应用受到一定影响。

3.铈钨极

铈钨极是在纯钨极配料中加入质量分数为1.8%～2.2%的氧化铈，杂质质量分数≤0.1%的电极。其优点是，铈钨极的X射线剂量及抗氧化性能比钍钨极有较大改善；电子逸出功比钍钨极约低10%，故易于引弧，电弧稳定性好。此外，铈钨极化学稳定性好，阴极斑点小，压降低，烧损少，允许电流密度大，无放射性，是目前普遍采用的一种钨极。

第六节　焊接材料的采购、验收及管理

一、焊接材料的采购与验收

（一）采购

1.采购规定

规定焊接材料采购基本要求、批量划分、检验范围、供应和复验，适用于焊条、焊带、焊丝、填充丝和焊剂。

还规定了生产商(供应商)的责任,如生产商或经销商应向焊接材料订货单位提供焊接材料质量证明书原件,允许经销商提供复印件,但需加盖经销商检验章和检验人员章,生产商应向焊接材料订货单位提供产品说明书,内容包括产品特点、性能指标、适用范围、保管要求、使用注意事项。

分别规定了各种具体焊接材料技术要求、熔敷金属纵向弯曲试验、堆焊金属化学成分、标识等内容。

对承压设备用焊接材料的采购将比以前要求更加严格,对承压设备焊接材料来说,熔敷金属和以前相比主要有下列要求:进一步降低国家标准中规定的硫、磷含量;限制抗拉强度上限;规定了V形缺口冲击试验温度和吸收功值;规定了拉伸试样断后合格伸长率;规定了弯曲试验,弯心直径等于4倍试件厚度,弯曲角度为180°;对扩散氢含量要求较低。

2.非国家标准中的焊接材料应由工艺部门编制焊接材料采购规程,进行采购。

3.对焊接材料制造厂家进行评估应对焊接材料制造厂家的生产能力、技术水平、产品质量和生产业绩进行评审,采取择优定点选购的原则。

(二)验收

1.焊接材料的验收

应按照相应的标准中规定的内容、数量和方法进行抽检。

2.焊接材料制造厂必须提供质量保证书

焊接材料必须有制造厂提供质量保证书。检查部门应检查包装和标识是否完好,质量保证书提供的化学成分和力学性能是否符合有关规定的要求。

锅炉、压力容器等承压设备用焊接材料验收时,注意识别焊接材料包装上是否有NB/T47018的标记;质量证明文件是否有材料制造标准和符合NB/T 47018的字样。

3.对焊接材料进行入厂检验

按有关规定需要对焊接材料入厂检验时,应按批号抽样检验。焊接材料检验不合格,应双倍取样复验。双倍复验不合格,应由工艺部门提出处理意见。

4.验收合格的焊接材料

焊接材料经验收合格后,方可办理入库手续。

二、焊接材料的保管

验收合格的焊条、焊丝、焊剂应按牌号、规格、批号分别储存在温度为5℃以上,相对湿度不超过60%的库房中,不允许露天存放或放置在有害和腐蚀性介质的室内。焊条堆放时必须垫高300mm,与墙壁距离300mm并留出出入通道,焊丝存放场地应保持干燥,焊接材料堆放整齐并挂铭牌。每包焊条、每袋焊剂、每捆(盘)焊丝必须标记清晰。待入库和验收不合格的焊接材料应单独存放并有明显标志。

库存焊接材料应建立管理台账，发放时做好相应记录，以便于产品质量跟踪。保管人员应熟悉各类焊接材料的一般知识，按有关规定认真保管定期察看，发现有受潮、污损、错存、超期等焊条应及时处理。

1.库存期超过规定期限的焊条、焊剂及药芯焊丝的管理

超期焊接材料需经检验合格后方可发放使用。检验原则上以考核焊接材料是否产生可能影响焊接质量的缺陷为主，一般仅限外观及工艺性能试验，但对焊接材料的使用性能有怀疑时，可增加必要的试验项目。

2.规定期限自生产日期始可按下述方法确定：焊接材料质量证明书或说明书推荐的期限；酸性焊接材料及防潮包装密封良好的低氢型焊接材料为两年；石墨型焊接材料及其他焊接材料为一年。

3.检验合格的超期焊接材料

对超期焊接材料经检验合格，对此次检验的有效期为一年，超出有效期，若此批焊接材料仍未使用（或未用完），在发放前仍须再次检验。保管及发放记录中，应注明焊接材料的生产日期及重新做各种性能检验的日期，应在堆放的铭牌上注明“超期”字样。

三、焊接材料的烘干

1.烘干规范

焊接材料制造厂家出厂时的焊条、焊剂都已经过烘干，并用防潮材料（如塑料袋、纸盒等）加以包装，在一定程度上可防止焊条、焊剂吸潮。但实践证明，焊接材料在保管过程中总是要吸潮的，吸潮的程度通常与储存环境的温度、湿度、时间及焊条药皮类型、粘结剂的含量、质量、焊条和焊剂制造工艺过程和包装质量等有关。

锅炉、压力容器用焊条和焊剂在使用前应进行烘干。低氢型焊条烘干后，在常温下放置4h以上，再使用时则必须重新烘干。

2.焊条烘干时注意事项

（1）烘干焊条时，禁止将焊条突然放进高温炉中或突然取出冷却，防止焊条骤冷骤热而产生药皮开裂现象。

（2）每个烘干箱一次只能装入一种牌号的焊接材料，在烘干条件完全相同、不同牌号焊接材料之间实行分隔，且有明显标记的条件下，可将不同牌号的焊接材料装入同一烘干箱中；烘干焊条时，焊条至多只能堆放重叠三层，避免焊条烘干时受热不均和潮气不易排除。

（3）烘干的焊条应在温度降至100～150℃时，从烘干箱内移入保温箱内存放，保温箱内的温度应控制在100～150℃范围内。

（4）焊条、焊剂烘干时应做记录；焊条烘干箱内严禁烘其他物品。

四、焊接材料的发放与回收

1.焊接材料的发放

(1)焊工应持领用卡领取焊接材料,领用卡上应注明产品令号、焊接材料型号(牌号)、规格和数量。发放人应在领用卡上签字、盖章,并根据领用卡做好焊接材料的发放记录。

(2)焊工领用焊条应持干燥的焊条筒或手提的保温筒。低氢型焊条一次发放数量不能超过有关规定。

(3)每个焊工不能同时发放两种型号(牌号)的焊接材料。

2.焊接材料的回收

(1)生产中应保证焊接材料的标识完整和清晰,以利于焊接材料的回收。当天没有用完的焊条以及焊条头应回收,并在回收单上登记,回收的焊条必须重新烘干后方能使用。

(2)对于烘干温度超过350℃的焊条,累计的烘干次数不得超过三次。

(3)对于能够回用的旧焊剂,经筛选清除渣壳、碎粉和其他杂物后,可与同批号的新焊剂混合使用,但旧焊剂的比例(质量分数)应在50%以下。回用焊剂应按规定烘干后再使用,焊剂回用一般不得超过三次。

第七节　国内外焊接材料简介

1.压力容器制造用焊接材料的特点

压力容器是一种特种设备,一旦发生事故不仅容器本身遭到破坏,而且还会引起一连串恶性事故,危害人员生命安全,污染环境,给国民经济造成重大危害和社会影响。焊接质量在很大程度上决定了压力容器的制造质量,而焊接材料质量又是影响焊接质量的主要因素之一,因此必须对压力容器制造用焊接材料提出一些特殊要求。

压力容器用焊接材料不同于通用性焊接材料的国家标准,不仅对焊接材料的S、P含量提高了要求,并增加了熔敷金属冲击试验、扩散氢含量等要求,并规定了熔敷金属抗拉强度的上限。另外,在标准中对压力容器焊接材料的生产商、分销商的生产条件、批量、储存等条件也做出了规定。

2.国内外压力容器制造用焊接材料的现状比较

根据我公司实际生产应用焊材情况,我们对应用较广泛的国内外压力容器用焊接材料情况进行了比较。

目前,国内石油化工行业加氢装置中使用最常用的材料之一——2.25Cr－1Mo钢。全国各个大型压力容器制造厂应用最多的是日本神户制钢、伯乐焊接集团T－

PUT(原德国蒂森)和法国SAF(萨福)公司的配套焊接材料。许多压力容器制造厂都做过这三家焊接材料的焊接工艺评定。三家焊接材料都能达到NB/T47014(原JB/T4708)和设计院关于加氢设备技术条件中对焊缝的化学成分和力学性能的要求。但就对焊接规范的适应性和低温冲击韧性的余量等综合考量,用户普遍认为日本神户制钢的2.25Cr－1Mo钢配套焊材具有一定优势,但由于供货期原因,使得压力容器制造厂工期难以保证。伯乐焊接集团在我国江苏苏州建立了制造生产基地,从供货期和价格上更占据优势。

目前国内一些压力容器制造厂也已经或正在进行苏州产地T－PUT(蒂森)焊接材料的工艺评定。对2.25Cr－1Mo钢配套焊材,国内的特种焊材专业制造商如哈焊所、北钢院、中船重工725所等厂家经过多年的研发,2.25Cr－1Mo钢配套焊材也能够达到NB/T47014和设计院关于加氢设备的技术条件中对焊缝化学成分和力学性能的要求。但与上述三家进口焊材相比,尤其是埋弧焊(主要是烧结焊剂)的低温冲击韧性余量还有一定的差距。由于国内加氢设备的2.25Cr－1Mo钢配套焊材设计院在技术条件中往往规定采用进口焊材,所以国内的焊材要想真正应用到加氢设备的主体焊缝中还需要做一些努力。

对于15CrMoR、14Cr1MoR等设备的主体焊接材料及设备中的堆焊焊接材料(焊带/焊剂、焊条),目前国内哈焊所、北钢院、中船重工725所等公司的焊接材料完全可以满足技术条件的要求,但在外观上和进口焊材有一定的差距。目前在全国压力容器制造厂也得到了广泛的应用。

3.我国压力容器行业用焊材存在的问题及发展趋势

随着我国石油化工行业的快速发展,压力容器制造行业的制造水平、装备水平也有了很大的提高。与此同时压力容器用钢的冶炼水平也有了质的飞跃,这就对压力容器焊接材料提出了更高的要求。目前国内普材如大西洋的E5015(J507)、E4315(J427)等焊条;昆山京群的不锈钢E308(L)(A102、A002)、E316L(A022)、E309(L)(A302、A062)等焊条;天泰、中冶的药芯焊丝等无论是工艺性能还是力学性能都达到了较高的水平。哈焊所、北钢院、中船重工725所等公司的15CrMoR、14CrIMoR的主体焊材,特别是加氢设备中的堆焊焊材(焊带/焊剂、焊条)都达到了技术条件的要求,只是焊材外观有一定差距,但价格不到进口焊材的112。

15CrMoR(H)、Q345R(H)等材质的焊接材料中S、P都达到了双零。但国内一些特种焊材,像镍基焊材与美国SMC、伯乐焊接集团UTP相比;双相钢的焊材与Sandvik(山特维克)、伯乐焊接集团Avesta(阿维斯塔)相比;双相钢带极堆焊焊带与伯乐焊接集团Soudokay(苏得凯)相比;09MnNiDR等低温钢焊材与伯乐焊接集团Bohler(伯乐)相比;加氢设备中的小管堆焊药芯焊丝与日本WEL(威尔)相比;国内焊材虽然都达到N B/T47014的要求,但相比进口焊材工艺性能有一定相差,并存在性能不能够连续稳定，力学性能尤其韧性储备低等问题。例如，Soudokay的双相钢焊带和焊剂，堆焊时只要按照制造商提供的工艺参数几乎不用采取特殊措施就可以达到铁素体35%～60%的要求。在压力容器制造行业，不是每一批焊材都要进行力学性能的试验，往往工艺评定合格后，换批号只进行化学成分的复验，焊材性能的不稳定往往是致命的，在制备产品试件时发现不合格，设备已经制造完成，造成的损失已经无法挽回。再加上国产焊材工艺适用范围较窄，焊接规范要求较多等，这些都限制了国产焊材在重要设备上的使用。

4.绿色焊接发展趋势

我国现在已成为世界焊材使用量最大的国家。努力提升焊接材料的高新技术含量和环保理念，对中国的焊接材料制造和使用都提出了更高的要求。“绿色环保”这个词对我们来说并不陌生了，它已经开始倡导我们的生活方式向着一种更加绿色、安全的方向发展。那么，在我们的焊接材料行业，它的发展也应紧跟着“绿色”的步伐。

焊接材料制造厂的焊条、焊剂生产车间也都安装了除尘装置，并对生产工艺进行了改进，实行自动化配粉。同时，为了减少对环境造成的污染，焊材制造厂也在改进生产工艺，在保证焊接工艺性能的前提下，采用无镀铜光亮焊丝减少环境污染、采用烧结焊剂取代熔炼焊剂节省能源和采用可回收循环利用或可降解的包装材料等。同时压力容器制造厂也在从减少环境污染，改善焊工劳动条件，提高焊工劳动保护，尽量使用绿色环保焊材、劳动保护用品上下功夫。如大力推广自动焊，车间安装防尘、排尘设施设备。

在不久的将来我们焊接材料的生产、销售、使用等各个环节，都将迈进绿色环保健康安全的新时代。

第四章　焊接方法及设备

随着工程焊接技术的迅速发展，现代压力容器也已发展成典型的全焊结构。焊接已经成为压力容器制造过程中最重要、最关键的一个环节，焊接质量直接影响压力容器的质量。压力容器产品因其运行工况的不同，选用的材料及产品的结构也各不相同。本章结合压力容器产品的共性特点，概述了压力容器制造中常用的焊接方和设备。

第一节　常用焊接方法及设备

一、概述

下面就以缓冲罐制造工艺为例，对常用焊接方法使用的焊接设备进行介绍。

1.封头拼缝在平板状态下焊接完成后，需再经过950～1000℃的加热后进行冲压成形。

2.壳体纵、环缝焊接条件好，考虑到板厚因素，从提高效率、保证焊接质量出发，选用双面埋弧焊，焊丝等强度原则选用。

3.设备大合拢焊缝，考虑到设备因素，内焊缝采用埋弧焊较困难，故内侧采用焊条电弧焊、外侧采用碳弧气刨清根后再进行外环缝埋弧焊。

4.入孔接管与入孔法兰环缝，由于入孔直径较大，故采用焊条电弧焊进行双面焊。对于入孔、小接管与壳体角焊缝，鉴于此部位的焊缝形状和焊接条件，一般选用焊条电弧焊进行双面焊。

5.对于小直径接管环缝，由于只能单面焊，又要保证质量，选用TIC焊打底是保证焊缝质量最有效的方法，其焊接材料型号为ER70S－G(AWS A5.18)。

6.鞍座与壳体焊接角焊缝属非承压焊缝，采用熔化极气体保护焊(保护气体为纯CO_2)，效率高，焊缝成形好，其焊接材料型号为E71T－1(AWS A5.20)。

在缓冲罐的焊接工艺中，焊接方法涉及SMAW(焊条电弧焊)、GTAW(钨极氩弧焊)、GMAW(熔化极气体保护焊)和SAW(埋弧焊)四种焊接工艺方法，焊接设备涉及各种弧焊设备和自动焊设备。

二、熔焊设备

1.焊条电弧焊焊机

焊条电弧焊焊机适用于焊条电弧焊(SMAW),目前压力容器焊接中焊条电弧焊的主流设备是逆变直流弧焊机。逆变直流弧焊机的基本特点是工作频率高,由此带来很多优点,具体是:体积小、重量轻、节省材料、携带移动方便;高效节能,效率可以达到80%~95%,比传统焊机节电1/3以上;动特性好,引弧容易,电弧稳定,焊缝成形美观,飞溅小;设备简单,使用维护方便。由于逆变直流弧焊机具有上述的一系列优点,因此自20世纪90年代以后在我国发展极快,应用范围相当广泛,已经成为各行业焊条电弧焊的首选。焊条电弧焊操作方便,使用灵活,适应性强。适合于各钢种、各种位置和各种结构的焊接。特别是对不规则的焊缝,如短焊缝、仰焊缝、高空和位置狭窄的焊缝,均能灵活运用,操作自如。由于是手工操作,故生产效率低,焊工的劳动强度比较大;焊条电弧焊的焊接质量,与焊工的技能有关,培训焊工技能的难度较大;另外,也由于手工操作的随意性比较大,使焊接质量不稳定,这是焊条电弧焊的最大缺点。

焊条电弧焊焊机的型号有ZX7—160/200/315/400/500/630等多个型号,在工业场合应用的焊机一般是输出电流为315A以上的焊机,外壳防护等级为IP21、IP23,负载持续率为60%以上,输入电压一般为三相交流380V。焊条电弧焊焊机的标准配置一般包含标准长度的焊接电缆、焊条焊钳和地线夹。根据压力容器焊接施工现场的实际需要,可以选配加长焊接电缆、选配遥控器,以适应最长100m外的焊接作业。

焊条电弧焊焊机的功能简单,焊机面板可以进行功能选择和设置。目前的逆变焊条电弧焊焊机,同时具备碳弧气刨的功能,按下手工/气刨选择按钮,就可以实现切换;按下遥控/近控选择开关,可以切换遥控功能;焊机面板设有LED故障显示灯,分别代表电源上电、过流和过热故障。面板上的数码显示窗口可以实时显示预设电流、电压值和实际焊接电流、电压值。控制面板设置三个电位器,分别调节焊接电流、推力电流和引弧电流。当引弧不好时,建议调高引弧电流,焊接过程中如果出现粘条,建议调高推力电流。

2.钨极氩弧焊机

钨极氩弧焊机适用于钨极氩弧焊(GTAW)焊接工艺,在压力容器行业,目前使用的钨极氩弧焊机基本都是逆变氩弧焊机。逆变氩弧焊机主要有以下特点:输出波形丰富,可输出脉冲波形、方波、正弦波、三角波,以及电流幅值、频率及正负半波比例均可调;引弧容易,协同引弧电路,灵活控制引弧电流,提高引弧成功率;通过模拟电路或数字电路控制,可以实现多种焊接工艺模式;体积小,重量轻,设备简单,使用维护方便。

钨极氩弧焊设备通常由焊接电源、氩弧焊枪、供气系统组成，大电流焊接时，如果使用水冷焊枪，还需配备冷却水系统。对于自动氩弧焊设备还应包括行走小车、焊丝送进机构等。氩弧焊的焊枪主要分为水冷和气冷两种，气冷焊枪通过直流时电流一般小于200A，焊枪较轻，方便；超过200A的一般采用水冷焊枪，对焊枪头和电缆采用水冷降温。气路由气瓶、氩气流量计、气管和电磁阀组成。气瓶是标准的工业用气瓶，容量是40L，气瓶为灰色。氩气流量计具有减压和调节流量两种功能，流量计的一端接在气瓶上，另一端接在气管上。

水路由冷却水箱、流量开关和水管组成。水管有进水管和出水管之分，冷却水从焊枪的进水管进入焊枪，首先冷却焊枪体，再冷却焊接电缆，通过焊枪的回水管进入水冷机，水冷机将水冷却后送到进水管，水流量开关串联在水路中，当流量小于一定值时，发出故障信号。焊丝的送进一般采用直流电动机进行连续送进，送进速度可调，在停止焊接时焊丝要回抽，回抽时间可调。在某些焊接工艺中，焊丝的送进要求脉动送丝，送丝电动机采用步进电动机或交流伺服电动机。逆变式直流氩弧焊机的常用型号有WS(WSM)－160/200/315/400/500/630。氩弧焊有三种引弧方式：划擦引弧、提升引弧、高频引弧。划擦引弧是钨极与工件划擦，同时短路电流将钨极加热，提起焊枪即可将电弧引燃。此种引弧方式，控制简单、操作方便，其缺点是容易发生夹钨、污染工件。为降低直接划擦引弧时钨极对工件的污染，提出了一种提升引弧方式，即引弧时先使钨极与工件短路，短路电流被控制在很小，将钨极加热，钨极提升离开工件时，电流在很短的时间内切换到引弧电流，将电弧引燃。其最大优点是避免了高频干扰，降低了工件的钨污染。工业用氩弧焊机一般采用高频引弧，利用高频高压发生器，在钨极和工件之间产生高压，击穿空气放电引燃电弧。

压力容器等工业场合应用的钨极氩弧焊机，通过控制面板设置可以进行很多功能的调节。

(1)检气\焊接开关

1)检气——开气阀送气，检查TIG焊时送气是否正常。

2)焊接——气阀关闭，可正常焊接。

(2)遥控\本机开关(未选装遥控器时此开关必须打到本机，否则设定电流、推力不能调节)

1)遥控——使用有线遥控器进行调节。

2)本机使用面板旋钮进行调节。

(3)手工/氩弧方式开关

1)手工——焊条电弧焊方式。

2)氩弧——钨极氩弧焊方式。

(4)氩弧方式2步/4步开关

配合拨码开关S1第2、第3位拨码的位置,共有8种操作方式(以适应不同行业的焊接时序要求)可供选择。

面板指示灯能提供水冷报警指示、过热报警指示、焊机过流报警指示及电源上电指示。数码表可以显示设定电流及焊接电流值和空载电压及电弧电压值。面板的电位器分别可以调节焊接电流、氩弧上坡时间调节、氩弧下坡时间调节、引弧电流调节(适用于MMA)和推力电流调节(适用于MMA)。

3.熔化极CO_2气体保护焊机

熔化极CO_2气体保护焊(GMAW)是一种优质、高效、低成本的焊接方法。30多年来,熔化极CO_2气体保护焊焊机在造船、机车车辆、建筑钢结构、矿山机械等诸多行业应用面很广。在压力容器行业,对于非承压焊缝,往往使用熔化极气体保护焊(保护气体为纯CO_2)或者焊条电弧焊工艺。

熔化极气体保护焊机由焊接电源、送丝装置、焊枪、遥控器、气体调节器、焊接电缆等组成。熔化极气体保护焊机通常采用具有恒压特性的直流焊接电源,主要作用是向焊接部位提供焊接能量。焊机的控制系统通常以印制电路板的形式安装在焊接电源内部,控制焊接的工作程序,实现焊接的各种控制机能,以满足焊接工艺对焊接设备的要求。送丝装置是向焊枪输送焊丝的装置,稳定的送丝性能是保证焊接质量的必要条件。焊枪的作用是把送丝机送出的焊丝引导到焊接部位,通过导电嘴将电流传给焊丝,同时也将保护气体引导到焊枪前端自喷嘴喷出。控制焊接过程的焊枪开关也通常安装在焊枪的枪把上,以方便焊工的操作,是为方便焊工调节焊接参数的装置,有些机型将遥控器安装在送丝机上。气体调节器安装在气瓶上,其功能是将瓶内的高压气体降为0.25MPa左右输出,为防止气体由高压变为低压时急剧膨胀而耗热,导致气路冻结,CO_2气体调节器内部安装了加热器。为满足气体保护效果,焊接前需通过调节器上的流量调节旋钮设定适当的气体流量。

电弧电压是气体保护焊的重要参数之一,电压过高时则易形成指状熔深,熔池振动,熔滴过大,熔滴易被抛出,形成大颗粒飞溅;电压过低时则熔池温度太低,电弧过程失稳,易发生顶丝、拱丝或崩丝,出现送丝不稳等现象,焊道发鼓。电弧电压应视工艺要求、现场地线及焊接回路长度等情况而定。气体保护焊电源具有电弧电压预设功能。通过调节送丝机上的电弧电压旋钮预设电弧电压,电源前面板电压表头显示电弧电压预设值,单位是伏特(V)。送丝速度实际上正比于焊接电流。调节焊接电流就是在调节送丝速度。对于一定的送丝速度和焊丝伸出长度,根据其材料、直径的不同会得到不同的焊接电流值。

一般来说,在相同的速度条件下,直径越大其产生的焊接电流也越大;焊丝伸出长度越长,在相同的焊丝和送丝速度的条件下,其产生的电流则越小。气体保护焊电源具有焊接电流(送丝速度)预设功能,通过调节送丝机上的焊接电流(送丝速度)旋钮预设焊接电流。电源前面板电流表头显示送丝速度预设值,单位是分米/分钟(dm/min)。熔滴过渡过程中会频繁短路,不同的焊丝直径、电流/电压、焊缝空间位置及不同的操作者都会对电弧力有不同的要求。一般来说,电弧力越小,电弧越软,飞溅越小,适宜于小电流(I_2<150A);电弧力大,电弧硬,飞溅稍大,适宜于大电流(I_2>150A)。随着焊接电流的增加,电弧力逐渐增大。

电源前面板收弧电压旋钮可均匀连续调节收弧电压,一般使用时均低于一次电压,以填充弧坑。电源前面板收弧电流旋钮可均匀连续调节收弧送丝速度(即二次收弧电流),一般使用时均低于一次电流,以填充弧坑,通过电源前面板收弧选择开关确定收弧工作方式(有或无状态)。通过焊丝直径选择,可改变最大送丝速度。对所有直径,焊丝的速度都可进行满量程设置。为确保气路正常工作,焊机有检气功能,检气状态时电磁阀接通;焊接状态时电磁阀受枪控。为方便用户快速送丝,设置点动送丝功能,点动送丝速度可以通过送丝机面板上的焊接电流旋钮调节。当选用水冷焊枪,外接水箱时,将该开关置于水冷位置。如果水箱给出无水信号,电源自动停止输出,保护焊枪不被烧损。当选用空冷时,请将该开关置于空冷位置,否则电源会显示报警和停止输出。

4.逆变埋弧焊机

埋弧焊(SAW)是压力容器制造中较为常用的工艺方法之一,随着逆变技术的推广,逆变埋弧焊机也得到了较为广泛的应用。

埋弧焊工艺的主要优点:

(1)生产效率高。埋弧焊所用的焊接电流大,相应的电流密度也大。加上焊剂和焊渣的隔热作用,热效率较高,熔深大。工件的坡口可较小,减少了填充金属量。以厚度8～10mm钢板为例,单丝埋弧焊速度可达30～50m/h,双丝或多丝埋弧焊还可提高1倍以上,而焊条电弧焊则不超过8m/h。

(2)焊缝质量高。因为焊渣隔绝空气的保护效果好,电弧区主要成分是CO,焊缝金属中含碳量、含氮量大大降低;另外熔化金属和焊剂间有充足的时间进行冶金反应,减少了焊缝中气孔、裂纹等缺陷出现的可能性,同时还可以向金属中补充一些合金元素,提高了焊缝金属的力学性能。

(3)防风性能好。在有风的环境中焊接,埋弧焊的焊接效果比其他电弧焊要好。

(4)劳动条件好。埋弧焊时,焊接参数可以自动调节,保持稳定。与焊条电弧焊相比,焊接质量对焊工技能水平的依赖程度可大大降低。除了减轻焊工操作的劳动强度外,还没有弧光辐射,这是埋弧焊的独特优点。

埋弧焊工艺的缺点:埋弧焊是依靠颗粒状焊剂堆积形成保护条件,因此,主要适合于水平位置焊缝的焊接。要实现横焊和立焊,必须采用特殊机械装置,保证焊剂堆覆在焊接区不落下;只适合于长焊缝的焊接。由于机动性差,短焊缝显不出生产效率高的特点。

埋弧焊机是一套焊接系统,这个系统的主要功能是:可以提供焊接所需能量;连续不断地向焊接区输送焊丝;使电弧自动沿焊缝方向移动;向焊接区铺施焊剂;控制焊接参数和焊接操作时序等。因此,埋弧焊机一般都由埋弧焊接电源、焊接小车(包含送丝机头、焊剂漏斗和控制器)、导轨或支架等几部分组成。进入21世纪以来,逆变埋弧焊电源得到迅速发展,由于其具备高效、节能的特点,同时电源的可靠性和工艺性问题都得到了很好的解决,在造船、石油化工、压力容器等行业得到成功应用,已经成为市场的主流产品。根据埋弧焊电源额定输出电流的不同,目前我国市场上主要有6个型号的埋弧焊机,其中MZ－630/1000/1250的应用最为广泛,MZ－1600/2000则更多应用于带极堆焊。

5.例子

直流逆变埋弧焊机一般都由埋弧焊接电源、焊接小车(包含送丝机头、焊剂漏斗和控制器)构成。焊机的功能设置和参数调节基本都由两部分组成,一个是埋弧焊接电源上的控制面板,是直流逆变埋弧焊机的近控面板;另一个是焊接小车上的控制器面板,是直流逆变埋弧焊机的远控面板。下面以国内某知名品牌的产品为例,介绍直流逆变埋弧焊机的功能设置和操作方法。

(1)近控面板的设置

1)电源开关SW1

当开关位于“O”,埋弧焊机处于关闭,控制电路和主回路都没有上电;当开关位于“I”,控制电路和主回路上电,但是电源是否有输出电流不确定。

2)工作方式选择SW2

通过选择开关,电源可工作在以下三种方式:

①SAW

电源工作在自动埋弧焊程序状态,可进行埋弧焊接。

②OFF

电源工作在正负极无输出状态(此时控制电路仍在工作,机内各部均带电,请注意安全)

③MMA

电源工作在手工控制状态,可进行焊条电弧焊或碳弧气刨。

3)电源外特性选择开关SW3

电源可输出以下两种外特性:CC－恒流一般用于焊条电弧焊、碳弧气刨、SAW自动埋弧焊;CV－恒压细丝自动埋弧焊可选用。

4)遥控/面板选择开关SW4

电源可以有以下两种焊接电流/电压预设方式:P(面板)焊接电流/电压的预设由电源面板实施;R(遥控)焊接电流/电压的预设由焊接小车面板实施。

5)焊接电压/焊接电流预设旋钮在

开关SW4处于P位置时,通过调整电源面板上的焊接电流、焊接电压调节旋钮,可进行电流、电压的预设,电压的调节范围是20~50V,电流的调节范围是150A到额定电流值。

6)焊丝直径选择钮

通过调节焊丝直径旋钮,可以使每种焊丝直径的焊接工艺性能达到最佳。此功能用于调整各种焊丝直径的电弧特性,控制飞溅,改善电弧的稳定性和连续性。电流越大越靠近该种焊丝直径最右侧边沿,电流越小越靠近焊丝直径最左侧边沿,无特殊规范要求,该旋钮只需放在该焊丝直径的中心区即可。

7)参数显示

直流逆变埋弧焊机在焊接电源和小车控制器上都有焊接参数"预收/实际"的数码显示。电弧电压是影响焊接质量的工艺参数,电源前面板安装的数显表,能精确到0.1V的电压指示。焊接时电压表显示的是电源"+、-"输出端电压值,焊接时(尤其是大电流长电缆)电弧电压=显示值-焊接电缆线压降。为方便调节并精确设定和读取焊接电流,电源前面板配备了数显表,可精确到1A的电流指示。在焊接时,表头显示焊接电流的实际值,在未焊接时表头显示焊接电流的预设值。

8)电源指示

当开关SW1位于"I",控制电路和主回路上电,前面板上的电源指示灯亮,表示控制电路接通电源。

9)报警指示

为保证焊机出现不安全因素时及时提醒操作者,在前面板上设计了下述报警指示。当主电路出现过流现象时,过流指示灯亮,控制电路自动保护,切断主电路电源。当网压低于规定值15%时,过流和过载指示灯同时亮,控制电路自动保护,切断主电路电源。当网压恢复正常时,自动恢复正常,焊接过程可以继续进行。在高温(40℃以上)环境中,大电流持续使用,当ICBT壳温大于85℃时,热保护电路工作,过载指示灯亮(黄灯),不能再进行焊接,此时风机不停;温度降到热保护温度以下时,过载指示灯熄灭,电源自动恢复正常,焊接可以继续进行。

(2)焊接小车远控面板的设置

1)行走方式选择开关处于电控状态(即小车离合器接入)时,可使小车工作于"手动/停止/自动"三个状态。

①选择"手动"时,小车行走与否不受焊接程序控制,只要小车电源打开,离合器接入,置于"手动",则小车开始行走,行走方向由行走方向选择开关确定。

②选择“自动”时，小车行走与否受焊接程序控制（正常焊接时，选择此模式）。

③选择“停止”时，小车处于停止状态（此状态用于固定小车的工作环境）。

2）行走方向选择开关用于选择小车行走方向，可以让小车工作于“前进/后退”两个状态。

3）电源开关，用于控制小车系统供电电源的通/断。

4）焊接电压旋钮，当电源面板上R/P开关工作于遥控（R）方式时，此旋钮用于调节焊接电压；当电源面板上R/P开关工作于近控（P）方式时，此旋钮不起作用。此时焊接电压的调整，通过调节焊接电源面板上的焊接电压旋钮完成。

5）焊接电流旋钮，当电源面板上R/P开关工作于遥控（R）方式时，此旋钮用于调节焊接电流；当电源面板上R/P开关工作于近控（P）方式时，此旋钮不起作用。此时焊接电流的调整通过调节焊接电源面板上的焊接电流旋钮完成。

6）焊接速度旋钮，用于设定小车的行走速度，调节范围为20～62m/h。

7）点动送丝按钮，用于焊接前送进焊丝。当焊丝可靠接触工件时（导电良好），焊丝送进自动停止，点动送丝按钮此时工作于无效状态。

8）点动抽丝按钮，用于焊接前和焊接停止时回抽焊丝。当按下点动抽丝按钮时，焊丝以一定速度回抽。

9）启动按钮，用于焊接过程开始控制。当按下启动按钮时，自动执行划擦引弧，焊接过程开始。引弧成功后，控制系统对此按钮实现自锁。注：按启动按钮之前，必须确保焊丝与工件可靠地接触，否则按下此按钮不会执行正常的焊接引弧程序，引弧可能导致顶丝或焊丝爆断。

10）停止按钮，用于强制结束焊接过程。当按下停止按钮后，系统自动执行收弧回抽返烧熄弧程序。

11）焊接电压/焊接电流显示，此两块仪表用于显示焊接电压和焊接电流。焊接前显示预设焊接电压和焊接电流，焊接过程开始后，显示实际焊接电压和焊接电流。

12）焊接速度显示，焊接速度表用于显示焊接小车的行走速度，单位为m/h。

13）电源指示灯，用于显示焊接小车系统电源的通断。当电源指示灯点亮时，表明小车系统电源正常接通；当电源指示灯熄灭时，表明小车系统电源处于切断状态。

如果要稳定地获得高的生产率和优质的焊缝，熟悉并控制埋弧焊的焊接参数是重要的，这些参数，按其重要性次序是：

①焊接电流。控制焊丝的熔化速度、熔深和母材的熔化量，因此是埋弧焊影响最大的参数。增大电流可以提高熔深和熔化速度，过高的电流会形成潜弧或咬边；电流过低时，电弧不稳定，可能造成未熔合或未焊透。

②电弧电压。改变焊丝和熔融金属之间的电弧长度。电弧电压对焊丝熔敷速度的影响不大，主要影响焊道横截面的形状及其外貌。在电流和行走速度不变的条件

下提高电弧电压将导致系列结果：形成平而宽的焊缝；增加焊剂的消耗；减少由钢材上的锈或氧化皮引起的气孔倾向；改善焊剂中合金金属的过渡。过高的电弧电压将导致：形成易发生裂纹的宽焊道；在坡口焊道中清渣困难；加剧沿角焊缝边缘的咬边。

③行走速度。不论焊接电流和电弧电压如何匹配，如果提高行走速度，则单位长度焊缝上的输入能量减少，单位长度焊缝上所加的填充金属减少，因而降低了焊缝的余高，熔深减小，焊道变窄。过高的行走速度减弱了填充金属和母材之间的熔合并加剧了咬边、电弧偏吹、气孔和焊道形状不规则的倾向。

④焊丝规格。焊丝规格在焊接电流不变的条件下影响焊道的形状和熔深，也影响熔敷速度。对于给定规格的焊丝，较高的电流密度导致形成穿透母材的"挺直"电弧，在较低的电流密度下形成穿透力较弱的"软性"电弧。

⑤焊丝伸出长度。在高于125A/mm^{2}的电流密度下，焊丝伸出长度成为重要的参数之一。在高电流密度下，可以利用导电嘴和电弧之间的焊丝电阻热来提高焊丝的熔化速度。焊丝伸出长度越长，熔敷率越高，但是熔深下降。焊接薄板有可能发生烧穿问题时，调大焊丝伸出长度是有益的。

⑥焊剂。焊剂可能显著地改变焊道形状、熔池的净化作用和凝固形式、焊缝外观以及脱渣性能。焊剂层的宽度和厚度对保护熔池起决定作用。

三、自动化设备

由于压力容器产品结构的不断变化，对焊接设备的要求逐渐提高，单一的熔焊设备无法满足生产制造的要求。如筒体环缝的焊接，封头与加强圈的焊接，法兰环缝的焊接，封头内壁堆焊及筒体内壁堆焊等，这些场合的焊接需要由焊接操作机、焊接滚轮架、焊接变位机和埋弧焊机机头等配套设备为一体的焊接工作站来完成。本节以火电、核电和炼化产业带动的重型压力容器制造用焊接工作站为例，介绍焊接技术装备的自动化设备。

1.焊接操作机

焊接操作机是能将焊接机头(焊枪)准确送到待焊位置，并保持在该位置或以选定的焊接速度沿设计轨迹移动的焊接机头的变位机械，是压力容器焊接中应用最为广泛的自动化设备。焊接操作机系统一般由焊接操作机、埋弧焊机电源、送丝机头、焊机和电控系统等组成。为满足客户现场焊接的要求，焊接操作机可以分为四种类型：

(1)固定手动回转：不具备行走功能，有回转支撑，不安装回转电动机，靠手动实现回转。

(2)固定电动回转：不具备行走功能，有回转支撑，依靠电动机实现自动回转。

(3)固定电动行走：设备未安装回转支撑，不能回转，安装行走台车，可以实现直线自动行走。

(4)自动行走回转:同时具有电动回转和直线行走的功能。

根据应用场合的不同,焊接操作机又可分为标准型焊接操作机和重型操作机两种类型。标准型焊接操作机适用于工件吨位200t以下,焊接工件壁厚在50mm以内配备常规埋弧焊机机头的场合。重型焊接操作机适用于重型容器的焊接,配备埋弧窄间隙机机头或者带极堆焊机机头的工作场合。重型焊接操作机机头负载载荷一般在500kg以上,需要考虑载人座椅,需要在横梁上加装行走平台和护栏。焊接操作机的选型主要取决于压力容器的直径和长度等因素,标准焊接操作机横梁和立柱的最大有效行程通常为8m,如果横梁需要更长的移动距离,一般在横梁内部加装内伸缩臂。为保证焊接操作机系统的整体刚度和焊机机头的焊接精度,横梁采用箱型结构梁,要具有足够的强度、硬度和刚度。

2.焊接机头

在压力容器焊接领域,主要配套三种焊接机头:一种是常规埋弧焊工艺的普通埋弧焊机机头;一种是窄间隙埋弧焊机机头;一种是带极埋弧堆焊机机头。

埋弧焊机机头一般悬挂在焊接操作机横梁的端部,主要功能是完成向焊接熔池持续输送焊丝的作用。普通埋弧焊接机头FD10—200型这种结构形式的焊接机头采用双驱动送丝装置,寿命长、动态响应快、惯量低、结构灵活、扭矩大,适合绝大多数场合的应用。对于5~10mm厚的薄板,可以开I形坡口进行焊接;对于15mm以上的钢板,必须加工单边15°以上的坡口,否则焊接机头无法进入坡口,影响焊接质量。埋弧焊接机头和横梁端部之间通过电动十字拖板连接,调整方便,能快速、准确地到达施焊位置。机头带有机械式指针、红外线指示器,能方便地对正焊缝,防止焊接工程中焊接位置跑偏。

窄间隙埋弧焊机的机头是一种专用组合式焊接机头。焊接机头的形式和结构满足窄间隙坡口形状和坡口深度的要求,还考虑了连续高温作业条件和安全性能。焊接机头具有自动机械摆动机构,以便焊接时可以实现自动偏摆,完成自动分道焊接。对于环缝焊接,每圈摆动一次;对于纵缝焊接,每条焊道摆动一次。焊接机头摆动方式有两种:一种是摆角式,即焊丝导电板在焊接机头端部可实现左右摆动,以使焊丝和坡口侧壁形成一定角度。可摆动的导电板与焊接机头端部采用铰链式连接,形成分体式焊接机头。二者之间采用柔性焊接电缆牢固拧紧,以保证导电良好,且不产生过热现象。另外一种是转角式,即焊接机头端部的导电嘴与焊缝轴线成一定角度。焊接机头为一体式,角度大小取决于坡口间隙的大小,与摆角式焊接机头相比,转角式焊接机头的焊丝伸出长度较长,不利于焊缝的对中。但是由于转角式焊接机头为一体式,故导电性好。使用寿命长,更换方便,成本低。

电站锅炉高压加热器管板,石化容器中的气化炉,甲醇合成塔,加氢反应器以及核电产品的管板、筒体及封头的内壁往往要求堆焊奥氏体不锈钢或镍基合金。对于大面积堆焊而言，焊条电弧焊和丝极自动堆焊不但效率低，堆焊层内部和表面质量差，而且往往易产生缺陷。带极堆焊的稀释率要比普通的MIG/MAG焊、丝极埋弧焊和焊条电弧焊小，并且焊道表面光滑平整，熔敷效率高。带极自动堆焊技术被广泛地用于容器内壁大面积堆焊之中。带极堆焊往往与压力容器纵、环缝焊接共用焊接电源、控制系统、操作机、滚轮架及变位机。为了得到稳定的带极堆焊过程，应该选用平特性的直流焊接电源，匹配等速的送丝机构，带极堆焊的电源必须要有足够大的容量，电源的容量应根据焊带的规格来选择，对于60mm×0.5mm的焊带来说，一般选择容量为1600A的焊接电源，也可以选用两台1000A或1250A的电源并联使用。带极埋弧堆焊机头主要包括以下几部分：Soudokay带极堆焊机机头，带极堆焊的防磁偏吹装置，带极堆焊PLC及伺服控制系统。为满足不同的堆焊场合，Soudokay提供了多种型号的焊接机头。

防磁偏装置为具有两路电压分别连续可调、输出极性可变的直流开关电源。改变磁控箱输出电压，即可调整磁极头线圈的电流值。从而改变磁极头磁场强度的大小。当带极处于可控磁场时，带极电流受到磁场的影响，从而使带极电流的分布发生改变，磁场将收缩聚中的电流向带极宽度方向上分布，当磁场的位置和强度适合时，电流在带极宽度方向上的分布趋于均匀，从而改善带极堆焊的表面成形。

3.焊接滚轮架

焊接滚轮架是环缝自动焊的关键设备，滚轮架转动速度即焊接速度，对焊接过程的稳定性和焊接质量影响很大，因此焊接滚轮架必须保证在长时间连续转动时转速均匀稳定。按照滚轮架的结构形式来划分，大体可以分为自调滚轮架、可调滚轮架和防窜动滚轮架。

自调滚轮架广泛应用于锅炉压力容器、石油、化工、机械等制造行业中锅筒汽包及其他圆筒形构件的内外纵缝和内外环缝的自动焊接或打磨。具有结构先进，功能齐全，操作方便，对提高产品质量可以起到可靠的保证作用。

自调滚轮架主要具有以下特点：

(1)自调焊接滚轮架由一台主动架和一台从动架组成，主、从动架均有四个滚轮，主动架四个滚轮采用全齿轮啮合传动，实现双电机四轮驱动，此方式比单电机驱动力矩大，更能保证工件旋转的平稳性和运行的稳定性。

(2)根据工件直径大小自动调校滚轮组摆角，以适应不同直径工件的要求。滚轮可采用聚氨酯全胶轮、普通橡胶轮或全钢轮。

(3)交流变频技术无级调速，低速扭矩大，性能优异，调速范围较大。

(4)减速器选用同步带减速机，采用行星减速器传动结构和滚动接触方式，具有体积小、经久耐用的优点，同时损耗小，机械效率高达90%以上。此类减速机与摆线针直联结构相比体积小，能有效避免吊装及使用过程中对电机减速机的碰撞及损坏。

(5)电控系统主要由电控箱和手控盒组成。

(6)配有联动接口，可同操作机和埋弧焊机组成自动焊接中心实现联动操作。

(7)人性化的操作界面、更优良的过程控制；实时自动跟踪焊接过程提高了焊接质量，降低了操作难度。

(8)自调滚轮架的设计承载能力从5t到200t，高于200t需要按工件的实际情况设计，或者选用可调滚轮架。

可调式焊接滚轮架的滚轮中心距可通过预留螺孔或丝杠进行调节，以适应工件直径变化。采用双电机驱动，滚轮分胶轮、钢轮、钢胶组合轮三种形式；控制系统可选模拟或数字控制式，可与其他设备联动控制。本产品广泛应用于风电、压力容器、石化、管道、锅炉、堆焊修复等行业。可调滚轮架在重型容器制造领域应用广泛，最大吨位可达1600t以上。

防窜动滚轮架采用可调式结构、一主一从的组合形式，由主动架、从动架、驱动系统、检测装置、控制器组成，主动架由两台减速机分别驱动两组滚轮，形成回转驱动力，从动架只有两组被动轮。检测装置采集窜动量，由控制器处理数据并驱动防审动部分的力臂丝杠调节升降，实现防窜动。厚壁容器环缝焊接时，焊件在滚轮架上连续旋转的圈数要达到上百次，由于主动滚轮架和被动滚轮架的安装平面不可能完全在同一平面上，且容器简体的实际外形也绝非是理想的圆柱体，各简节的中心线也不可能完全重合，因此在实际生产中，简体在滚轮架上转动时产生的位移是不可避免的。对于厚壁简体环缝的窄间欧埋弧焊和简体内部的连续螺旋环向带极堆焊等，为避免焊件在焊接和堆焊过程中的轴向窜动，应使用防轴向窜动的滚轮架。防轴向窜动焊接滚轮架与普通焊接滚轮架相比，主要差别是装备了灵敏度较高的位移传感器和相匹配的控制系统以及防窜动执行机构。常见的防窜动执行机构有偏转式、升降式和平移式三种形式。滚轮架的承重应根据产品的重量来进行选择，一般生产600MW电站锅炉汽包、核电蒸发器和气化炉等重型锅炉压力容器产品时，应选用承重为400t以上的滚轮架。承重100t以上的防窜动滚轮架，多选用升降式防窜动执行机构，滚轮架应具有承受大于2500A电流的导电滑块，焊接时将电流通过滚轮传到所焊接的简体。对于锅炉压力容器产品，焊接时往往需要预热，焊接滚轮架的滚轮应能承受300℃以上的温度。焊接滚轮架要与焊接操作机配合进行简体纵缝和环缝的焊接，滚轮架的控制回路中要预留接口，以实现机头、滚轮架和操作机的联动。

4.焊接变位机

焊接变位机和焊接操作机联合使用，可以对形状复杂的焊件进行自动焊接，如封头的内壁堆焊、封头接管的焊接等。

压力容器行业焊接变位机采用单支座翻转式结构，主要由机架、底座、传动系统、回转机构、翻转机构、回转工作盘、横梁、安全装置、导电机构、润滑系统、冷却水循环装置、控制系统等组成。

焊接变位机底座为设备的基础，承载受力体，采用型钢焊接而成，机架安装在底座上。传动系统分回转传动系统和翻转传动系统两部分，其中回转传动系统由大功率带抱闸交流伺服电动机、摆针减速器、圆弧蜗轮蜗杆减速器和驱动小齿轮组成。带抱闸交流伺服电动机经摆针减速器、圆弧蜗轮蜗杆减速器减速，把动力传递到小齿轮，再经回转支承带动回转盘实现回转。翻转传动系统由带制动交流电动机、摆针减速器、圆弧蜗轮蜗杆减速器、驱动小齿轮组成。交流制动电动机经摆针减速器、圆弧蜗轮蜗杆减速器减速将动力传递到驱动小齿轮，带动扇形齿轮，使回转盘及横梁实现翻转。回转机构用于带动工件旋转，便于焊接机头对工件进行环形堆焊。主要由回转支撑、回转盘、驱动系统等组成。

平台的回转速度精度应严格控制，对于大直径的工件来说，角速度的微小变化会引起线速度很大的变化，工作台面的回转速度一般为0.0025～0.5r/min，无级调速。回转支撑下面配备冷却装置，通过冷却装置将一部分热量带走，有效地冷却了回转支承和横梁等部件，控制了温升，既保证了工件的预热，又保证了设备的正常运转。回转驱动装置的小齿轮与回转支承的齿圈啮合，驱动工作盘旋转。为了保证设备使用的安全性，驱动系统采用双自锁结构形式。回转工作台为结构钢件，回转台面加工有不少于8根放射性的T形槽，用于固定工件，又加工了若干同心圆环形槽，便于工件对正中心；工作盘固定在回转支承上，保证稳定地承载和回转。回转工作盘面材料采用热性能较好的材料制作，以确保焊接工件可在变位机上进行长时间预热，最高预热温度为300℃。翻转机构可使工件产生俯仰运动，改变工件的位置便于焊接。翻转机构由特制回转大齿轮、小齿轮和特制轴承座组成。翻转驱动装置的小齿轮与回转体齿轮啮合，驱动机构翻转。工作台的翻转倾斜速度一般为0.012～0.12r/min，翻转倾斜角度一般为110°～－10°。

焊接变位机采取急停开关、行程极限开关、蜗轮蜗杆减速机、电磁制动电动机等方式保证安全性。焊接过程中，焊接变位机是焊机二次回路的一部分，因此焊接变位机必须安装导电机构。导电装置由导电铜棒、导电环和弹簧等组成。导电装置与横梁之间采取了绝缘处理，防止通过轴承过电，造成部件损坏。导电装置的导电能力为2000A以上。变位机PLC控制系统由主控柜和手控盒两部分组成。在手控盒上可实现翻转控制、回转控制、本控与联控切换等操作。焊接变位机吨位的选择除根据工件的重量外，还要考虑工件的形状：即重心距和偏心距。焊接变位机的型号依据承载工件的重量而定，用户选用变位机，同时需要考虑工件尺寸、重心距和偏心距的影响。对于用户的一些特殊要求，需要和设备制造厂家沟通，按照定制产品设计制造。

第二节　典型焊接设备简介

焊接技术是锅炉压力容器制造的重要手段，焊接在很大程度上决定产品的质量、可靠性、生产效率和成本。因此，焊接技术的发展对锅炉压力容器的生产制造水平有很大的促进作用，已经引起设计部门、制造企业和最终用户的高度重视。压力容器的种类很多，服役条件从低温到高温、从负压到高压、从无腐蚀无辐射到强腐蚀强辐射，对焊接技术的要求也各不相同。当前，大型高压压力容器的制造主要是针对大型核电站的反应堆、蒸发器、稳压器，化工设备的加氢反应器、合成塔，火电站的锅炉集箱和汽包（亚临界）等，其中也应该包括特大型水压机的主工作缸的制造，它也是一种高压容器。这些压力容器包括有筒节纵缝和环缝的焊接、各种接管的马鞍形焊缝的焊接以及各种表面的耐蚀层、耐磨层和密封面的堆焊等。需要焊接的钢材的强度越来越高（600～1000MPa）、厚度也越来越大（200～600mm），这对焊接是严峻的挑战，同时也获得了极好的发展机遇。下面介绍锅炉压力容器制造过程中被广泛应用的典型焊接设备。

一、窄间隙埋弧焊装备

（一）优点

窄间隙埋弧焊是在比常规焊接坡口宽度窄得多的间隙内完成多层、多道焊的一种工艺方法，是厚壁接头焊接技术的一次重大革命。与常规坡口埋弧焊相比，具有以下突出的优点：

1. 窄间隙坡口的截面积比常规坡口的截面积小得多，这使得填充焊丝、焊剂及能量消耗量相应减少，生产效率相应提升。并且随着产品厚度的增加，这种优势越发明显。

2. 焊接接头的残余应力随填充金属的减少呈下降趋势，同时随着填充金属的减少，厚壁焊缝中氢的积累量也随之减少。因此，窄间隙埋弧焊焊接技术在提高生产效率、减少填充材料的同时，也降低了焊接接头的残余应力以及氢的含量，大大提高了焊缝金属抗氢致裂纹的能力。基于这一特点，可适当降低焊前的预热温度和焊后热处理温度，缩短热处理保温时间，进一步降低能源的消耗。

3. 为了获得易于脱渣、成形良好的焊缝，窄间隙埋弧焊总是选择较低的热输入量，使焊道的厚度明显变薄。后一层焊道对前一层焊道的重复加热过程相当于对前一层焊道产生了一次正火和回火效果，使前一层焊道的焊缝金属和热影响区组织产生了晶粒细化效果。焊道越薄，这一效果越明显。这就显著提高了焊接接头的韧性和抗脆断能力。

4.窄间隙坡口角度非常小，侧壁几乎是平行的，这使得焊接过程中母材对焊缝金属的稀释率大为减少，提高了各道焊缝金属化学成分的均一性和纯净度。

现如今，焊接工艺、焊焊接材料、焊接设备以及自动化系统都取得了长足的发展，使得窄间隙埋弧焊焊接技术更趋完善，完成了质量、效率与稳定性三者的统一。目前，该技术已在锅炉及大型压力容器结构件焊接中普遍采用。

(二)情况

1.窄间隙埋弧焊焊接技术

窄间隙埋弧焊焊接技术最初于一些发达国家，如苏联、美国、意大利、日本、法国、德国等国应用，成功地焊接了石化高压容器、电站锅炉厚壁锅筒、核反应堆容器和蒸汽发生器、水轮机轴等厚壁产品。瑞典的伊萨(ESAB)公司和意大利的Ansaldo公司，是当时窄间隙埋弧焊焊接装备的主要生产制造商。我国最初用的窄间隙埋弧焊焊接装备也是这两家公司的产品。

我国对窄间隙埋弧焊焊接技术的研究，几乎与世界其他国家同步。在哈尔滨焊接研究所即组织科研团队对该技术进行科技攻关，在充分分析窄间隙埋弧焊焊接技术已有成果——单丝窄间隙埋弧焊焊接技术的基础上，开创性地提出了双丝窄间隙埋弧焊焊接技术的研发道路。经过几十年的研究与发展，哈尔滨焊接研究所在理论上丰富了窄间隙埋弧焊焊接技术，提出了双丝窄间隙埋弧焊焊接技术不仅在效率上较单丝窄间隙埋弧焊焊接技术有大幅提升，同时用两个焊丝分别解决侧壁熔合与焊道铺展的问题，获得了较单丝窄间隙埋弧焊焊接过程更宽、更薄的焊缝，从而更好地利用后一层焊道对前一层焊道的热处理作用，将焊接接头的性能质量进一步提升。

在理论研究的同时，哈尔滨焊接研究所在曾制造出我国首台双丝窄间隙埋弧焊焊接装备，并获得国家发明专利三等奖。为世界窄间隙埋弧焊焊接技术的发展做出了中国焊接人应有的贡献。数十年来，哈尔滨焊接研究所不停地致力于该技术的完善，已形成多套针对不同需求的窄间隙埋弧焊焊接装备，为该技术在我国的推广应用作出了非常积极的贡献，助推了核电、石化制造业的发展。

21世纪，我国的石化、核电制造业得到了飞速的发展，对窄间隙埋弧焊焊接装备的需求越来越大。窄间隙埋弧焊焊接装备的制造、生产也迎来了极好的发展机遇。目前，国内已形成具备满足不同客户要求的多家窄间隙埋弧焊焊接装备制造商，国产品牌窄间隙埋弧焊焊接装备占有量已经超过90%。

现如今，窄间隙埋弧焊焊接技术在机头设计上又有了新的发展。单电源双丝窄间隙埋弧焊装备是如今出现的新型窄间隙埋弧焊机机头。

2.窄间隙埋弧焊焊接装备(单丝、双丝)的构成

窄间隙埋弧焊焊接装备由窄间隙埋弧焊机机头、焊接控制系统、焊接电源、焊剂输送及回收系统、焊接速度信号发生器、辅助周边装置等部件组成。

在窄间隙坡口内实现焊接的关键问题是如何解决侧壁熔合。如果用传统的平直焊枪直接在坡口内施焊，则电弧垂直向下。即便焊枪距离坡口侧壁较近，由于坡口角度非常小，侧壁几乎平行，焊接时也只是边缘电弧作用在坡口侧壁，很难保证侧壁稳定地熔合。因此，需要一种新型的焊枪结构来解决这一问题。

目前，窄间隙埋弧焊焊接技术普遍应用的焊枪结构有两种：一种是在焊接机头设置一个焊枪头摆动机构使电弧垂直指向侧壁；另一种是在焊接机头设置一个焊枪头旋转机构，并且枪头预弯一定角度，使电弧非垂直指向侧壁。除了对焊枪重新设计之外，窄间陈埋弧焊需要配备横向和高度跟踪系统，这套系统保证了焊丝与侧壁的距离始终保持在预先设定的位置。通过改进的焊枪配合跟踪系统，很好地保证了侧壁稳定地熔合。

(1)窄间隙埋弧焊焊接机头

窄间隙埋弧焊焊接机头由跟踪十字溜板、焊丝双向校直机构、送丝机构、跟踪机构(高度跟踪和横向跟踪)、焊枪及焊枪转动(或摆动)机构、焊剂上料斗、焊剂回收管、激光指示灯、机头照明装置等组成。

与普通埋弧焊机机头相比，窄间隙埋弧焊机机头具有以下特点：

1)窄间隙埋弧焊在枪表面进行了耐高温及绝缘处理，确保焊枪的整体绝缘性，防止焊接过程中因误操作使工件与焊枪表面接触，造成焊枪损坏。

2)跟踪系统由高度跟踪系统与横向跟踪系统组成。高度跟踪系统负责保证焊接过程中焊丝伸出长度始终保持设定值，横向跟踪系统负责保证焊丝距侧壁的距离始终保持设定值。

3)采用焊丝双向校直机构对焊丝进行双向校直，保证焊丝从导电嘴伸出后是沿设定的方向行进，因而进一步保证了焊丝与侧壁的距离为设定值。

(2)窄间隙埋弧焊焊接控制系统

窄间隙埋弧焊焊接控制系统在焊接过程中对整个焊接过程进行控制及监控。当焊接过程中出现实际测量值与设定值存在偏差时，焊接控制系统可以综合控制焊接电源、跟踪系统、滚轮架、送丝系统等，使得偏差消除，保证焊接过程可控。最终形成成形良好、符合焊接参数的焊缝。

(3)焊接电源

适用于窄间隙埋弧焊焊接过程的电源种类较多，如林肯公司、米勒公司、伊萨公司生产的埋弧焊焊接电源，均在实际生产中有较多的应用。

(4)焊接速度信号发生器

焊接速度信号发生器是实现窄间隙埋弧焊焊接过程完全自动化的重要组成部分。环缝焊接时，焊接速度由滚轮架控制。由于窄间隙埋弧焊焊接的产品多为大直径的厚壁结构。如果在焊接过程中不对滚轮架的转速进行调整，则靠近被焊筒体内径位置的焊缝与靠近筒体外径位置的焊缝将以相同的角速度进行焊接。由于筒体外径大于内径，因此，靠近筒体外径位置的焊缝比靠近筒体内径位置的焊缝具有更高的焊接线速度。这就使得焊接过程中设定焊接参数与实际焊接参数产生了差异。焊接速度信号发生器就是用于测量焊接实际线速度的机构，当实际焊接速度与设定值不符时，控制系统发出指令，通过调节滚轮架的转速，使得焊接位置的线速度与设定值相符。

焊接速度信号发生器的另一关键作用是实现环缝焊接过程的自动换边功能。当完成一整道焊接后，要将焊枪摆动到另一侧（换边）继续进行焊接。焊接速度信号发生器可以记录每一道所焊接的脉冲数，当达到设定值时，控制系统发出指令，焊接机头完成换边动作。

(5)焊剂输送及回收系统焊剂输送及回收系统主要由空气干燥器、储料罐、焊剂料斗、除尘桶四部分组成，利用干燥后的压缩空气将焊剂储料罐里的焊剂经过加压通过输送管路自动输送到焊接机头上的焊剂料斗里，焊剂料斗里的焊剂，由电磁阀控制，通过输送管自动流到焊接熔池处。通过对储料罐加压，将罐体中储存的焊剂输送到悬挂在机头的焊剂料斗中，实现焊剂到机头的输送动作，利用负压原理将焊缝中的多余焊剂回收到焊剂料斗中，同时将回收和输送过程中产生的粉尘带到除尘桶里。

(6)窄间隙埋弧焊周边装置一套完整的窄间隙埋弧焊焊接装备，除了具有上述系统外，还应具有操作机（龙门架）、滚轮架、变位机等窄间隙埋弧焊周边装置，共同配合才能完成厚壁工件的焊接过程。

二、带极堆焊设备

为了耐腐蚀的需要，锅炉压力容器的筒体、封头等一般需要堆焊奥氏体不锈钢或者镍基合金，针对大面积的堆焊作业，带极比MAG和SAW丝极堆焊更具优势，堆焊作业效率更高，稀释率更低，焊缝表面更加平整、光滑。

带极堆焊机一般需要与操作机、滚轮架或者变位机配合，使工件转动或者倾翻到合适的位置进行焊接，且为了实现连续不停弧堆焊，带极堆焊系统与操作机、滚轮架或者变位机需要联动动作，实现移距堆焊或者滑雪式堆焊。

1.操作机

十字架操作机由立柱（包括提升机构、滑座部件、防坠落保险装置及配重部件）、横梁（包括齿条及横梁驱动部件）、电动台车、电动回转机构、气动/手动锁紧装置等部件组成。焊接十字滑板通过连接器安装在横梁前端的端面上，十字滑板上安装带极头。横梁既可沿立柱方向上下运动，也可沿水平方向前后运动，立柱可在底座上作±180°回转，台车行走速度可调，并具有防倾翻装置。横梁伸缩采用交流变频电动机或伺服电动机驱动，无级调速；横梁提升装置采用带制动器的交流电动机驱动，采用蜗轮蜗杆减速机(蜗轮自锁,电动机带制动),以保证横梁升降运动的可靠性,并设计有防止横梁坠落的保险装置,一旦升降链条断裂,安全装置起作用,横梁不会坠落伤及操作人员或损坏设备。

操作机的主要参数为升降、伸缩行程以及前端承载参数,根据承载能力的不同,分为轻型操作机和重型操作机,重型操作机一般横臂前端承载在500kg以上,具有载人功能。操作机要求具有足够的刚性、强度和精度。焊接时,在规定负荷条件下,即使横梁处于最大伸出位置也能保证机头的下挠度较低,并且不会产生影响焊接质量的颤动,操作机下挠度标准为横梁每伸出1m,横梁下挠2mm。

操作机设有远程手控盒,其上设有必要的操作按钮,包括横梁上升、下降、伸缩、立柱回转、台车移动等,还设有急停按钮,在紧急情况下可按动急停按钮,停止操作机的所有动作。

2.滚轮架

滚轮架作为筒状工件的载体,可提供工件支撑及回转的动力,其滚轮回转的线速度即为工件的焊接速度。滚轮架的承载能力需要与工件重量匹配,并要考虑一定的过载能力,目前滚轮架承载能力已经可以达到2000t以上。滚轮架分为防窜滚轮架和普通滚轮架,与带极堆焊设备配套,由于堆焊作业连续进行,且由于滚轮架主、从动轮的安置误差,工件产生轴向窜动的可能性很大,为了保证焊接正常进行,一般使用防窜滚轮架。

滚轮架防窜方式分为顶升式、偏转式和平移式,其中顶升式应用最为普遍。顶升式防窜的原理是从动滚轮架顶升的滚轮组具有高度调节功能,通过从动滚轮高度位置的变化,使主动滚轮和从动滚轮产生相对高度差,从而使工件在旋转过程中产生不同方向的窜动。滚轮升降调节是通过交流电动机驱动摆线针轮减速器,摆线针轮减速器驱动蜗轮升降机实现。升降动作的控制是通过布置在工件端部或坡口处的位移传感器反馈偏移信号,经控制系统处理后,实现自动防窜功能。顶升机构在明显部位注有标尺,上下设有限位开关,并采用独立工作电压及安全控制电压,使得顶升安全可靠。

不同直径的工件是通过移动滚轮组调节滚轮中心距来满足工艺要求。两滚轮对筒体包角大于45°、小于110°比较安全。滚轮底座上设有不同筒体直径滚轮放置位置标尺,使调节更为直接。中心距调整到位后采用键槽定位,以适应不同工件的工作需要。

3.变位机

焊接变位机作为大型构件焊接的辅助设备,通过工作盘的旋转、倾斜等动作,可使被焊工件的每个焊接位置均处于最佳焊接位置。在焊接作业中,工件可单自由度360°正、反向回转变位,以及−10°～100°的倾斜变位,适合实际生产需要。变位机可与用户自备的操作机、弧焊机、带极堆焊等焊接设备配套后组成自动焊接工作站，通过变位机回转、倾翻动作与操作机机头的协调配合可实现焊件的自动焊接。为了满足用户的实际生产需要，变位机还配置了安全可靠的电加热导电集电环及旋转配气燃气加热系统。

变位机的承载取决于需要变位的最大工件重量和工件重心、偏心所在位置，一般以倾斜扭矩和回转扭矩进行设定。目前最大的变位机已经做到了2000t·m，变位机工作盘也达到15m以上。变位机的回转速度与焊接速度有直接关系，针对不同的焊接方法，其适应的线速度（焊接速度）范围最快和最慢应该在变位机回转调速范围内，为了适合带极堆焊封头工件的需要，变位机回转速度一般为0.005～0.5r/min。

4.带极系统

带极堆焊的原理与丝极堆焊基本相同，最主要的区别在于使用宽带极取代了丝极。相对丝极，带极堆焊具有以下技术优势：焊道熔深非常均匀；更低的母材稀释率，能以更少的堆焊层达到化学成分及性能要求；更高的熔敷效率，提高生产力；熔敷金属的化学成分非常均匀；堆焊层具有更小的裂纹敏感性；非常平滑的堆焊层表面，可减少焊后的加工量；重复焊接一致性好。

带极堆焊从热源上划分又可分为带极埋弧堆焊和电渣堆焊，带极埋弧堆焊时焊带通过电弧进给到熔池中，电弧所产生的热用来熔融焊带、焊剂及母材，在熔池上方熔融的焊剂形成一个保护渣壳。带极电渣堆焊类似于带极埋弧堆焊，但热源不是电弧而是渣池，焊带进到渣池中，凝固后渣池也形成了保护渣壳。在带极电渣堆焊中，焊剂仅仅供给在焊带的前方。在焊带的后面，可以看见敞开的、耀眼的渣池。埋弧带极堆焊熔深较大，为1～1.5mm，电渣带极堆焊熔深较浅，一般为0.3～0.4mm。

相对于埋弧带极堆焊，电渣型带极堆焊具有以下优势：焊剂不同（CaF_2含量高，质量分数一般≥30%）；单侧焊剂供给（后方不需加焊剂），焊剂消耗量更低；没有电弧，没有紫外线产生；敞开式焊接熔池更有利于焊道排出杂质、气体；相对于埋弧堆焊，焊道的熔深更浅，母材稀释率水平更低；在连续的焊接热输入情况下，电渣焊的熔敷速度几乎两倍于埋弧焊。

带极头由送带电动机、送带轮、水冷导电压指、焊剂嘴、磁控装置等构成。导电压指由铜质合金制作，具有良好的导电性和耐磨性。送带轮为高强度钢制作，其上加工有网状花纹，增加送带摩擦力。机头本体为不锈钢制作。带极头根据容量及适应带宽不同可分为标准型、中型和小型。

带极焊带宽度一般为30～90mm，也有15～25mm、120－125mm的超窄和超宽规格，但应用的一般不多。带极焊带的厚度一般为0.4mm或0.5mm。

由于带极堆焊采用较高的电流，特别是电渣堆焊电流更高，因此会产生一定的电磁力，该力会影响焊道的成形并会导致焊道边界出现咬边。磁控装置可以产生相同性质但方向相反的磁场，可以尽量抵消电磁力所带来的不利影响。所以60mm以上的焊带原则上需要配置磁控装置。

按照带极堆焊焊接形式的不同，可以分为纵向堆焊和环向堆焊，纵向堆焊主要应用在复合板拼接直焊缝的耐腐蚀层堆焊；环向堆焊因其焊接的可连续性，可以自动换道作业，应用的更为广泛。受机头尺寸的限制，带极堆焊对工件的空间尺寸有一定的要求，标准带头环向堆焊，简体工件内径至少为600mm。为了适合更小的简体类工件内壁环向带极堆焊，目前已经开发了新的小型带头及焊带导向装置，适合堆焊后简体内径为300mm，且配置有焊剂的自动输送和回收装置，自动化程度很高。

带极堆焊机机头与操作机、滚轮架配合可实现简体类工件的内壁堆焊作业，焊接时一般采用滑雪换道的方式，每焊接一圈，以15°～20的角度切出，滑移到下一焊道，实现连续堆焊。简体堆焊时，操作机一般配置一套带极机头，但筒节长度和直径比较大时，也可采用双带极堆焊，操作机横臂上两带极头在控制系统的协调控制下，配合运动，焊接效率提高1倍。

带极堆焊机机头与操作机、变位机配合可实现压力容器封头内壁的带极堆焊，封头内壁堆焊由于每一道焊缝均处于不同的位置，所以需要变位机进行相应的变位机速度的调整。堆焊作业时，变位机能够与操作机实现自动堆焊模式，变位机旋转角速度随堆焊位置而变化，使堆焊速度（线速度）保持不变。进行封头堆焊时，在给定封头半球尺寸及堆焊焊道宽度的条件下，变位机能够配合实现自动连续翻转，到达指定位置，与焊道一对应，从而保证堆焊始终处于水平位置。为了适应工件尺寸偏差及安装位置偏差，系统软件配置了示教纠偏、整体数学模型平移执行的功能。

三、马鞍形切割机

锅炉压力容器的简体和封头上需要安装各种接管，焊接接管前需要在相应位置开孔和开坡口，这些孔的切制轨迹均是接管与简体或封头的相贯曲线，如采用手工切制或半自动设备切割，无法保证切割尺寸和精度。目前比较先进的自动切割设备为四轴联动马鞍形切割机，该切制机具备在圆柱简体、锥形简体、椭球封头、球形封头上开孔并切割连续变角度、等宽度坡口，同时可以实现内、外坡口的切割，可以切制法兰接管与壳体相贯的端头相贯线，切割机头安装在操作机横梁端部，为悬挂式结构，一般由四轴联动马鞍形切割机头、火焰切割系统或者等离子弧切割系统、电控系统等组成。电控系统核心为多轴控制系统，可对机头的回转速度、割炬的上下运动、割炬角度调整等进行一体控制，实现四轴联动动作。火焰切割适合于碳钢材料的切割，切割厚度可达200～300mm，等离子弧切制适合不锈钢和铝的切割，切割厚度与配套的等离子弧切割电源容量有关，目前穿孔切割厚度可达75mm，边沿切割厚度可达160mm。

1.切割机的主要技术参数

(1)切割圆孔直径:$\phi100\sim\phi1800$mm。

(2)筒体直径:$\phi500\sim\phi6000$mm。

(3)碳钢火焰切割最大筒体厚度:200mm。

(4)马鞍落差量:0－450mm。

(5)割炬提升量:0～450mm。

(6)割枪倾角:切割坡口角度范围为0°～60°。

(7)开孔类型:圆柱筒体与接管正交、偏交、斜交;锥形筒体与接管正交、斜交;椭圆封头与接管正交、偏交;球形封头与接管正交、偏交。

(8)坡口切割精度:尺寸精度±1mm;角度精度±0.5°。

(9)切割坡口形式:等宽度。

2.切割机的结构特点

马鞍形切割机设备由马鞍形切割机头、火焰或等离子弧切割系统、电气控制系统等部分组成。

切割机头动作包括机头回转、半径调整、高度调整、割炬角度调整四个动作,全部由步进电动机或伺服电动机经精密减速机驱动,四轴为联动配合,实现马鞍形轨迹的合成及坡口角度的变化,特别是割炬角度的变化,要求割炬在变化角度时必须绕割嘴前端进行回转,这就需要割炬转角机构与半径调整机构和高度调整机构配合完成。回转机构中设有电源及信号导电集电环和配气集电环,通过导电配气集电环将所需电源、信号及乙炔氧气配送至设备。导电、配气集电环动力线允许使用电压380V,乙炔及氧气允许使用压力为2MPa。

火焰切制系统采用三路供气方式,将氧气和燃烧气引入气路控制箱后,通过箱内气路控制分为切割氧气、预热氧气、燃烧气三路,经箱内压力表(分别显示三路压力值)、电磁阀进行集中显示和控制,分流后用软管连接于割炬的后端,工作时利用预热火焰加热切制区域,随后送进高纯度切割氧气,借助氧气与铁的反应使金属迅速氧化,同时用高速切割氧气的气流将焊渣排除,从而完成对工件的切割作业。火焰切割系统具备多级切换气路:可实现预热氧和切割氧的不同压力变换,根据需要进行自动切换,可进行强预热;切割氧压力可随穿孔深度的增加而逐级增加。

针对等离子弧切制配置,与配套的等离子弧切制电源及割炬有关,割炬电缆需要从切割机回转机构中心孔通过。

由于马鞍形切割机为悬挂式结构,安装在操作机前端,为了实现快速对中,在切割机回转机构中心部分安装有激光指示器,激光点与切割孔圆心标示重合,即可开始切割。

3.切割软件系统

切割软件系统是设备的核心,控制系统以多轴控制器为控制核心,对机头回转、机头角度调整、机头滑板垂直和水平方向一体控制，实现四轴联动，完成管管相贯线的行走轨迹，同时各轴可在焊接过程中手动补偿，不影响自动切制动作。切割软件操作形式为参数化驱动，即操作人员只需输入工件种类、工件的基本参数，包括筒体或封头直径、接管直径、坡口角度等参数，即可生成切割程序，无需重新编程，大大方便了焊工的操作。

由于操作机界面输入的是理论数据，实际工件会有偏差，为了纠正工件的轨迹偏差，切割控制系统还具备示教操作功能，通过人为示教修正轨迹，使切割开孔更加符合焊接需要。切割控制系统可以实现手动点火和自动点火功能，使操作更加便捷。

由于先进的自动化控制和操作功能，四轴马鞍形切制机已广泛应用到实际生产中。

四、马鞍形焊接机

锅炉压力容器筒体或封头上的接管焊缝为相贯线形状，过去一般采用焊条电弧焊焊接，生产效率低，制造周期长，容易受人为因素的影响，焊接质量难以保证。现如今化工压力容器及核电设备、电站锅炉行业都在迅速发展，自动化设备的需求日益迫切，马鞍形自动埋弧焊焊机逐渐被研发并应用到生产中。

马鞍形焊接设备一般采用埋弧焊方式，也有个别为气体保护焊的方式。根据焊接工件的位置不同，有两轴马鞍焊机和四轴马鞍焊机两种配置，两轴马鞍焊机适合正交接管的埋弧焊接，四轴马鞍焊机适合正交和偏交接管的自动埋弧焊接。另外根据马鞍焊机使用时安装形式的不同，分为骑座式马鞍焊机和悬挂式马鞍焊机。两种形式各有优缺点：骑座式马鞍焊机不需要操作机等辅助周边设备，自成单元，可直接安装在工件接管上，绕回转中心旋转即可焊接，占地面积小，定心方便。缺点是需要吊车吊运，在卡盘卡紧工件不良的情况下，容易倾翻；悬挂式马鞍焊机需要安装在操作机前端，采用回转中心激光点对中的方式找正工件，较骑座式马鞍焊机对中过程繁琐一些，另外需要操作机作为载体，占地空间较大；优点是无需吊车频繁配合，机头相对稳定。

以四轴联动骑座式马鞍形焊机为例，使用时，安装在工件接管上，自定心卡盘内涨或外卡定位，可进行连续旋转焊接，控制系统采用多轴控制系统，可对机头的回转速度、焊枪的上下运动、焊枪角度调整等进行一体化控制，实现四轴联动动作，适应偏心接管工件的实际焊接需要。

1.骑座式四轴马鞍焊机设备结构组成

焊机由旋转机构、半径调整机构、高度调整机构、机头角度调整机构、焊接机头、支撑定位装置、焊剂回收系统、焊接电源、电气控制系统等部分组成。

骑座式马鞍焊机焊接机头动作包括机头回转、半径调整、高度调整、焊枪角度调整四个动作，全部由步进电动机或伺服电动机经精密减速机驱动，四轴为联动配合，实现马鞍形轨迹的合成及焊枪角度的变化，特别是焊枪角度的变化，要求焊枪在变化角度时必须绕焊枪导电嘴前端进行回转，这就需要焊枪转角机构与半径调整机构和高度调整机构配合完成。回转部分具有焊接电流和控制信号导电集电环，旋转导电装置采用双线、双电刷结构，确保导电良好，实现控制信号与焊接电流的连续回转传输。导电集电环与机体绝缘，在静止和旋转状态下，连续最大电流焊接时温升小于10℃。

埋弧焊焊接机头配有焊丝矫直机构，机头采用窄坡口耐高温、绝缘焊枪，额定电流承载能力为800A以上。焊枪端头为扁平结构，外部喷有绝缘层，防止与工件接触而烧坏焊枪，焊枪整个长度在保证横梁高度的前提下应达到最深坡口。另外为了适合带有法兰的接管焊接，马鞍焊机配套有弯曲的扁平焊枪。

2.四轴马鞍焊的控制功能

四轴联动马鞍焊控制器以多轴控制器为核心，体现为将机头回转、机头角度调整、机头垂直进枪、机头半径调整等进行一体控制，完成管管相贯线（马鞍形）的行走轨迹合成，轨迹各点速度恒定可调。同时各轴都可以进行自动焊接过程中的手工补偿，而不影响自动焊接动作。控制系统配置触摸屏，可实现焊接工件的参数录入和显示，工作时只需录入开孔直径、简体内径、壁厚、焊接速度、焊缝类型编号等参数，即可自动生成焊接程序。

自动控制系统具有自动排列焊道功能，焊接层数、焊接道数及搭接量、焊接电流、电弧电压、焊接速度等参数可通过人机界面设定并存储（至少为20组），并可实现数据锁定。焊接时可分区切换参数，设备按焊道圆周分16个区，可在不同的区任意调用已存储的不同焊接参数，焊接过程中也可实时调整焊接参数并且能自动存储调整后的参数。设备能在焊接过程中根据设定自动改变焊枪角度，以满足不同形状坡口的焊接要求。自动控制系统还具有手动排列焊道的功能，主要用于焊缝的盖面层焊接。

因工件坡口宽度和填充量在圆周范围内不一致，所以控制系统具有月牙形焊道补焊功能和人工示教修正功能。

四轴马鞍焊机通过多轴控制器的使用，实现对4个主要运动轴的数字控制，建立马鞍形空间模型，使焊枪运动轨迹完全符合工件预先制作的坡口形状，实现焊接过程无需人工干预的高效、高质焊缝的焊接，用该设备代替原来的手工焊接或简易设备焊接，可提高产品的焊接质量。

锅炉集箱上的大管座角焊缝即为马鞍形焊缝，可以采用上述的马鞍形焊接设备。日本三菱重工对于集箱上大管座角焊缝焊接采用手工氩弧焊打底，机器人进行焊接，焊接方法为MAG焊，集箱一端用一个特殊的立式卡盘夹持，集箱的其他部位放在滚轮架上，而机器人及其系统布置在与滚轮架平行的轨道上，可沿集箱轴线方向移动。

采用机器人进行焊接，提高了设备的柔性，适合多种形式的工件焊缝焊接，随着三维工件图导入机器人系统直接生成焊接轨迹程序的技术日益完善，机器人的可操作性日益提高，在类似于马鞍形焊缝的工件上，机器人系统也有很大的应用潜力。

五、小管径直管对接机

亚临界、超临界、超超临界大型电站锅炉机组中小口径管道对接的焊接工作数量很大，传统的手工或半自动焊接方法已经不适合实际生产的需要，全自动的直管对接设备已经在各大锅炉厂受热面直管对接中应用，设备可焊接管子外径范围为ϕ25～ϕ76mm，壁厚为2.0～12.0mm，可接管子最大长度为60m。根据管子材质的不同，焊接方法有两种工艺：第一种为TIG＋MAC形式，主要适合受热面直管材质为中碳钢、合金钢的情况；第二种为TIC＋热丝形式，主要适合受热面直管材质为中碳钢、合金耐热钢、不锈钢及异种钢的情况。

1.TIG＋MAG的焊接形式

受热面直管对接采用TIG＋MAG的形式，具体为TIG焊打底，确保根部熔透的质量；MAG焊填充、盖面，提高焊接熔敷效率。TIG焊采用100%高纯Ar作为保护气体，MAG焊采用Ar95%＋$CO_2$5%（体积分数）作为保护气体。设备配置一套TIC焊接机头和两套MAG焊接机头，配置两套MAG焊接机头的目的是适合一根长管道可能会有不同材质材料焊接的情况，这样在焊接时不必再更换焊丝等增加辅助时间的操作。

焊接设备由焊接机床床身、左右主轴箱、卡盘、主传动系统、电气控制系统、焊接电源系统、焊接机头（焊枪升降机构、焊枪微调机构、自动弧长跟踪滑块、摆动滑块、三把焊枪、三套送丝机、三丝自动切换机构）、焊缝冷却喷淋装置、工件到位传感系统、红外测温装置等组成。

床身为设备的基础，通过钢板焊接精加工而成，底座放置平稳、可靠，在焊枪摆动和送丝时，床身和送丝架不晃动。床身上安装有弧光防护门，通过直线导轨导向，可沿床身手动左右移动，在焊接过程中既可观察焊接情况，又可对操作者的眼睛进行保护。

主轴箱分为头箱和尾箱，主要完成环缝焊接时对工件的夹持及回转，由伺服电动机驱动精密行星减速机带动齿轮副完成工件的旋转。两主轴箱由一套驱动系统驱动，采用同轴齿轮驱动，一根旋转轴带动两个主轴卡盘，确保同步。主轴箱主轴上安装有气缸式卡盘，能完成外径为ϕ25～ϕ76mm的管子的快速装卡。主轴箱的主轴上配置有导电装置。

由于直管焊接设备为物料传输并线设备，单节管子从上游经坡口加工后传输到焊接工位，所以焊接机床上需要有精确的定位系统，定位机构放置于机床的中间位置，由气缸驱动挡块实现上升下降，定位机构具有足够的精度和强度，能承受ϕ76mm×12mm、长60m管子的冲击。另外，设备还安装有到位传感器，传感器安装于主轴箱后部，对工件送料到位起到检测作用，工件到位后即给出到位信号，该信号可通过端口反馈给生产线其他工位。为了与上下游生产线的顺利衔接，在焊接机床的前后布置有4套从动托架，可实现工件的托持，辅助完成对工件的安装，托持部位为滚轮结构，可使工件在其上快速地传递。

工件雾化喷淋装置布置在主轴箱上部，可沿安装位手动旋转，人工操作，可完成水流的雾化，对焊后的工件进行雾化喷淋冷却。

焊接电源采用500A TIG焊接电源1套和500A MAG焊接电源1套，焊枪采用标准500A水冷型，TIC(送丝)枪配置1把，MAG(送丝)枪配置2把。三把焊枪在焊接之前根据需要可以自动切换，焊枪切换采用电动控制横向位置切换，气缸控制焊枪纵向位置的调整，切换过程平稳、可靠，机头上的所有线缆、气管、轨道等充分考虑了热辐射，并采取了相关防护措施。为了焊接调整的需要，焊接机头具有X、Y、Z三个方向的位移手动调整和两个方向的角度调整。

焊接前工件需要预热，预热温度为200～400℃。加热装置采用高频感应，感应圈用气缸移动，主要作用是工作完毕后将感应圈移开，便于焊枪施焊。

直管焊接设备电气控制系统由PLC集中控制实现，可实现设定动作的逻辑顺序控制，并能完成打底TIG焊焊接参数、各层MAG焊焊接参数、MAG焊盖面焊接参数的设定和数据存储，最大存储量可达100个焊接程序以上，具体的焊接参数包括:焊接电流(基值电流、峰值电压、脉冲等)、电弧电压、焊接速度、摆动频率、摆动幅度、左右停止时间等。另外根据实际焊接需要，在操作面板上还设有各手动调整按钮盒旋钮，可以在施焊过程中随时根据坡口变化进行调节，而不影响自动焊接动作的正常进行。

2.TIG+热丝的焊接形式

热丝TIG焊是在原冷丝的基础上增加了填充焊丝的加热功能，以提高焊接的熔敷效率。焊丝加热可用直流电直流脉冲或交流电加热。用直流电加热时出现的问题是电弧的磁偏吹。为克服电弧磁偏吹，通过将加热焊丝电流大小设为焊接电流的20%～40%，频率为50～150Hz的脉冲电流，并与焊接电流脉冲控制配合使电弧磁偏吹减小到最低限度。另外用交流电加热焊丝可以减少磁偏吹的干扰。

加热的焊丝可大大提高焊丝的熔化速度，使熔敷效率得以提高。

TIG+热丝配置的直管对接设备形式与TIG+MAG设备形式基本相似，只是在焊接电源配置和焊接机头配置方面有所不同，焊接电源为500A，TIG焊接电源和焊丝加热电源，热丝(送丝)枪配置三把，三把热丝枪在焊接之前根据需要可以自动切换，热丝枪切换采用电动控制横向位置切换。

设备控制系统以PLC为控制核心，配置19in工业级液晶显示器作为人机交互界面，可实现整套设备的全部参数控制与状态查看。

控制器具有焊接程序编程、显示、存贮功能，同时具有储存100个以上焊接程序的能力，并提供USB程序输入、输出接口。

在焊接过程中具有对焊接电流（含脉冲）、电弧电压（含响应速度和灵敏度设置）、送丝速度（含脉冲）、焊接速度、摆动速度（含左右停留时间、摆宽）等进行精密调节的功能。

控制系统具有所有参数升降、衰减的可编程控制功能。焊接过程中实时显示并闭环反馈控制所有受控焊接参数，控制精度为±1%。具备分段编程功能，段数≥10段，可允许所有参数在每段焊接程序中设置不同值，并自动完成过渡。

控制系统具有气体预通、滞后控制功能，冷却水、保护气的状态有传感器监视、故障报警，在焊枪没有得到压力足够的冷却水和保护气时，不得启动焊接。同时还具有焊接过程实时数据采集和过程监控能力，采集频率≥10Hz。在焊接过程中对各受控参数进行实时监测，执行超差报警或自动停止焊接的功能，同时，将系统中受控的所有外围设备的实际执行值按照设定的频率进行采集和记录，供焊后质量分析。

控制系统采用“手动”和“自动”两种控制方式，自动焊接过程中，也可以人工进行手动补偿和调整，而不影响自动焊接动作。

控制系统具备故障恢复、断点位置记忆及自动复位功能。电弧长度由自动控制系统（AVC）控制，换层时，钨极可自动抬高到预定高度。

六、集箱窄间隙热丝TIG焊接机

超临界和超超临界锅炉机组中广泛应用了P91、P92等高强度耐热钢作为集箱材料，一般的焊接方式为TIC焊打底，焊条电弧焊盖面，这种方式对操作人员的技能要求比较高，焊接效率低。在此背景下，窄间隙热丝TIC焊接技术被应用到了锅炉集箱的自动焊接中。

1.窄间隙热丝TIG焊接方法

窄间隙焊接主要解决的问题是坡口的侧壁熔透和气体保护问题，根据侧壁熔透的实现方式，窄间隙热丝TIG焊接技术目前主要分为摆动钨极和摇动钨极两种形式，第一种方式：焊枪在坡口内平行摆动，使焊枪最大限度地接近坡口侧壁，并且在摆动两侧停留一定时间，通过电弧边沿作用于坡口侧壁，从而实现两侧熔透，此种焊接方式对坡口精度要求较高，两侧熔深较浅，适应的焊接参数范围较窄。此焊接方式在欧美国家常使用。第二种方式：焊枪通过钨极摇动的方式，使电弧朝向侧壁，且在摇动到坡口两侧时做一定时间的停留，确保坡口两壁熔透。此方式为日本日立公司发明，文称为BHK电极摇动式热丝窄间隙方式。

从实际的焊接生产出发，第二种摇动钨极的方式对工件加工组对精度要求低，钨极朝向侧壁更容易保障侧壁通透，所以被广泛认可。窄间隙热丝TIC焊系统是通过将倾斜安装电极的旋转头伸入窄坡口内左右旋转使电弧左右摆振，从而实现电弧的摇动。旋转控制参数可以与速度、角度、停止时间一起从控制装置进行输入，可以与焊接电流进行同期控制来得到最适合的焊道。

窄间隙热丝TIG焊枪为水冷式，通过耐热性塑料进行绝缘，保护气体也从其前端流出，为了达到很好的保护效果，在工件表面坡口外侧还设置了二次保护罩。

摇动电极和脉冲电流的配合使用，使摇动窄间隙热丝TIG焊接方法具有如下特点：

侧壁熔化良好，摇动电极使焊接电弧偏转指向坡口两侧壁，保证了侧壁的良好熔合。

焊缝缺陷少，用脉冲电流加热焊丝，并与焊接电流配合可减少电弧磁偏吹，保证电弧的稳定燃烧，减少了焊接缺陷的产生。

焊接参数可控，焊缝质量提高。脉冲电流焊接，可调焊接参数多，通过对脉冲波形、脉冲电流的幅值、基值时电流大小、脉冲电流持续时间和基值电流持续时间的调节，精确地控制焊接热输入和熔池的形状和尺寸；可以用较少的热输入获得较大的熔深，减少热影响区的焊体变形。脉冲电流对焊接熔池有较强的搅拌作用，而基值电流可以使熔池凝固快，焊缝金属高温停留时间短，金相组织细密，以提高焊缝金属的力学性能。

由于坡口的加工和组对偏差，实际的坡口尺寸会与理论的坡口尺寸有一定的误差，这就需要窄间隙热丝焊接系统具有自动跟踪和补偿的功能。针对坡口中心和高度跟踪，在摇动窄间隙热丝TIG焊方法中，通过电极左右播动，控制系统可检测到钨极与熔池(高度方向)和坡口两壁(左右方向)的电弧电压。通过对三方向电弧电压的定值设定，实现上下及左右方向的电弧自动跟踪达到控制焊枪位置的目的，电弧长度得以控制。

摇动式窄间隙焊接系统控制软件功能如下。

(1)焊接初始条件的设定及自动控制

1)焊接方法的选择：可使用HSTIG和脉冲加热两种方法。

2)压力流量异常。系统可检测保护气体压力和冷却水流量的异常情况。当异常发生时，系统可根据检测到的状态产生相应的报警。

3)焊接方向变更时摆动方向的自动变更。

4)焊接方向变更时摇动轴自动反转。

5)控制焊接速度。

窄坡口焊接应用在厚壁管焊接中，由于内径与外径存在差异，如果回转速度一定的话，在每个焊接位置(高度)焊接速度都会发生变化，这将会对焊接品质造成不好的影响。为防止这个问题的发生，输入管外径与壁厚，使每层工件的回转速度发生变化，从而保持恒定焊接速度的功能。

6)电弧跟踪的方法。系统可选择三种跟踪方法：AVC峰值、AVC基值、坡口中心仿形＋AVC值。

(2)焊接参数的设定

1)焊接参数的选择：系统可存储100条焊接参数(0～99)，每条焊接参数包括电弧峰值电流、电弧基值电流、热丝平均电流、送丝速度、行走速度和电弧电压等，每条焊接参数可修改。

2)焊接时序的设定；系统可存储100条焊接时序(0—99)，时序主要用于在整个焊接阶段各个设备的动作顺序和时间。

3)摇动条件的设定。系统可分别存储100条参数，用于设定摆幅(振幅)、左停留时间、右停留时间以及摆动(摇动速度)。

2.集箱窄间隙热丝TIG焊机

集箱窄间隙热丝TIG焊机包括：窄间隙热丝TIC焊系统、主轴箱、从动滚轮架、2×2操作机、行走台车、电气控制系统等。

该设备适合焊接的集箱筒身外径为ϕ140～ϕ500mm，壁厚最大为150mm，筒身最大长度为10m，重量不超过5t。

主轴箱由机座、驱动交流伺服电动机、精密减速机、回转支承、卡盘等组成，回转速度为0.015～1.5r/min，自定心卡盘夹持最大直径为500mm。从动托架为沿轨道手动移动结构，可适合不同长度的工件；托辊的升降为蜗轮蜗杆＋丝杠省力结构，手动转动手轮完成上升、下降动作，适合不同直径工件的定位需要。从动托架承载能力为5t。

为了实现工件的点焊功能，焊接机头部分还可增加圆弧点焊装置，具体结构如下：在操作机上设置导轨，焊接机头在导轨上移动并进行焊接。

集箱窄间隙热丝TIC焊机的电气控制系统以PLC为控制核心，完成顺序控制动作，实现窄间隙焊接机头、焊接电源、热丝电源、操作机、主轴箱等的一体控制。

七、小管内壁堆焊机

在锅炉、石化装置的管路中，由于特殊的介质和使用环境，其管道内壁需要堆焊奥氏体不锈钢或镍基合金，特别是一些管径比较小的管道，由于不能人工施焊，只能采取特殊的焊接设备完成，因此小管内壁堆焊设备被广泛使用。

小管内壁堆焊设备适用于管道内径为ϕ46～ϕ800mm(堆焊后)、最大长度为2400mm的直管内壁堆焊(管件调头)。对于小管径堆焊采用TIC填丝的焊接形式，对于大于150mm内径的管道堆焊，采用CO_2/MAG的焊接，TIG焊接使用实芯焊丝，

CO_2/MAG焊使用实芯或药芯焊丝。

小管内壁堆焊设备配置TIC焊接电源1台，CO_2/MAG脉冲焊接电源1台，冷却水箱1套，对焊枪进行循环冷却；堆焊焊枪配置3套，两套TIC焊枪，一套CO_2/MAG焊枪，适合不同直径管道的堆焊要求；在集中控制系统的控制下，小管内壁堆焊设备可进行螺旋摆动堆焊，也可进行移距摆动堆焊。

1.工作对象

(1)堆焊管尺寸范围：长度≤2400mm。

(2)内径为ϕ46～ϕ800mm(堆焊后管内径)。

(3)工件重量≤2500kg。

(4)工件最大回转半径≤700mm。

(5)TIG堆焊：长度≤000mm，内径ϕ46～ϕ150mm(堆焊后管内径)。

(6)CO_2堆焊：长度≤2400mm(调头堆焊)，内径ϕ150～ϕ800mm(堆焊后管内径)。

2.设备的主要构成

小管内壁堆焊设备由动力传动箱、卡盘、托架、枪头摆动装置、枪头提升装置、枪头移动装置、机座、焊接电源、冷却水箱、工件雾化喷淋装置等组成。

动力传动箱的手动自定心卡盘完成对工件一端的卡紧，由交流伺服电动机驱动齿轮完成工件的旋转，速度无级可调，其作用是完成对工件的卡紧定位旋转，并配合枪头移动装置完成连续螺旋堆焊。

移动升降托架可实现工件的托持，完成对工件的安装，其高度可以根据工件的尺寸进行升降。移动托架可沿导轨进行平移，适合不同长度工件的托持定位。托架为交叉举升结构，承载重量为2500kg。

摆动机构采用高精度的滚珠丝杠和直线导轨传动，使焊枪的摆动运行平稳无间隙，完成对工件的堆焊，摆幅0～50mm，摆动速度0－1200mm/min；摆动到两端的停留时间也可以进行设定。摆动速度无级可调。

枪头提升装置由步进电动机驱动，完成枪头、送丝装置、焊丝盘、摆动装置的升降动作，适合不同直径管道堆焊时焊枪高度调节的需要。同时在TIC焊接时，通过弧压反馈，由控制系统发出位移信号，提升滑座带动机头上下移动，对焊接进行跟踪补偿(AVC)。提升装置下端设置电动横向调整滑座，行程150mm，可用于自动堆焊工艺评定板(平板堆焊)的焊接。

枪头移动装置是枪头、摆动装置、枪头提升装置、拖链系统等的载体。焊接行走采用步进电动机直线导轨齿轮齿条传动，完成工件的纵向移动，与动力传动箱旋转配合实现连续的螺旋堆焊作业。枪头移动装置设有工进和快进功能，焊接时采用工进，速度较慢。焊枪到位或退出时采用快进，速度较快。

焊枪为特殊的细长结构，按照焊接方法区分，可分为TIC焊枪和MAG焊枪。随着超小型特殊结构的不断出现，目前标准的焊枪可适合ϕ46～ϕ800mm的管道堆焊，特殊情况下可完成ϕ25mm堆焊后内径的管道堆焊。

工件雾化喷淋装置布置在机床后部，安装在可移动的托架上，人工操作，可完成水流的雾化，对焊后的工件进行冷却。

3.电气控制系统

设备的控制系统以PLC为控制核心，实现控制系统的逻辑控制，完成焊接机头的移动、工件回转、焊接电源、焊接机头的一体控制。控制系统配以人机界面进行参数的输入和显示。待焊工件管径、焊接速度等参数可在人机界面上分别输入，工件旋转机构与焊枪行走机构经过运算自动生成轨迹，实现螺旋堆焊方式，堆焊道的搭接量（螺距）可在5～8mm之间任意设定，也可以进行移距堆焊，在人机界面上具有相应的切换按钮。控制系统具备焊接停止先停焊丝、后停弧的功能。

控制系统具备停弧点记忆、恢复功能。当发生故障停止焊接时，处理完成后，焊枪可自动恢复到停止位置，手动后退适当角度，即可继续完成焊接，避免出现焊接缺陷。设备具有引弧前钨极自动接触工件，然后自动抬起一定高度，再进行高频引弧的功能，这样可避免焊枪在管道内部与工件发生碰撞而导致损坏。

八、立向管道堆焊机

作为小管内壁堆焊机的延伸形式，立向管道堆焊机也有广泛的应用领域。立向管道堆焊机是将焊枪立向布置，采取横焊位的方法进行堆焊作业的；能够完成螺旋堆焊，也可以完成移距堆焊。

堆焊机是以KM3020重型立柱回转式操作机与TIC焊接机头、周边夹紧装置组合使用的自动焊接设备，可完成直管、弯管对接内焊缝的封底焊接，并且能够完成直管段内孔立向连续堆焊。

1.工作对象

（1）内孔直径：ϕ46～ϕ800mm。

（2）接管位置：距端口不大于2m。

2.设备的主要构成

设备整体由3m×2m的操作机、十字滑板、回转装置及焊枪、定位夹具等组成。

KM3020操作机由立柱（包括提升机构、滑座部件、防坠落保险装置及配重部件）、横梁（包括齿条及横梁驱动部件）、电动回转机构等部件组成，结构形式为立柱回转式操作机。立柱及横梁采用焊接结构件，具有很好的刚性，当横梁提升高度最大、伸缩长度为最大时，其端部可承受载荷为500kg，且横梁刚性好，正常焊接时，没有抖动现象和水平方向的晃动。立柱底座为平台式，四角有调节水平的装置，以方便摆放。

焊接机头安装在横梁一端，横梁安装在滑板上，可沿滑板变速伸缩，无级可调，横臂伸缩采用齿轮齿条带动直线导轨运动，低速扭矩大。滑板安装在立柱上，可沿立柱恒速升降。升降装置设有防坠落保险装置，发生故障时，可防止横梁下坠。

垂直提升滑座用于焊接机头螺旋或移距提升，由交流伺服电动机经精密减速机驱动精密丝杠带动焊接机头组件移动，垂直滑座行程2m。

焊接机头由电动横向滑板，伺服回转机构，回转配电、水、气机构，半径伸缩滑座，TIC焊枪，送丝机构等组成。

机头焊枪具备自动找正工件圆心的功能。焊枪自动找正工件回转中心的方式为：通过焊枪在工件同一圆周上选取四点，控制系统会根据这四点的数据情况自动计算，得出四点所在圆的中心，从而使焊枪的回转中心自动对正工件的回转中心。

回转配电、水、气机构中集成了配电、配水、配气装置，可实现焊接电流最大400A，两路冷却循环水，一路保护气体，24路控制电的回转输送工作，保证焊接的N×360°的无限回转。

半径伸缩滑座由步进电动机驱动丝杠，带动滑板在直线导轨上运动，行程满足ϕ46～ϕ800mm，滑座上安装了送丝机构及焊枪。TIC焊枪与小管内壁堆焊焊枪类似，为特殊紧凑结构。

实际焊接时，工件堆焊孔为立向上摆放，必要时需要夹具工装予以定位压紧。

3.电气控制系统

设备的控制系统以PLC为控制核心，实现控制系统的逻辑控制。配以人机界面，对焊接过程和焊接参数可进行自动控制或手动控制。通过控制器及触摸屏，可预制及存储多套焊接参数（送丝速度、焊接电流、焊接速度等），焊接过程中能指示焊接电流、送丝速度、焊接速度等参数。既可以进行螺旋堆焊，也可以进行移距堆焊，在人机界面上具有相应的切换按钮。

控制系统具备停弧点记忆、恢复功能。当发生故障，停止焊接时，故障处理完成后，焊枪可自动恢复到停止位置，手动后退适当角度，即可继续完成焊接，避免出现焊接缺陷。设备具有引弧前，钨极自动接触工件，然后自动抬起一定高度，再进行高频引弧的功能。同时具备工件中心寻找定位功能和焊接时AVC跟踪控制弧高的功能。

九、管板焊机

热交换器制造中管－板焊接结构比较多，由于为承压容器，焊接要求高，又由于大型热交换器不能立位组装，所以在卧式组装的情况下，管板焊缝全部是全位置焊接形式，焊接难度大。按照管子＋管板的相对安装位置，有以下几种形式：管子伸出管板；管子与管板齐平；管子缩进管板。管子直径一般为ϕ10～ϕ60mm，壁厚为0.8～3mm。目前管板焊机分为两种形式：一种为便携式结构，工作时以平衡器进行悬挂，人工把持实施焊接；另一种为龙门十字滑板结构形式。焊接装置安装在龙门十字滑板移位机构上，无需人工把持，十字滑板移位装置会带动焊接机头移动到需要的位置实施焊接。

1.便携式管板焊机

便携式管板焊机结构紧凑，重量轻，单人可轻松操作。便携式管板焊机由定位器、焊枪单元、AVC跟踪装置、旋转驱动及回转配气、配电、配水装置、送丝系统、焊接电源及控制系统等组成。定位器为内涨式结构，完成管板内孔的定位，确定焊接回转中心，与管子内径一一对应配置；焊枪为TIG焊枪，水冷结构，配有填丝枪和角度调整机构；旋转机构采用直流电动机，光码盘计数，并设有安全离合装置避免回转时遇阻损坏传动机构；旋转配气、电、水结构为一体铸造加工成形，结构紧凑；送丝机安装在机头前端，与机头一起回转，从而避免了送丝管缠绕的问题。便携式管板焊机所配焊接电源为直流逆变脉冲TIG焊电源，具有AVC弧长控制功能；控制系统可预置焊接参数，包括焊接电流、电弧电压、焊接速度等，并能够进行焊接参数预演，显示焊接电流、电弧电压、焊接速度及机头回转位置。每焊接一圈可将焊接过程分为8段，每段可单独设定焊接参数，确保焊接成形一致。另外焊机还具有焊接参数存储、查询、打印功能及故障报警和故障显示功能。便携式管板焊为应用最广泛的形式，焊接时第一层可不填丝焊接，第二层开始填丝焊接，也可一层填丝焊接完成。

2.龙门十字滑板式管板焊机

管板焊机为三维机械移位结构形式，通过十字滑板合成平面内的任意位置，并且完成机头的伸缩定位动作。基本结构有龙门移动架、提升滑座及伸缩滑座、焊接机头、定位器、焊接电源及控制系统。龙门移动架下部设有滚轮，配有锁紧装置，到位后可轻松锁定；提升滑座和伸缩滑座由步进电动机驱动，完成机头的升降和伸缩；焊接机头与便携式管板焊类似，具有回转驱动和配水、气、电功能，可实现无限回转；定位器为锥形结构，确定焊接中心位置。管板焊接的操作界面采用触摸显示屏，人机对话界面直观，参数查找、修改、核查方便。控制核心为采用西门子PLC，至少可存储99种焊接参数，查找、调用方便，每种参数都可以即调即用或修改后使用，也可修改后再存储；具有焊接起始点记忆功能，一道管口焊接完毕后，机头自动回转，转过电流衰减机头所转过的角度和焊缝重叠角，重回至焊接起始位置，便于下一道管口的焊接；每焊一圈过程可分为八段，可分段设定脉冲基值、峰值电流大小。该形式管板焊机可用于管子管板的角焊、平焊、内隐式焊接以及深孔焊接。

3.非接触式视觉定位管板焊机

便携式和龙门移位式管板焊形式都有不同的缺点，便携式管板焊定位装置会因为管子内孔的椭圆度和尺寸偏差，导致定位器定位不准，影响焊接；龙门移位式管板焊每焊接一个管子，都要X、Y轴移动才能到达下一个焊接位置，操作比较麻烦。鉴于以上缺点，目前开发有一种非接触式视觉定位管板焊机，该焊机取消了定位器，通过机头上的视觉传感器确定要焊接管子的具体位置，并控制X、Y轴自动移动机头到预定位置开始焊接，这样就避免了因管子不圆或尺寸不准造成的定位误差。另外，新的管板焊还配有激光跟踪装置，在焊接过程中实施跟踪焊缝位置，从而减轻了对操作人员的依赖。改型管板焊机自动化程度高，但造价较贵。

第五章　无损检测概论

在一般情况下，由于密闭的容器气体受到高温后要快速膨胀产生高压，因此其工作时周围的温度对其工作性能有着非常大的影响，除此之外，一些酸、碱、盐对它的腐蚀破坏作用也会影响其安全和寿命，所以预先或定期进行检测是必要的。那么本章便针对压力容器的无损检测进行了具体的论述。

第一节　无损检测概述

无损检测（Non－Destructive Testing，NDT）就是指在不损坏试件的前提下，对试件进行检查和测试的方法。

1.无损检测概念

无损检测是指对材料或工件实施一种不损害或不影响其未来使用性能或用途的检测手段。无损检测能发现材料或工件内部和表面所存在的缺欠，能测量工件的几何特征和尺寸，能测定材料或工件的内部组成、结构、物理性能和状态等。能应用于产品设计、材料选择、加工制造、成品检验、在役检查（维修保养）等多个方面，在质量控制与降低成本之间能起优化作用。无损检测还有助于保证产品的安全运行和有效使用。无损检测的应用，可以保证产品质量、保障使用安全、改进制造工艺、降低生产成本。

2.无损检测方法分类

无损检测的分类方法很多，不同时期、不同标准使得无损检测方法的分类都有不同。按无损检测使用的检测原理可将无损检测方法分为以下几类，这也是国际标准分类法。

（1）机械－光学技术：目视光学法、光弹层法、内窥镜、应变计。

（2）射线透照技术：X线照相、γ线照相、中子射线、透射测定法。

（3）电磁－电子技术：磁粉检测、涡流检测、核磁共振、电流、微波射线。

（4）使用声－超声技术：超声脉冲回波法、超声透过法、超声共振、声冲击、声振动、声发射。

(5)使用热学技术:接触测温、热电探头、红外辐射。

(6)使用化学分析:化学点滴试验、离子散射、X射线衍射。

(7)使用成像技术:光学成像、胶片照相、荧光屏透视、超声全息照相。

目前工业中所采用的无损检测方法约有数十种,其中主要的有射线检测、超声波检测、电磁检测(包括涡流、测漏磁和磁粉检测)、声发射检测和液体渗透法等。就自动化程度而言,较好的有超声波检测、涡流检测和射线检测。常规无损检测方法有射线检测、超声波检测、磁粉检测、渗透检测和涡流检测。

3.缺陷的概念与含义

缺陷是尺寸、形状、取向、位置或性质不满足规定的验收准则的一个或多个损伤。缺欠是质量特性与预期状况的偏离。不连续是连续或结合的缺失,是材料或工件在物理结构或形状上有意或无意的中断。损伤是用无损检测可检测到的,但不一定是拒收的缺欠或不连续。

焊接缺陷是焊接接头中的不连续性、不均匀性以及其他不健全性等的欠缺,统称为焊接缺陷。焊接缺陷的存在使焊接接头的质量下降,性能变差。不同焊接产品对焊接缺陷有不同的容限标准。焊接缺陷主要包括:裂纹、孔穴、固体夹杂、未熔合及未焊透、形状和尺寸不合格(形状缺陷)及其他缺欠。

铸造缺陷是在铸造加工过程中形成的缺陷。主要有:铸件尺寸超差、表面粗糙、表面缺陷、孔洞类缺陷(气孔、缩孔、缩松)、裂纹和变形以及其他缺陷(砂眼、渣孔、冷隔、跑火)。

锻件是金属材料经过锻造加工而得到的工件或毛坯。锻件的表面缺陷主要有裂纹、疏松、折叠等,锻件内部缺陷如缩孔、白点、心部裂纹、夹杂等。

常规无损检测方法主要包括:射线检测、超声波检测、磁粉检测、渗透检测和涡流检测。

第二节　常规无损检测方法和工艺

一、常规无损检测方法和工艺

(一)射线检测

射线透照技术是指针对特定的被检对象为达到一定的技术要求而选用适当的器材、方法、参数和措施来实施射线透照,继而进行恰当的潜影处理,以得到能满足规定和要求的射线底片的一系列过程。射线透照又称射线探伤,根据射线源种类不同,可分为x射线探伤,γ射线探伤和高能射线探伤。

1.射线的产生

当高速运动的电子被阻止时，伴随着电子动能的消失和转化，能够产生X射线。为了获得X射线，必须具备以下三个条件：产生并发射自由电子，从而获得自由电子源；在真空中，沿一定方向加速自由电子，从而获得具有极高速度和动能做定向运动的打靶电子流；在高速电子流的运动路径上设置坚硬而耐热的靶，使高速运动的电子与靶相碰撞，突然受阻而骤然遏止。这样就会产生能量转换，从而获得所需要的X射线。

X射线管是X射线机的核心，它的基本结构是一个具有高真空度的二极管，由阴极、阳极和保持高真空度的玻璃外壳构成。

一些元素能自发地放出射线而发生转变，这类元素被称为放射性元素。放射性元素的放射射线分为α、β、γ射线。其中，α射线带正电，β射线带负电，γ射线是不带电的。

放射性物质的原子核，在自发地放出射线(a或γ)后，会转变成另一种元素的原子核，这种现象称为放射性衰变。

2.射线的主要性质

射线源的种类较多，放射性同位素(γ射线源)常用的有钴－60、铀－137、铱－192。X射线的主要性质：

(1)不可见，依直线传播。

(2)不带电荷，不受电场和磁场影响。

(3)能量高，具有较强的穿透能力，能够穿透像钢铁等可见光无法透过的固体材料，且穿透能力与射线波长、能量有关，与被透照材料的原子序数、密度有关。射线能量越大，波长越短，硬度越高，穿透能力越大。而被透照材料的原子序数越大，密度越大时越难穿透。

(4)与可见光一样，具有反射、干涉、绕射、折射等现象；能使被透物质产生光电子及返跳电子，引起散射。

(5)能使气体电离，能被物质吸收产生热量；能使某些物质起光化学作用，使胶片感光。

(6)能起生物效应，伤害和杀死有生命的细胞；X、γ射线具有波动性。能够产生反射、折射、偏振、干涉、衍射等现象，但与可见光有显著不同。

3.射线照相工艺特点

透照布置的基本原则是：使射线照相能更有效地检出工件中的待检缺陷。据此在具体进行透照布置前应考虑以下内容：射线源、工件、胶片的相对位置；射线中心束的方向；有效透照范围。此外，还应考虑像质计、各种标记的贴放等方面的内容。

射线透照的质量涉及的技术问题包括：射线源及能量的选择；焦距的选用；曝光量的选取和散射线的防护以及四要素的配合运用。其中，射线能量、焦距、曝光量是射线照相检验的三个基本参数。

焊缝透照常规工艺要求:射线照相应工艺的内容应符合有关法规、标准及有关设计文件和管理制度的要求。工艺条件和参数的选择首先是考虑检测工作质量,即缺陷检出率、照相灵敏度和底片质量,但检测速度、工作效率和检测成本也是必须考虑的重要因素。

(二)超声波检测

1.超声波检测方法概述

(1)按原理分类

1)脉冲反射法。超声波在传播过程中遇到异质界面而产生反射,根据反射波的情况来检测工件缺陷的方法称脉冲反射法。在实际探伤中,脉冲反射法包括缺陷回波法、底波法和多次底波法。人们均是通过分析来自异质界面声能(声压)大小的变化,导致回波,高度或者回波次数的改变,从而判断缺陷的量值。

2)穿透法。穿透法是依据脉冲波或连续波穿透试件之后的能量变化判断缺陷的状况,从而确定缺陷的量值。穿透法采用二个探头,一个作发射,一个作接收,分别在试件的两侧(或端)进行探测。

(2)按波型分类

1)直射纵波法。使用直探头发射纵波进行检测的方法称为纵波法。此法主要用于铸件、锻件、板材的检测。由于纵波直探头检测一般波形和传播方向不变,所以缺陷定位简单明了。

2)斜射横波法。将纵波通过楔块介质斜入射至试件表面,产生波形转换所得横波进行检测的方法称为横波法。焊缝检测的斜探头横波法就是这种方法的运用。此法还可用于管材检测,并可作为一种非常有效的辅助检测以发现纵波直探头法不易发现的缺陷。

(3)按探头数目分类

1)单探头法。采用一个探头既作发射又作接收超声波的方法称为单探头法。由于此法能检出大多数缺陷,操作简单,所以是目前最常用的方法。单探头法对于与波束轴线相垂直的缺陷,检测效果最佳。而对于与波形轴线倾斜的缺陷,可能只收到部分回波或回波全反射。导致该缺陷无法被检测出。

2)多探头法。超声波检测时,在试件上放置两个以上的探头,并且往往成对组合进行检测的方法,称为多探头法。多探头法可进行手动检测,而更多的是与多通道仪器和自动扫描装置配合使用。

(4)按探头接触方式分类

1)接触法。在检测时,将探头通过薄层液态耦合剂直接与试件相接触的方法称为接触法。这种方法操作简单,检出灵敏度较高,是在实际检测中用得最多的方法。

由于探头与试件接触，所以对试件表面质量要求较高。

2)液浸法。对于形状规则及批量性的试件宜采用液浸法检测，可实现检测自动化，大大提高了检测速度。液浸法就是探头与检测面之间有一层液体(通常是水)导声层，根据工件和探头浸没形式，可分为全没液浸法、局部液浸法两种。液浸法最适宜于检测大批量的板材、管材以及表面较粗糙的试件。

(5)按显示方式分类。超声波检测按对缺陷显示方式可分成A型、B型和C型显示。

2.超声波检测通用技术

(1)探伤仪的调节

1)扫描速度的调节：仪器示波屏上时基扫描线的水平刻度值τ与实际声程x(单程)的比例关系为τ:x=1:n，此比例称为扫描速度或时基扫描比例。

2)探伤灵敏度的调节：探伤灵敏度是指在确定的声程范围内发现规定大小缺陷的能力，一般根据产品技术要求或有关标准来确定。可通过调节仪器上的[增益][衰减器][发射强度]等灵敏度旋钮来实现。调整探伤灵敏度的目的在于发现工件中规定大小的缺陷，并对缺陷定量。探伤灵敏度太高或太低都对检测不利。灵敏度太高，示波屏上杂波多，判伤困难。灵敏度太低，容易引起漏检。调整探伤灵敏度的常用方法有试块调整法和工件底波调整法两种。

(2)缺陷位置的测定超声波检测中缺陷位置的测定是确定缺陷在工件中的位置，简称定位。一般可根据示波屏上缺陷波的水平刻度值与扫描速度来对缺陷定位。

(3)缺陷反射当量或长度尺寸的测定

1)当量法。当量法用于缺陷尺寸小于声束截面的情况，采用当量法确定的缺陷尺寸是缺陷的当量尺寸。常用的当量法有当量试块比较法、当量计算法和当量AVG曲线法。

2)测长法。当工件中缺陷尺寸大于声束截面时，一般采用测长法来确定缺陷的长度。测长法是根据缺陷波高与探头移动距离来确定缺陷的尺寸。按规定的方法测定的缺陷长度称为缺陷的指示长度。由于实际工件中缺陷的取向、性质、表面状态等都会影响缺陷回波高，因此缺陷的指示长度总是小于或等于缺陷的实际长度。根据测定缺陷长度时的灵敏度基准不同将测长法分为相对灵敏度法、绝对灵敏度法和端点峰值法。

(三)磁粉检测

1.磁粉检测原理

铁磁性材料在磁场中被磁化时，材料表面或近表面由于存在的不连续或缺陷会使磁导率发生变化，即磁阻增大，使得磁路中的磁力线(磁通)相应发生畸变，在不连续或缺陷根部磁力线受到挤压，除了一部分磁力线直接穿越缺陷或在材料内部绕过缺陷外，还有一部分磁力线会离开材料表面，通过空气绕过缺陷再重新进入材料，从而在材料表面的缺陷处形成漏磁场。当采用微细的磁性介质（磁粉）铺撒在材料表面时，这些磁粉会被漏磁场吸附聚集形成在适合光照下目视可见的磁痕，从而显示出不连续的位置、形状和大小，磁粉检测的物理基础是漏磁场。

2.磁粉检测方法的分类（见表5—1）

根据所产生磁场的方向，一般将磁化方法分为周向磁化、纵向磁化和多向磁化。所谓的周向和纵向，是相对被检工件上的磁场方向而言的。

表5-1磁粉检测方法的分类

分类方法	分类内容
按磁化方向分	纵向磁化法（线圈法、磁轭法）；周向磁化法（轴向通电法、触头法、中心导体法、平行电缆法）；旋转磁场法；综合磁化法
按磁化电流分	交流磁化法；直流磁化法；脉动电流磁化法；冲击电流磁化法
按施加磁粉的磁化时期分	连续法；剩磁法
按磁粉种类分	荧光磁粉；非荧光磁粉
按磁粉施加方法分	干法；湿法
按移动方式分	携带式；移动式；固定式

（1）周向磁化

周向磁化是指给工件直接通电，或者使电流流过贯穿空心工件孔中导体，旨在工件中建立一个环绕工件的并与工件轴垂直的周向闭合磁场，用于发现与工件轴平行的纵向缺陷，即与电流方向平行的缺陷。轴通电法、芯棒通电法、支杆法、芯电缆法均可产生周向磁场，对工件进行周向磁化。芯棒通电法与芯电缆法原理是相同的，但是芯电缆法用于无专用通电设备的现场检测较多。

（2）纵向磁化

纵向磁化是指将电流通过环绕工件的线圈，使工件沿纵长方向磁化的方法，工件中的磁力线平行于线圈的中心轴线。用于发现与工件轴垂直的周向缺陷。利用电磁轭和永久磁铁磁化，使磁力线平行于工件纵轴的磁化方法也属于纵向磁化。

（3）复合磁化

复合磁化是指通过多向磁化，在工件中产生一个大小和方向随时间呈圆形、椭圆形或螺旋形变化的磁场。因为磁场的方向在工件中不断变化着，所以可发现工件上所有方向的缺陷。

3.磁粉检测适用范围

磁粉检测适用于检测铁磁性材料表面和近表面尺寸很小，间隙极窄（如可检测出长0.1mm、宽为微米级的裂纹），目视难以看得出不连续性。

磁粉检测能够发现焊接结构中母材或焊缝表面、近表面的裂纹、夹杂、发纹、折叠、根部未焊透、根部未熔合等面积性缺陷，而对表面浅的划伤、埋藏较深的气孔、夹渣和与工件表面夹角小于20°的分层及折叠不甚敏感。磁粉检测具有局限性，只能对铁、钴、镍这几种铁磁性材料形成的工件进行磁粉检测，但不能检测非铁磁性材料、奥氏体不锈钢工件和奥氏体不锈钢焊条所形成的焊缝，但马氏体不锈钢及铁素体不锈钢具有磁性，因此可以进行磁粉检测。

（四）渗透检测

1.渗透检测原理

渗透检测是一种以毛细作用原理为基础的检查表面开口缺陷的无损检测方法。研究表明：渗透检测对表面点状和线状缺陷的检出概率高于磁粉检测，是一种最有效、最直观的表面检查方法。

渗透检测工作原理：渗透剂在毛细作用下，渗入表面开口缺陷内，在去除工件表面多余的渗透剂后，通过显像剂的毛细作用将缺陷内的渗透剂吸附到工件表面，形成痕迹而显示缺陷的存在，这种无损检测方法称为渗透检测。

2.渗透检测的分类

（1）根据渗透剂所含染料成分分类：荧光渗透检测、着色渗透检测、荧光着色渗透检测。

（2）根据渗透剂去除方法分类：水洗型、亲油型后乳化型、溶剂去除型、亲水型后乳化型。

（3）根据显像剂类型分类：干粉显像剂、水溶解显像剂、水悬浮显像剂、溶剂悬浮显像剂、自显像。

（4）根据渗透检测灵敏度分类：低级、中级、高级、超高级。

3.渗透检测工艺

根据不同类型的渗透剂、不同的表面多余渗透剂的去除方法和不同的显像方式，可以组合成多种不同的渗透检测方法。尽管这些方法存在若干差异，但其渗透检测工艺过程至少包括以下六个基本程序：

（1）表面准备。检测前试件表面的预处理及预清洗。

（2）渗透。渗透剂的施加及滴落。

（3）去除。多余渗透剂的去除。

（4）干燥。自然干燥、吹干、烘干。

（5）显像。显像剂的施加。

（6）观察和评定。观察和评定显示的痕迹。

4.渗透检测方法选用

（1）渗透检测方法的选择原则

渗透检测方法的选择，首先应满足检测缺陷类型和灵敏度的要求，在此基础上，可根据被检工件表面粗糙度，检测工作量大小，检测现场的水源、电源等条件来决定。此外，还要考虑经济性，应选用相容性高而又价廉的渗透检测系统。

(2)具体渗透检测方法选择参考

1)疲劳裂纹、磨削裂纹或其他微细裂纹的检测，宜选用后乳化型荧光。

2)大零件的局部检测，应选用溶剂去除型荧光或着色。

3)表面光洁度好的零件，宜选用后乳化型荧光。

4)表面粗糙值大的零件的检查，宜选用水洗型荧光或着色。

5)着色渗透检测剂系统不适用于干粉显像剂和水溶解湿式显像剂。

(五)涡流检测

1.涡流检测原理

涡流检测是建立在电磁感应原理基础之上的一种无损检测方法，它适用于导电材料的检测。如果把一块导体置于交变磁场之中，在导体中就有感应电流存在，即产生涡流。由于导体自身各种因素(如电导率、磁导率、形状、尺寸和缺陷等)的变化，会导致感应电流的变化，利用这种现象而判定导体性质、状态的检测方法，叫作涡流检测。

涡流检测是把导体接近通有交流电的线圈，由线圈建立交变磁场，该交变磁场通过导体，并与之发生电磁感应作用，在导体内建立涡流。导体中的涡流也会产生自己的磁场，涡流磁场的作用改变了原磁场的强弱，进而导致线圈电压和阻抗的改变。当导体表面或近表面出现缺陷时，将影响到涡流的强度和分布，涡流的变化又引起了检测线圈电压和阻抗的变化，根据这一变化，就可以间接地知道导体内缺陷的存在。

2.检测线圈及其分类

在涡流检测中，是靠检测线圈来建立交变磁场，把能量传递给被检导体；同时又通过涡流所建立的交变磁场来获得被检测导体中的质量信息。所以说，检测线圈是一种换能器。

检测线圈的形状、尺寸和技术参数对于最终检测结果是至关重要的。在涡流检测中，往往是根据被检试件的形状、尺寸、材质和质量要求(检测标准)等来选定检测线圈的种类。常用的检测线圈有三类，它们的应用范围见表5－2。

表5-2检测线圈的种类及应用范围

	检测对象	应用范围
穿过式线圈	管、棒，线	在线检测
内插式线圈	管内壁钻孔	在役检测
探头式线圈	板、坯、棒、管、机械零件	材质和加工工艺检查

(1)穿过式线圈

穿过式线圈是将被检试样放在线圈内进行检测的线圈，适用于管、棒、线材的检测。由于线圈产生的磁场首先作用在试样外壁，因此检出外壁缺陷的效果较好，内壁缺陷的检测是利用磁场的渗透来进行的。一般说来，内壁缺陷检测灵敏度比外壁低。厚壁管材的内壁缺陷是不能使用外穿过式线圈来检测的。

（2）内插式线圈

内插式线圈是放在管子内部进行检测的线圈，专门用来检查厚壁管子内壁或钻孔内壁的缺陷，也用来检查成套设备中管子的质量，如热交换器管的在役检验。

（3）探头式线圈

探头式线圈是放置在试样表面上进行检测的线圈，它不仅适用于形状简单的板制、板坯、方坯、圆坯、棒材及大直径管材的表面扫描检测，也适用于形状较复杂的机械零件的检查。与穿过式线圈相比，由于探头式线圈的体积小、磁场作用范围小，所以适于检出尺寸较小的表面缺陷。

检测线圈的电气连接也不尽相同，有的检测线圈使用一个绕组，既起激励作用又起检测作用，称为自感方式；有的则激励绕组与检测绕组分别绕制，称为互感方式；有的线圈本身就是电路的一个组成部分，称为参数型线圈。

3.涡流检测的应用范围

因为涡流检测方法是以电磁感应为基础的检测方法，所以从原则上说，所有与电磁感应有关的影响因素，都可以作为涡流检测方法的检测对象。下面列出的就是影响电磁感应的因素及可能作为涡流检测的应用对象。

（1）不连续性缺陷：裂纹、夹杂物、材质不均匀等。

（2）电导率：化学成分、硬度、应力、温度、热处理状态等。

（3）磁导率：铁磁性材料的热处理、化学成分、应力、温度等。

（4）试件几何尺寸：形状、大小、膜厚等。

（5）被检件与检测线圈间的距离（提高间隙）、覆盖层厚度等。

4.涡流检测的特点

（1）涡流检测的优点

1）对于金属管、棒、线材的检测，不需要接触，也无须耦合介质，所以检测速度高，易于实现自动化检测，特别适合在线普检。

2）对于表面缺陷的探测灵敏度很高，且在一定范围内具有良好的线性指示，可对大小不同缺陷进行评价，所以可以用作质量管理与控制。

3）影响涡流的因素很多，如裂纹、材质、尺寸、形状、电导率和磁导率等。采用特定的电路进行处理，可筛选出某一因素而抑制其他因素，由此有可能对上述某一单独影响因素进行有效的检测。

4）由于检查时不需接触工件又不用耦合介质，所以可进行高温下的检测。由于探头可伸入到远处作业，所以可对工件的狭窄区域及深孔壁（包括管壁）等进行检测。

5)由于是采用电信号显示,所以可存储、再现及进行数据比较和处理。

(2)涡流检测的缺点

1)涡流检测的对象必须是导电材料,且由于电磁感应的原因,只适用于检测金属表面缺陷,不适用于检测金属材料深层的内部缺陷。

2)金属表面感应的涡流渗透深度随频率而异,激励频率高时金属表面涡流密度大,随着激励频率的降低,涡流渗透深度增加,但表面涡流密度下降,所以检测深度与表面伤检测灵敏度是相互矛盾的,很难两全。当对一种材料进行涡流检测时,需要根据材质、表面状态、检验标准做综合考虑,然后再确定检测方案与技术参数。

3)采用穿过式线圈进行涡流检测时,线圈覆盖的是管、棒或线材上一段长度的圆周,获得的信息是整个圆环上影响因素的累积结果,对缺陷所处圆周上的具体位置无法判定。

4)旋转探头式涡流检测方法可准确探出缺陷位置,灵敏度和分辨率也很高,但检测区域狭小,在检验材料需做全面扫查时,检验速度较慢。

5)涡流检测至今还是处于当量比较检测阶段,对缺陷做出准确的定性定量判断尚待开发。

二、无损检测方法的应用要求

(一)无损检测应用特点

无损检测应与破坏性检测相结合:无损检测的最大特点是在不损伤材料和工件结构的前提下检测,具有一般检测所无可比拟的优越性。但是无损检测不能代替破坏性检测,也就是说承压设备进行评价时,应将无损检测结果与破坏性检测结果(如爆破试验等)进行对比和验证,才能做出准确地判断。

正确选用无损检测的实施时机:在进行承压设备无损检测时,应根据检测目的,结合设备工况、材质和制造工艺的特点,正确选用无损检测实施时间。

正确选用最适当的无损检测方法:对于承压设备进行无损检测时,由于各种检测方法都具有一定的特点,为提高检测结果的可靠性,应根据设备的材质、制造方法、工作介质、使用条件和失效模式,预计可能产生的缺陷种类、形状、部位和取向,选择最合适的无损检测方法。

综合应用各种无损检测方法:任何一种无损检测方法都不是万能的,每种方法都有自己的优点和缺点。因此,应尽可能多采用几种检测方法,互相取长补短,取得更多的缺陷信息,从而对实际情况有更清晰地了解,以保证承压设备的安全长周期运行。

此外在工件或产品无损检测时,还应充分认识到,无损检测的目的不是片面追求过高要求的“高质量”,而是应在充分保证安全性的前提下,着重考虑其经济性。只有这样，无损检测在承压设备上的应用才能达到预期的目的。

无损检测选用原则，每种NDT方法均有其适用性和局限性，各种方法对缺陷的检测概率既不会是100%，也不会完全相同。

（二）常规无损检测方法的适用性和局限性

射线检测和超声波检测可检测出被检工件内部和表面的缺陷；涡流检测和磁粉检测可检测出被检工件表面和近表面的缺陷；渗透检测仅可检测出被检工件表面开口的缺陷。射线照相检测适用于检测被检工件内部的体积型缺陷，如气孔、夹渣、缩孔、疏松等；超声波检测较适用于检测被检工件内部的面积型缺陷，如裂纹、白点、分层和焊缝中的未熔合等。射线检测常被用于检测金属铸件和焊缝，超声波检测常被用于检测金属锻件、型材、焊缝和某些金属铸件。

1.射线检测

（1）适用性

能检测出焊缝中的未焊透、气孔、夹渣等缺陷；能检测出铸件中的缩孔、夹渣、气孔、疏松、裂纹等缺陷；能检测出形成局部厚度差或局部密度差的缺陷；能确定缺陷的平面投影位置和大小，以及缺陷的种类。射线照相检测的透照厚度，主要由射线能量决定。对于钢铁材料，射线能量为400kV的x射线的透照厚度可达85mm左右，钴60γ射线的透照厚度可达200mm左右，9MeV高能X射线的透照厚度可达400mm左右。

（2）局限性

较难检测出锻件和型材中的缺陷；较难检测出焊缝中的细小裂纹和未熔合；不能检测出垂直射线照射方向的薄层缺陷；不能确定缺陷的埋藏深度和平行于射线方向的尺寸。

2.超声波检测

（1）适用性

能检测出锻件中的裂纹、白点、夹杂等缺陷，用直射技术可检测内部缺陷或与表面平行的缺陷。用斜射技术（包括表面波技术）可检测与表面不平行的缺陷或表面缺陷；能检测出焊缝中的裂纹、未焊透、未熔合、夹渣、气孔等缺陷，通常采用斜射技术：能检测出型材（包括板材、管材、棒材及其他型材）中的裂纹、折叠、分层、片状夹渣等缺陷，通常采用液浸技术，对管材或棒材也采用聚焦斜射技术；能检测出铸件（如形状简单、表面平整或经过加工整修的铸钢件或球墨铸铁）中的裂纹、疏松、夹渣、缩孔等缺陷；能测定缺陷的埋藏深度和自身高度。

（2）局限性

较难检测出粗晶材料（如奥氏体钢的铸件和焊缝）中的缺陷，较难检测出形状复杂或表面粗糙的工件中的缺陷，较难判定缺陷的性质。

3.涡流检测

(1)适用性

能检测出导电材料(包括铁磁性和非铁磁性金属材料、石墨等)的表面和近表面存在的裂纹、折叠、凹坑、夹杂、疏松等缺陷;能测定缺陷的坐标位置和相对尺寸。

(2)局限性不适用于非导电材料,不能检测出导电材料中远离检测面的内部缺陷,较难检测出形状复杂的工件表面或近表面缺陷,难以判定缺陷的性质。

4.磁粉检测

(1)适用性

能检测出铁磁性材料(包括锻件、铸件、焊缝、型材等各种工件)的表面和近表面存在的裂纹、折叠、夹层、夹杂、气孔等缺陷;能确定缺陷在被检工件表面的位置、大小和形状。

(2)局限性

不适用于非铁磁性材料,如奥氏体钢、铜、铝等材料,不能检测出铁磁性材料中远离检测面的内部缺陷,难以确定缺欠的深度。

5.渗透检测

(1)适用性

能检测出金属材料和致密性非金属材料的表面开口的裂纹、折叠、疏松、针孔等缺陷;能确定缺陷在被检工件表面的位置、大小和形状。

(2)局限性

不适用于疏松的多孔性材料,不能检测出表面未开口的内部和表面缺陷,难以确定缺陷的深度。

(三)常规无损检测方法的选用原则

应根据受检设备的材质、结构、制造方法、工作介质、使用条件和失效模式,预计可能产生的缺陷种类、形状、部位和方向,选择适宜的无损检测方法。射线和超声波检测主要用于承压设备的内部缺陷的检测;磁粉检测主要用于铁磁性材料制承压设备的表面和近表面缺陷的检测;渗透检测主要用于金属材料和非金属材料制承压设备的表面开口缺陷的检测;涡流检测主要用于导电金属材料制承压设备表面和近表面缺陷的检测。铁磁性材料制作的设备和零部件,应优先采用磁粉检测方法检测表面或近表面缺陷,确因结构形状等原因不能采用磁粉检测时,方可采用渗透检测。

当采用两种或两种以上的检测方法对承压设备的同一部位进行检测时,应按各自的方法评定级别。采用同种检测方法按不同检测工艺进行检测时,如果检测结果不一致,应以危险度大的评定级别为准。

射线检测能确定缺陷平面投影的位置、大小,可获得缺陷平面图像并能据此判定缺陷的性质。射线检测适用于金属材料板和管的熔焊对接焊接接头的检测,用于制作对接焊接接头的金属材料包括碳素钢、低合金钢、不锈钢、铜及铜合金、铝,及铝合金、钛及钛合金、镍及镍合金。射线检测不适用于锻件、管材、棒材的检测。T型焊接接头、角焊缝以及堆焊层的检测一般也不采用射线检测。射线检测的穿透厚度，主要由射线能量确定。通常认为γ射线透照的固有不清晰度要比采用X射线大得多，因此对重要承压设备对接焊接接头应尽量采用X射线源进行透照检测。确因厚度、几何尺寸或工作场地所限无法采用X射线源时，也可采用γ射线源进行射线透照。当应用γ射线照相时，宜采用高梯度噪声比（T1或T2）胶片；当应用高能X射线照相时，应采用高梯度噪声比的胶片；对于$R_m \geqslant 540MPa$的高强度材料对接焊接接头射线检测，也应采用高梯度噪声比的胶片。

超声波检测通常能确定缺陷的位置和相对尺寸。超声波检测适用于板材、复合板材、碳钢和低合金钢锻件、管材、棒材、奥氏体不锈钢锻件等承压设备原材料和零部件的检测；也适用于承压设备对接焊接接头、T型焊接接头、角焊缝以及堆焊层等的检测。

磁粉检测通常能确定表面和近表面缺陷的位置、大小和形状。磁粉检测适用于铁磁性材料制板材、复合板材、管材以及锻件等表面和近表面缺陷的检测；也适用于铁磁性材料对接焊接接头、T型焊接接头以及角焊缝等表面和近表面缺陷的检测。磁粉检测不适用非铁磁性材料的检测。

渗透检测通常能确定表面开口缺陷的位置、尺寸和形状。渗透检测适用于金属材料和非金属材料板材、复合板材、锻件、管材和焊接接头表面开口缺陷的检测。渗透检测不适用多孔性材料的检测。

涡流检测通常能确定表面及近表面缺陷的位置和相对尺寸。涡流检测适用于导电金属材料和焊接接头表面和近表面缺陷的检测。

（四）无损检测方法的工艺要求

无损检测可以检测并发现缺陷，但无损检测标准性很强，不同的方法、不同的标准可能会得出不同的检测结论。因此，无损检测工作必须有严格的工艺规程、严格的执行纪律、严格的工作见证记录。应用无损检测，应满足无损检测委托书或无损检测任务书的要求。无损检测委托书或任务书中，应明确指定现成和适用的无损检测标准。若没有现成和适用的无损检测标准，可通过协商方式确定或临时制定经合同双方认可的专用技术文件，以弥补无标准之用。

无损检测文件和记录通常包括：委托书或任务书、执行标准、工艺规程、操作指导书（或工艺卡）、记录、报告、人员资格证书、其他与无损检测有关的文件。

无损检测工作事先应编制无损检测工艺规程。无损检测工艺规程应依据无损检测委托书或无损检测任务书的内容和要求以及相应的无损检测标准的内容和要求进行编制，其内容应至少包括：无损检测工艺规程的名称和编号，编制无损检测工艺规程所依据的相关文件的名称和编号，无损检测工艺规程所适用的被检材料或工件的范围、验收准则、验收等级或等效的技术要求，实施本工艺规程的无损检测人员资格要求，何时何处采用何种无损检测方法，何时何处采用何种无损检测技术，实施本工艺规程所需要的无损检测设备和器材的名称、型号和制造商，实施本工艺规程所需要的无损检测设备（或仪器）校准方法（或系统性能验证方法）和要求的缩写依据和要求，被检部位及无损检测前的表面准备要求，无损检测标记和无损检测记录要求，无损检测后处理要求，无损检测显示的观察条件，观察和解释的要求，无损检测报告的要求，无损检测工艺规程编制者的签名、无损检测工艺规程审核者的签名、无损检测工艺规程批准者的签名。必要时，可增加雇主或责任单位负责人的签名或委托单位负责人的签名，也可增加第三方监督或监理单位负责人的签名。

无损检测操作指导书应依据无损检测工艺规程（或相关文件）的内容和要求进行编制，其内容应至少包括：无损检测操作指导书的名称和编号，编制无损检测操作指导书所依据的无损检测工艺规程（或相关文件）的名称和编号，（一个或多个相同的）被检材料或工件的名称、产品号，被检部位以及无损检测前的表面准备，无损检测人员的要求及其持证的无损检测方法和等级，指定的无损检测设备和器材的名称、规格、型号以及仪器校准或系统性能验证方法和要求（如检测灵敏度），所采用的无损检测方法和技术、操作步骤及检测参数，对无损检测显示的观察（包括观察条件）和记录的规定和注意事项，操作指导书编制者、审核者、批准者的签名。必要时，可增加雇主或责任单位负责人的签名或委托单位负责人的签名，也可增加第三方监督或监理单位负责人的签名。

应按无损检测操作指导书要求进行检测并做相应记录。检测和记录的人员应持有相应无损检测方法相应级别的证书，该人员应在每份无损检测记录上签名并对记录的真实性承担责任。

无损检测报告的内容应包含无损检测委托书或无损检测任务书的要求。

第六章　焊接试件性能检验

在焊接试件选择的过程中，自然是其性能为主要参考依据的，但如何对焊接试件性能有一个详细的了解和挑选，则需要对焊接试件的性能进行检验，这也是本章要讲述的重点内容。

第一节　试件制备

制备产品试件的目的：是通过检验试件焊接接头的力学性能来考核产品焊接接头的力学性能是否合格。

制备产品焊接试件的主要要求是试件对产品焊接接头的代表性。

1.常用标准需制备产品焊接试件的条件。

（1）制备产品焊接试件的条件

1）碳钢、低合金钢制低温压力容器

2）材料标准抗拉强度下限值大于或者等于540Mpa的低合金钢制压力容器。

3）需经过热处理改善或者恢复力学性能的钢制压力容器

4）设计图样注明盛装毒性为极度或者高度危害介质的压力容器。

5）设计图样或相关标准要求制造产品焊接试件的压力容器。

（2）制备产品焊接试件的条件（满足其一需按台制备产品焊接试件）。

1）钢材厚度大于20mm的15MnVR，15MnNbR。

2）钢材标准抗拉强度下限值＞540Mpa，6～8mm1 5MnVR除外。

3）Cr－Mo低合金钢

4）当设计温度小于－10℃时，钢材厚度大于12mm的Q245R；钢材厚度大于20mm的Q345R。

5）当设计温度小于0℃，大于等于－10℃时，钢材厚度大于25mm的Q245R；钢材厚度大于38mm的Q345R。

6）制作容器的钢板凡需经热处理以达到设计要求的材料力学性能指标者；

7）图样注明盛装毒性为极度危害或高度危害介质的容器。

凡符合以下条件之一的、有A类纵向焊接接头的容器，应逐台制备产品焊接试件：盛装毒性为极度或高度危害介质的容器；材料标准抗拉强度Rm2540MPa的低合金钢制容器；低温压力容器；制造过程中，通过热处理改善或者恢复材料性能的钢制容器；设计文件要求制备产品焊接试件的容器。

2.产品焊接试件数量要求

每台压力容器制备产品焊接试件的数量，根据压力容器的材料、厚度、结构、焊接工艺及设计图样及相关标准要求确定。

(1)纵向焊接接头产品焊接试件数量

1)一台设备，如果壳体为多种材料，应按照每种材料分别制备产品焊接试件。

2)一台设备，如果材料相同，壳体厚度不同(如塔器、换热器)，虽然采用相同的焊接工艺，但不能覆盖的，需按照不同厚度制备产品焊接试件。(由容器工艺员与焊接工艺员商定)。

3)一台设备，如果材料相同，厚度相同，热处理状态相同，采用的焊接方法不同，应按照不同焊接方法分别制备产品焊接试件。

4)一台设备，材料相同，厚度相同，焊接方法相同，而热处理状态不同，应分别按照不同的热处理状态制造产品焊接试件。

5)多台(多个位号)重叠设备(如换热器、塔器)，需按每个位号的材料、厚度、结构、焊接工艺等分别制备产品焊接试件。

6)按照设计图样或相关标准要求的数量制作产品焊接试件。

7)多层包扎压力容器产品焊接试件应包括内筒焊接试件和层板焊接试件各一组。

8)低温压力容器逐台制作产品焊接试件。

(2)B类焊接接头鉴证环

对于B类焊接接头鉴证环，目前我们常用标准对于需制备的数量没有做要求，除非图样有规定，如果设计图纸没有数量要求，根据A类焊接接头试板制备要求制备B类焊接接头鉴证环，大概归纳几类：换热器类；单层容器。

(3)按设计要求或工程标准要求的数量制备接管与壳体产品焊接试件。(目前压力容器制造相关标准对此类焊接接头试件没有要求)

3.产品焊接试件的制备要求

(1)纵向焊接接头产品焊接试件制备要求

1)产品焊接试件应当在筒体纵向焊缝的延长部位与筒体同时施焊(球形压力容器和锻焊压力容器除外)。

2)试件的原材料必须是合格，并且与压力容器用材具有相同标准、相同牌号、相同厚度和相同热处理状态。

3)试件应当由施焊该压力容器的焊工采用与施焊压力容器相同的条件、相同的焊接工艺进行施焊。

4)应选择使产品焊接接头试件力学性能较低的实际焊接工艺(含焊后热处理)制备产品焊接试件。这样更具有真实性和代表性。

5)设备需进行热处理的,试件般应当随压力容器一起热处理,否则应当采取措施保证试件按照与压力容器相同的工艺进行热处理。

6)试件应有施焊记录;试件应进行100%RT检测。

(2)B类焊接接头鉴证环制备要求。

1)鉴证环应在所代表的元件焊接过程中施焊。

2)由于鉴证环无法与壳体环焊缝同时施焊,一般情况下,鉴证环单独焊接,但需与所代表的产品采用相同的焊接工艺,如设备需热处理,鉴证环也需与设备同炉热处理。

3)当鉴证环为异种钢焊接时,力学性能应满足性能低的材料要求。

4.产品焊接试件需检查项目及要求

(1)原则

1)试样的种类、数量、截取与制备按照设计图样和相关标准的规定。

2)力学性能检验的试验方法、试验温度、合格指标及其复验要求按照设计图样和相关标准的规定。(复验针对不合格项目在原试件上取样复验)

3)当试件被判为不合格时,按照相关标准的规定处理。

(2)常规检验项目及要求:

1)拉伸试验(一组)——检验焊缝金属和热影响区抗拉强度、(T>16mm全焊缝金属的抗拉强度只检测焊缝处)、断后伸长率(针对全焊缝金属抗拉强度,原来标准JB/T4744只要求抗拉强度),验收标准按照试件钢材标准或设计图样要求。

2)冲击试验——检验焊缝区及热影响区处冲击韧性,如设计图样或工程标准要求整个焊接接头均进行冲击试验,那么就应包括:焊缝、母材、热影响区。热影响区是焊接接头的最薄弱部分,所以新标准强度了热影响区的冲击要求。

3)弯曲试验——按照标准要求制备弯曲试件,弯曲试验的受拉面应包括焊缝金属和热影响区。当试件焊缝两侧的母材之间或焊缝金属与母材之间的弯曲性能有差别时,可改用纵向弯曲试验代替横向弯曲试验。

对轧制法、爆炸轧制法、爆炸生产的复合金属材料,侧弯试

样复合界面未结合缺陷引起的分层、裂纹,允许重新取样试验。

(3)特殊检验要求

1)H_2S应力腐蚀环境的焊接接头(包括焊缝、热影响区及母材)应进行硬度检测。试件上的硬度检测应在横截面上测定,一般距表面1.5mm处。

2)晶腐试验:包括焊接接头和母材晶腐试验。

3)2.25Cr－1Mo、2.25Cr－1 Mo－V、2.25Cr－1Mo－0.5V、3Cr－1Mo等抗氢钢材料,还应增加阶梯冷却试验(即步冷试验)要求,(模拟最大热处理部分和阶梯冷却试验用试件单独进行热处理)。

4)金相组织检测应在产品试板上切取试件。

第二节　对接焊缝试件和试样的检验

1.拉伸试验

(1)取样和加工要求

1)拉伸试样应包括试件上每一种焊接方法(或焊接工艺)的焊缝金属和热影响区。

2)试样的焊缝余高应以机械方法去除,使之与母材齐平。

3)厚度小于或等于30mm的试件,采用全厚度试样进行试验。试样厚度应等于或接近试件母材厚度T。

4)当试验机受能力限制不能进行全厚度的拉伸试验时,则可将试件在厚度方向上均匀分层取样,等分后制取试样厚度应接近试验机所能试验的最大厚度。等分后的两片或多片试样试验代替一个全厚度试样的试验。

(2)试样形式

1)紧凑型板接头带肩板形试样适用于所有厚度板材的对接焊缝试件。

2)紧凑型管接头带肩板形拉伸试样形式I适用于外径大于76mm的所有壁厚管材对接焊缝试件。

3)紧凑型管接头带肩板形拉伸试样形式II适用于外径小于或等于76mm的管材对接焊缝试件。

4)管接头全截面试样适用于外径小于或等于76mm的管材对接焊缝试件。

(3)试验方法

1)试样母材为两种钢号时,每个(片)试样的抗拉强度应不低于两种钢号标准规定最低值的较小值。

2)若规定使用室温抗拉强度低于母材的焊缝金属,其每个(片)试样的抗拉强度应不低于焊缝金属规定的抗拉强度最低值。

3)同一厚度方向上的两片或多片试样拉伸试验结果平均值应符合上述要求,且单试样如果断在焊缝或熔合线以外的母材上,其最低值不得低于母材钢号标准规定值下限的95%(碳素钢)或97%(低合金钢和高合金钢)。

2.弯曲试验

(1)试验要求

弯曲试样的受拉面应包括每一种焊接方法(或焊接工艺)的焊缝金属和热影响区。

(2)试样的形式和加工

试样的焊缝余高应采用冷加工方法去除,面弯、背弯试样的拉伸表面应齐平,试样受拉伸表面不应有划痕和损伤。

(3)试验方法

1)试样的焊缝中心应对准弯心轴线。侧弯试验时,若试样表面存在缺陷,则以缺陷较严重一侧作为拉伸面。

2)弯曲角度应以试样承受载荷时测量为准。

3)当断后伸长率A标准规定值下限小于20%的母材,若按规定的弯曲试验不合格而其实测值 $8<20\%$,则允许加大弯心直径重新进行试验,此时弯心直径等于 $S(200-\delta)/2\delta$(δ为断后伸长率的规定值下限乘以100),支座间距离弯心直径加上 $(2S+3)$mm。

4)横向弯曲试验时,焊缝金属和热影响区应完全位于试样的弯曲部分内。

(4)合格指标

试样弯曲到规定的角度后,其拉伸面上的焊缝和热影响区内,沿任何方向不得有单条长度大于3mm的开口缺陷,试样的棱角开口缺陷不计,但由于未熔合、夹渣或其他内部缺欠引起的棱角开口缺陷长度应计入。

若采用两片或多片试样时,每片试样都应符合上述要求。

3.冲击试验

(1)试验要求

对每种焊接方法(或焊接工艺)的焊缝区和热影响区都要经受夏比V形冲击缺口冲击试验。

(2)试样

1)试样取向:试样纵轴应垂直于焊缝轴线,夏比V形冲击缺口轴线垂直于母材表面。

2)缺口位置:焊缝区试样的缺口轴线应位于焊缝中心线上。热影响区试样的缺口轴线至试样轴线与熔合线交点的距离k大于零,且应尽可能多的通过热影响区。

(3)合格指标

1)冲击试验温度:当没有规定时,试验温度不高于试件母材的最低试验温度。

2)钢质焊接接头每个区3个标准试样为一组的冲击吸收功平均值应不低于母材标准规定的下限值,至多允许有1个试样的冲击吸收功低于规定值,但不低于规定值的70%。铬镍奥氏体钢试样还应提供侧向膨胀量。

3)含镁量超过3%的铝镁合金焊接接头,其焊缝区3个标准试样为一组的冲击吸收功平均值应不低于母材标准规定的下限值,且不得小于20J,至多允许有1个试样的冲击吸收功低于规定值,但不低于规定值的70%。

4)宽度为7.5mm或5mm的小尺寸冲击试样的冲击功指标,分别为标准试样冲击功指标的75%或50%。

4.复验

(1)力学性能检验有某项目不合格时,允许从原试件上对不合格项目取样复验。

1)复验项目分为拉伸试验、面弯试验、背弯试验、侧弯试验、焊缝区冲击试验和热影响区冲击试验。

2)拉伸试验和弯曲试验的复验试样数量为原数量的2倍。

3)冲击试验的复验试样数量为一组3个。

(2)试样、试验方法和合格指标

1)复验试样的切取位置、试样制备、试验方法仍然遵守前面的规定。

2)拉伸试验和弯曲试验的合格指标仍按原规定,复验试样全部合格,才认为复验合格。

3)冲击试样的合格指标为前后两组6个试样的冲击功平均值不应低于规定值,允许有2个试样小于规定值,但其中小于规定值70%的只允许有1个。

第三节　角焊缝试件和试样的检验

焊接是钢结构的常用连接形式之一,其疲劳性能对于钢结构整体抗疲劳设计有较大的工程意义。相较于母材,焊接节点由于存在焊接缺陷、严重的应力集中和较高的焊接残余应力,易产生疲劳裂纹并导致断裂。目前,在国内外所见文献中,对于焊缝受名义正应力下的疲劳性能研究较多,但对焊缝受名义剪切应力下的疲劳性能研究较少。在工程实践中,焊缝受剪是一种常见的受力形态,各国规范中虽给出了剪切疲劳名义应力—疲劳寿命曲线即Oτ—N曲线,但划分构造细节种类较少,同时缺乏足够的疲劳试验数据支撑。

就研究方法而言,国内外对焊接钢结构的疲劳研究已经取得了一定的研究成果,在名义应力评定法的基础上发展了结构应力评定法、缺口应力评定法和断裂力学评定方法。

1.试验概况

为了使疲劳试件较好地反映角焊缝搭接接头在焊缝受剪切的应力状态下的抗疲劳性能,使得细节处的名义应力幅值达到0.7倍~0.8倍的静力屈服强度和中国规范200万次循环疲劳强度参考值之间,荷载范围在疲劳试验机动载范围内,另外同时考虑学试验室疲劳试验机夹持端的尺寸范围，参照金属轴向疲劳试验方法，模拟了2类搭接接头疲劳细节。由于实际的盖板搭接接头盖板与端板仅以焊缝连接，因此制作试件时分别切割盖板和端板，最终焊接成型。

(1)试件设计

侧面角焊缝的搭接接头细节的试件尺寸，盖板选用8 mm薄钢板，被连接件选用12mm薄板。焊脚尺寸为5mm。试验材料为Q345B钢材。

试样所选用材料技术指标满足规定，其主要化学成分和力学性能符合Q345B的要求，每种类型构造细节加工25个试件。焊缝为E4303普通焊条。

选取25个试件，是参照规范的要求。该规范规定可得到设计许用值的疲劳试验所选取的试样最少数量为12～24个。且规定重复试验百分比不低于50%～75%。

由于试验拟取定5个应力水平，每个应力水平取4个数据点，有效试样为20个。因此重复试验百分比为80%，满足要求。同时考虑到可能出现的不合理数据或试验异常，故25个试样符合要求。

(2)加载方案

该疲劳试验研究的是应力比为固定值0.1的前提下的高周疲劳，应力为疲劳控制参量。由于一般将200万次循环视作疲劳极限状态，因此重点研究疲劳寿命N_f范围在$5\times10^4\leqslant N_f\leqslant2\times10^6$段的疲劳曲线。

具体试验方案如下：

1)疲劳试验中交变荷载的频率为与试件固有频率发生共振时的频率，频率范围为150 Hz～164 Hz。

2)在最大荷载的基础上，根据试验的结果调整第2级、第3级、第4级和第5级加载荷载，使得试样的疲劳寿命大致分布在所要研究的疲劳曲线的区间内，且较为均匀地分布。当疲劳寿命较短时，各级应力幅值之差较大，而当疲劳寿命较高时，适当减小应力幅值之差。

3)用5个应力幅值水平记录下来的20个数据点的名义剪切应力幅值－疲劳破坏次数关系拟合出2类构造细节的疲劳S－N曲线，即名义应力－寿命曲线，并与各国现行规范比较。

对于荷载取值，由于2类构造细节的焊缝抗剪切静力强度存在一定差异，因此存在一定的差异性。

(3)试验设备

试验设备选用的是清华大学航天航空学院力学系实验室的高频拉压疲劳试验机PLG－200C，最大静负荷为±200 kN，最大动负荷为100 kN。试验机的加载频率范围为80 Hz～250 Hz。

整个试验系统由试验主机、控制装置、控制计算机组成。试验主机主要进行试件的夹持、安装、试验；控制装置用于调节试验机以及指示试验机是否正常运行；控制计算机通过输入交变荷载和平均荷载，来控制整个疲劳试验的加载范围，可以通过输入给定循环次数和频率降低范围来控制试验机停机，读取试样的谐振频率和疲劳循环次数。

2.试验结果

(1)试验现象

疲劳试验控制应力比为0.1，整个试验过程为拉－拉循环加载，可以避免受压失稳造成其他类型的破坏。加载过程中可以发现部分试件出现肉眼可见裂纹，此时通常已经进入了裂纹扩展阶段，在应力集中或者焊接缺陷处的裂纹源的裂纹萌生阶段，裂纹用肉眼难以观察。最后裂纹扩展至加载频率降低10 Hz，疲劳试验机停机。

停机后为了观察疲劳断裂的断口形态，可以继续进行静力加载直至试件的裂纹继续扩展形成裂缝，最终断裂。疲劳破坏后的断口能够很好地拼合，说明疲劳破坏的试件并没有发生明显的塑性变形，而是脆性的断裂。在盖板母材靠近焊缝一侧的热影响区可以看到典型的疲劳纹。

对于侧面角焊缝搭接接头，全部试样的裂纹位置出现在角焊缝起点处向盖板母材热影响区延伸的区域，在静力拉伸阶段出现自角焊缝起点向盖板母材延伸的倾斜裂缝，与疲劳加载结束时观察到的裂纹方向一致。

与侧面角焊缝搭接接头略有不同的是，正面角焊缝搭接接头疲劳破坏时呈现从焊缝起点处开始的贯通焊缝的裂纹，还有部分试件出现集中在焊缝起点处的曲折裂纹。全部正面角焊缝试样的裂纹都出现在焊缝内。

(2)试验数据

1)侧面角焊缝搭接接头的疲劳破坏次数随着荷载等级即最大荷载的减小呈逐渐增大的趋势，但由于疲劳试验的一些不可控因素，每级荷载记录下的4个疲劳破坏次数出现一定程度的离散性。同时，虽然有些数据点不满足上述规律，但是就每级荷载下疲劳破坏次数的平均值而言，增长趋势很明显。

2)不同试样的固有频率呈现出一定程度的波动，但是在150.6 Hz～164.6 Hz内进行波动，变化较小。

正面角焊缝疲劳试验结果规律与侧面角焊缝类似，同一荷载等级下的疲劳寿命数据呈现出一定的离散性，同时其符合疲劳寿命随着应力水平降低而增高的总体趋势。

由于正面角焊缝试件的焊缝数量较少，且长度较短，因此名义剪切应力幅值相对于侧面角焊缝试件而言较大。正面角焊缝的有效截面上同时承受名义正应力和名义剪切应力，因而这里的名义剪切应力幅值是以焊缝在剪切状态下的名义剪切应力规定的。在静力条件下，正面角焊缝的强度比侧面角焊缝大，从2组数据对比中，疲劳加载条件下，正面角焊缝的抗剪力也较大。

3.试验结果分析

(1)S－N曲线拟合

实线为拟合曲线，该试验中应力幅值水平S系人为确定，寿命N为随机变量，在拟合中用N对S拟合；虚线为拟合的均值曲线加减2倍标准差得到的曲线；点划线为固定斜率拟合得到的曲线。

线性拟合过程中取lg N为随机变量，侧面角焊缝试样拟合的标准差S＝0.083，线性相关系数γ＝0.957；正面角焊缝试样拟合的标准差S＝0.176，线性相关系数γ＝0.921。

(2)与各国规范对比

将自然拟合的具有97.5％保证率的侧面角焊缝疲劳细节S－N曲线与各国规范进行对比(相同的保证率)，可以得出以下结论：

1)根据侧面角焊缝构造细节得到的2条名义剪切应力S－N曲线，自然拟合的曲线与中国规范中规定的曲线较为吻合，由此可以看出试验结果能够较好地反映侧面角焊缝剪切疲劳性能。

2)侧面角焊缝自然拟合得到的曲线与各国规范曲线对比，存在一定差异。具体而言，欧洲规范和国际焊接学会规范的曲线在200万次的范围内在试验曲线的上方，较为不安全；英国规范在200万次范围内在试验曲线的下方，偏于保守；中国规范在100万次以内在试验曲线的上方，较为不安全，而在100万次以上则与试验曲线非常接近，几乎重合；美国规范在100万次以内在试验曲线的下方，偏于保守，而在100万次以上较为不安全。

3)由于中国规范中并未给出曲线的保证率，而英国规范、美国规范和焊接学会规范皆给出了一定的保证率，这样做的好处是便于进行概率极限状态设计，根据结构重要性的不同灵活选择设计曲线所需要的保证率。因此，如果需要给出更为精准的规，范曲线建议，须确定统一的保证率和更多的试验数据参照。

对比可以发现，名义正应力幅值S－N曲线的试验拟合结果与中国规范和美国规范给出的结果都较为吻合。而欧洲规范和英国规范则偏于保守。

试验拟合曲线与规范的对比仅能给出一定的参考，这主要是因为焊接结构件的疲劳试验所受影响因素较多，离散性较大。可能的原因有：应力水平的误差、实际材料的力学性能不均匀、焊接缺陷和焊接残余应力的存在、试验频率的差异。

第四节　耐蚀堆焊试件和试样的检验

管件内壁堆焊耐蚀镍基高温合金Inconel625是为了抵抗腐蚀性气体对管件的侵

蚀，同时具备耐高温、耐冲击、耐磨等性能，并且最大限度降低成本。以此为例，介绍堆焊层化学成分分析所使用的取样方式和测试手段的优化。

1.测试方案

(1)标准方法

根据堆焊工艺评定通常采用的2个国际性标准：ASME锅炉及压力容器规范X卷－焊接和钎接评定QW－462.5(a)以及ISO 15614－7金属材料焊接工艺规范和评定－焊接工艺评定试验－第七部分的要求，堆焊工艺评定需要在规定深度位置取样，对样品进行成分检测判定成分是否合格。

在本例工件的测试要求中，需要在距离熔合线(Fusion Line，简称FL)以上3.0 mm的位置取堆焊层金属测试化学成分。为保证分析元素结果的准确性，取得样品依据ASTM E1019和ASTM E2594标准使用红外碳硫仪和电感耦合等离子发射光谱(ICP－OES)进行测试。

(2)取样方案

先用线切割在管件上平行切取厚度10～15 mm的切片，磨制后腐蚀试样，在清晰显示FL后，用高度尺画线器画出FL定位线，然后画线器上升3.0 mm在FL＋3.0 mm处定位。装夹待取切片，铣床去除FL＋3.0 mm以上堆焊层金属，然后向下进刀0.2 mm取样。得到最终碎屑状样品取自FL＋2.8 mm～FL＋3.0 mm之间供分析。实验室使用红外碳硫分析仪，电感耦合等离子体发射光谱仪对碎屑样品进行分析。

(3)测试结果分析

结果显示两次分析C，Cr，Mo，Ni等元素含量较为接近，而Fe元素的分析结果却差异较大。考虑到焊接过程中合金元素的烧损不可避免，堆焊层金属也存在被母材熔合稀释的情况，因此验收方在焊材标准成分基础上允许一定的稀释率作为Fe元素的验收规范。当分析遇到结果不稳定、平行性差、分析元素处于临界或不合格的情况分析人员需要复验时，常会发现样品已经基本用完。这时就需要再次切片重复上述过程。再次从该工件取同一深度位置测试。

虽然取自同一工件，但取样部位和第1次存在差异导致测试数据更加离散。这样不稳定的测试结果不仅让分析人员没有把握，也会影响供方和验收方对评定的判断。因此有必要对整个过程进行优化。

2.影响因素分析

对影响取样和测试的关键因素进行识别。发现影响因素有：

(1)多次误差积累。在肉眼划线定位FL和高度尺画线器上升定位FL＋3 mm过程中，不同加工者肉眼判断存在差别，同时划线位置在铣床加工时也难以观察准确，存在人为操作、量具测量误差以及铣床进刀量设置误差。这就使取样部位难以得到有效控制，导致一些元素结果误差较大，结果准确性难以保证。

（2）由于工件为管件，切片需要保证两侧FL近似处于同一平面。切片越薄，效果越好，但是取样量也会相应减少。切片越厚，FL处于弧面，制取的样品深度范围更大，结果将越离散。

（3）使用扫描电镜进行线扫描结果：发现堆焊金属由于稀释率不同成分从FL开始随距离变化，Cr、Fe、Ni、Mo等元素含量随之改变明显。所以取样部位至熔合线的距离是保证分析结果的关键因素。

（4）元素分析方法均为消耗型，分析后试样毁坏无法保留，需要复验时无法进行再次测试。

3.优化方案和结果

（1）辅助设备

为了对取样位置进行有效控制，使用涂层测厚仪（型号MINITEST2100）进行辅助。本例中选择FKB10型探头用于测量磁性金属基体上非磁性耐蚀金属层厚度。该型号探头小，测量精度高，低端分辨率为5μm，误差±（1%+10μm）。最小测量区域直径不大于20 mm。最小测量基体厚度1 mm。在加工过程中可以随时进行厚度测量和记录。

（2）过程优化

样件线切割切片之后，用铣床加工平整堆焊层表面金属，用测厚仪多次测量当前表面距离熔合线的深度，控制进刀量去除FL+3.0 mm以，上堆焊层金属，即得到可供分析的表面。测厚仪精度较高，深度控制到3.00mm。

同一样件因为取样和分析方法不同，导致测试结果之间存在差异。但优化方案在同一测试面上激发不同点得到的测试结果却较为接近。尤其是Fe元素的测试结果平行性较好。在测试设备状态良好，操作正确的情况下该方案能最大程度保证数据的准确性和平行性。尤其是分析试样不破坏可保留，以备需要时进行再次复验，这一优点能够满足测试人员和客户需求。

第五节　焊缝及热影响区硬度测量

在热源作用下，熔化的填充材料和母材共同形成焊接熔池，并且随着热源的移动而移动，远离热源部位的液态金属以熔池边缘，半熔化状态的母材晶粒为基础发生凝固结晶，形成“束状”的联生结晶。

焊接热影响区：简称HAZ（Heat Affected Zone）在焊接热循环作用下，焊缝两侧处于固态的母材发生明显的组织和性能变化的区域，称为焊接热影响区。焊接接头是由焊缝、熔合区和热影响区三个部分组成的焊接时。

1.定义

熔焊时在高温热源的作用下，靠近焊缝两侧的一定范围内发生组织和性能变化的区域称为“热影响区”(Heat Affect Zone)，或称“近缝区”(Near Weld Zone)。焊接接头主要是由焊缝和热影区两大部分组成，其间存在一个过渡区，称为熔合区。因此要保证焊接接头的质量，就必须使焊缝和热影响区的组织与性能同时都达到要求。随着各种高强钢、不锈钢、耐热钢以及一些特种材料(如铝合金、钛合金、镍合金、复合材料和陶瓷等)在生产中不断使用，焊接热影响区存在的问题显得更加复杂，已成为焊接接头的薄弱地带。因此，许多国家研究工作者对焊接热影响区很大的重视。

2.组织分布

根据钢的热处理特性，把焊接用钢分为两类，一类是淬火倾向很小的钢种，如低碳钢和某些低合金钢，称为不易淬火钢；另一类是淬硬倾向较大的钢种，如中碳钢，低、中碳调质合金钢等，称为易淬火钢。由于淬火倾向不同，这两类钢的焊接热影响区组织也不同。

(1)不易淬火钢的组织分布

特点：焊接空冷条件下不易形成马氏体。如低碳钢，16Mn，15MnV和15MnTi等。

按加热温度和组织特征可划分为过热区、正火区、部分正火区和再结晶区四个区域。

1)过热区

温度在固相线至1100℃之间，宽度约1～3mm。焊接时，该区域内奥氏体晶粒严重长大，冷却后得到晶粒粗大的过热组织，塑性和韧度明显下降。

2)相变重结晶区

温度在1100℃～Ac3之间，宽度约1.2～4.0mm。焊后空冷使该区内的金属相当于进行了正火处理，故其组织为均匀而细小的铁素体和珠光体，力学性能优于母材。

3)不完全重结晶区

加热温度在Ac3～Ac1之间。焊接时，只有部分组织转变为奥氏体；冷却后获得细小的铁素体和珠光体，其余部分仍为原始组织，因此晶粒大小不均匀，力学性能也较差。

4)再结晶区

如果母材焊前经过冷加工变形，温度在Ac1～450℃之间，还有再结晶区。该区域金属的力学性能变化不大，只是塑性有所增加。如果焊前未经冷塑性变形，则热影响区中就没有再结晶区。

(2)易淬火钢的组织分布

特点：空冷下容易淬火形成马氏体。如18MnMoNb、30CrMnSi等。

1)完全淬火区

焊接时热影响区处于AC3以上的区域，由于这类钢的淬硬倾向较大，故焊后得到淬火组织(马氏体)。在靠近焊缝附近(相当于低碳钢的过热区),由于晶粒严重长大,故得到粗大的马氏体,而相当于正火区的部位得到细小的马氏体。根据冷却速度和线能量的不同,还可能出现贝氏体,从而形成了与马氏体共存的混合组织。这个区在组织特征上都是属同一类型(马氏体),只是粗细不同,因此统称为完全淬火区。

2)不完全淬火区

母材被加热到AC1～AC3温度之间的热影响区,在快速加热条件下,铁素体很少溶入奥氏体,而珠光体、贝氏体、索氏体等转变为奥氏体。在随后快冷时,奥氏体转变为马氏体。原铁素体保持不变,并有不同程度的长大,最后形成马氏体—铁素体的组织,故称不完全淬火区。如含碳量和合金元素含量不高或冷却速度较小时,也可能出现索氏体和珠光体。

如果母材在焊前是调质状态,那么焊接热影区的组织,除在上述的完全淬火和不完全淬火区之外,还可能发生不同程度的回火处理,称为回火区(低于AC1以下的区域)。

在焊接快速加热和连续冷却的条件下,相转变属于非平衡转变,焊接热影响区常见的组织有铁素体、珠光体、魏氏组织、上贝氏体、下贝氏体、粒状贝氏体、低碳马氏体、高碳马氏体及M—A组元等。

在一定条件下,热影响区出现哪几种组织主要与母材的化学成分和焊接工艺条件有关,母材的化学成分是决定热影响区组织的主要因素。

3.性能

焊接热影响区的组织分布是不均匀的,因而在性能上也不均匀。焊接热影响区与焊缝不同,焊缝可以通过化学成分的调整再配合适当的焊接工艺来保证性能的要求。而热影响区性能不可能进行成分上的调整,它是在焊接热循环作用下才产生的不均匀性问题。对于一般焊接结构来讲,主要考虑热影响区的硬化、脆化、韧化、软化,以及综合的力学性能、耐蚀性能和疲劳性能等,这要根据焊接结构的具体使用要求来决定。

(1)硬化

焊接热影响区的硬度主要取决于被焊钢种的化学成分和冷却条件,其实质是反映不同金相组织的性能。由于硬度试验比较方便,因此,常用热影响区的最高硬度HMAX来判断热影响区的性能,它可以间接预测热影响区的韧性、脆性和抗裂性等。工程中已把热影响区的HMAX作为评定焊接性的重要指标。应当指出,即使同一组织也有不同的硬度,这与钢的含碳量以及合金成分有关。例如高碳马氏体的硬度可达600HV,而低碳马氏体只有350～390HV。

(2)脆化

焊接热影响区的脆化常常是引起焊接接头开裂和脆性破坏的主要原因。脆性和韧性是衡量材料在冲击载荷作用下抵抗断裂的能力，是材料强度和塑性的综合体现。材料的脆性越高，意味着材料的韧性越低，抵抗冲击载荷的能力越差。由于热影响区上微观组织分布是不均匀的，甚至在某些部位出现其强度远低于母材的情况，亦即发生了严重的脆化，因而使焊接热影响区成为整个接头的一个薄弱部位。因此，研究焊接热影响区的脆化问题，了解和认识脆化现象主要涉及粗晶脆化、组织脆化以及热应变时效脆化等脆化机制，从而提高其韧性以改善整个接头的力学性能。

(3)韧化

焊接热影响区特别是熔合区和粗晶区是整个焊接接头的薄弱地带，因此，应采取措施提高焊接热影响区的韧性。但焊接热影响区的韧性不可能像焊缝那样利用添加微量合金元素的方法加以调整和改善，它是材质本身所固有的，故只能通过提高材质本身的韧性和某些工艺措施在一定范围内加以改善。根据研究，焊接热影响区的韧化可采用以下两方面的措施。

1)控制组织。对低合金钢，应控制含碳量，使合金元素的体系为低碳微量多种合金元素的强化体系。这样，在焊接的冷却条件下，使焊接热影响区分布弥散强化质点，在组织上能获得低碳马氏体、下贝氏体和针状铁素体等韧性较好的组织。另外，应尽量控制晶界偏析。

2)韧化处理。提高焊接热影响区韧性的工艺途径有很多，对于一些重要的结构，常采用焊后热处理来改善接头的性能。但是对一些大型而复杂的结构，即使采用局部热处理也是困难的。

合理制定焊接工艺，正确选择焊接线能量和预热、后热温度是提高焊接热影响区韧性的有效措施。

此外，还有许多能提高焊接热影响区韧性的途径，如现如今发展起来的细晶粒钢(利用微量元素弥散强化、固熔强化、控制析出相的尺寸及形态等)，采用控轧工艺，进一步细化铁素体的晶粒，也会提高材质的韧性。

(4)软化

冷作强化或热处理强化的金属或合金，在焊接热影响区一般均会产生不同程度的失强现象，最典型的是经过调质处理的高强钢和具有沉淀强化及弥散强化的合金，焊后在热影响区产生的软化或失强。冷作强化金属或合金的软化，则是由再结晶引起的。热影响区软化或失强对焊接接头力学性能的影响相对较小，但却不易控制。

1)调质钢焊接时焊接热影响区的软化。焊接调质钢时，焊接热影响区的软化程度与母材焊前的热处理状态有关。母材焊前调质处理的回火温度越低(即强化程度越大)，则焊后的软化程度越严重。应指出，在焊接接头中，软化区只是很窄的一层，并处在强体之间(即硬夹软)，它的塑性变形受到相邻强体的拘束，受力时将会产生应变强化的效应。

2)热处理强化合金焊接热影响区的软化。强化合金(如镍合金、铝合金和钛合金等)在焊接热影响区会出现强度下降的现象,即“过时效软化”。

第七章 焊接缺陷

压力容器焊接属于国家监检的范畴，对其焊接缺陷展开预防是十分必要的，本章便主要对焊接缺陷的危害、分类、产生原因等方面进行分析，希望能对压力容器焊接缺陷的预防有一定帮助。

第一节 焊接缺陷的危害

1.焊接缺陷的分类及影响因素

焊接缺陷的种类很多，根据其在焊缝中的位置可分为表面焊接缺陷和内部焊接缺陷。常见的表面焊接缺陷有焊缝的尺寸和形状不符合要求、咬边、焊瘤、弧坑、烧穿、表面气孔、表面裂纹等，常见的内部焊接缺陷有气孔、夹渣、裂纹、未熔合和未焊透等。影响焊接质量的因素有很多，比如母材和焊接材料的质量、坡口表面的状况、焊接设备的质量、工艺参数、工艺规程、焊接技术的水平、天气状况等。如果未处理好其中任何一个影响因素，都会产生焊接缺陷，进而严重影响焊接质量。

2.外部焊接缺陷的危害和防治措施

(1)外表面形状和尺寸不符合要求

外表面形状和尺寸不符合要求主要指焊缝宽窄不一、高低不平、焊波粗劣、余高不足或过高等。焊缝尺寸过小会降低焊接接头的强度；尺寸过大将增加结构的应力和变形，导致应力集中，且会增加焊接工作量。

外表面形状和尺寸不符合要求的危害为焊缝不美观、焊材与母材的结合不良、焊接接头的性能下降、接头的应力偏向或不均匀分布等。该缺陷产生的原因为焊件坡口角度有偏差、装配间隙不均匀、焊接参数不合理、运条速度过快或过慢、焊条的角度选择不当、工作操作不熟练等。该缺陷的防治措施有以下3种：选择合适的坡口角度，按标准要求焊件，并保持间隙均匀；编制合理的焊接工艺流程和焊接参数，控制焊接变形和翘曲，选择合理的焊接速度；采用合适的运条手法和角度，随时注意焊件的坡口变化，以保证焊缝美观。

(2)咬边

金属焊缝边缘母材上被电弧烧熔后形成的凹槽称为咬边。该缺陷会降低焊接接头的强度、减少接头的有效面积、易引发应力集中。该缺陷产生的原因为焊接参数不合理、操作工艺不正确和焊接技术较差等。该缺陷的防治措施为选择合适的焊接电流和运条手法,随时控制焊条的角度和电弧长度,并加强对工人的技能培训。

(3)焊瘤

在焊接过程中,熔焊金属流淌至焊缝之外形成的金属瘤称为焊瘤。其危害为影响焊缝表面的美观、存在未焊透的部分、易造成应力集中。该缺陷产生的原因为熔池温度过高、熔池体积过大、液态金属因重力作用而出现的下垂。该缺陷的防治措施为严格控制熔池的温度,制订合理的焊接标准,并缩短击穿焊接电弧的加热时间。

(4)烧穿

在焊接过程中,熔化的金属从坡口背面流出形成的穿孔缺陷称为烧穿。该缺陷会导致焊接部位产生气孔、夹渣、凹坑等。该缺陷产生的原因为焊接电流过大、焊接速度过慢和焊接间隙大。该缺陷的防治措施为选择合适的焊接电流和坡口角度。

3.内部焊接缺陷的危害和防治措施

(1)焊接裂纹

焊接裂纹是焊接过程中最常见的缺陷之一,按裂纹形成的条件可分为热裂纹、冷裂纹、再热裂纹和层状撕裂四类。焊接裂纹是导致焊接结构失效的最直接的原因,特别是在锅炉压力容器的焊接过程中,该缺陷可能导致重大事故的发生。焊接裂纹的主要特征是具有扩展性,在一定的工作条件下会不断“生长”,直至断裂。该缺陷产生的原因有以下2点:焊接过程中产生了较大的内应力,且焊缝中有低熔点杂质,当外界应力较大时,就会从结合力较弱的低熔点杂质处断开,形成热裂纹;由于过热区和熔合区的塑性和韧性较差,所以,焊缝金属中含有较多的氢,当结合应力较大时,易产生冷裂纹。

(2)气孔

焊接熔池在高温时会吸收大量的气体,冷却后部分气体会残留在焊缝金属内,进而形成气孔。气孔对焊缝的性能有较大的影响,它不仅会使焊缝的有效工作截面缩小,导致焊缝的机械性能下降,还会降低焊缝的致密性,进而引发泄漏。该缺陷产生的原因有以下2点:焊条或焊剂受潮,药皮开裂、脱落、变质,焊丝和坡口质量较差等;焊接工艺不合理。

该缺陷的防治措施为:烘干焊条或焊剂,选择不会开裂、脱落、变质的药皮,保证焊丝和坡口的质量,并制订合理的焊接标准。

(3)夹渣

焊接后残留在焊缝内部的非金属夹杂物,称为夹渣。该缺陷会降低焊缝的塑性和韧性。该缺陷产生的原因包括坡口角度过小、熔渣未浮出、焊接电流过小、熔深过浅、未清理熔渣、接头处理不彻底、坡口处有锈或泥沙等。该缺陷的防治措施包括清理坡口、调节焊接电流、控制焊接速度、彻底清理熔渣和选择优质的焊条等。

(4)未焊透

未焊透是指焊接时接头根部未完全熔透的现象。该缺陷会缩小焊缝的有效面积,使接头的强度下降,且会成为裂纹源。该缺陷产生的原因为:焊接电流过小、焊接速度过快、坡口角度过小、根部钝边尺寸过大、焊条摆动角度不当、电弧过长、偏吹等。该缺陷的防治措施包括控制坡口尺寸、焊速、焊条直径和焊接角度,并解决电弧偏吹问题、掌握正确的焊接操作方法。

焊接缺陷的产生过程十分复杂,其影响因素也有很多。焊接缺陷对焊接结构的承载能力有非常重要的影响,这就要求我们应保证焊接结构的安全性,明确焊接缺陷对焊接结构造成的影响。而积极采取防治措施能确保焊接质量,使焊接进度、质量、成本符合标准。

第二节　缺陷的分类

焊接缺陷分类:

从宏观上看,可分为裂纹、未熔合、未焊透、夹渣、气孔及形状缺陷,又称焊缝金属表面缺陷或叫接头的几何尺寸缺陷,如咬边,焊瘤等。在底片上还常见如机械损伤(磨痕),飞溅、腐蚀麻点等其他非焊接缺陷。

从微观上看,可分为晶体空间和间隙原子的点缺陷,位错性的线缺陷,以及晶界的面缺陷。微观缺陷是发展为宏观缺陷的隐患因素。

宏观六类缺陷的形态及产生机理

气孔:焊接时,熔池中的气泡在凝固时未能逸出而残留下来所形成的空穴。气孔可分为条虫状气孔、针孔、柱孔,按分布可分为密集气孔、链孔等。气孔的生成有工艺因素,也有冶金因素。工艺因素主要是焊接规范、电流种类、电弧长短和操作技巧。冶金因素,是由于在凝固界面上排出的氮、氢、氧、一氧化碳和水蒸气等所造成的。

夹渣:焊后残留在焊缝中的熔渣,有点状和条状之分。产生原因是熔池中熔化金属的凝固速度大于熔渣的流动速度,当熔化金属凝固时,熔渣未能及时浮出熔池而形成。它主要存于焊道之间和焊道与母材之间。

未熔合:熔焊时,焊道与母材之间或焊道与焊道之间未完全熔化结合的部分;点焊时母材与母材之间未完全熔化结合的部分,称之。

未熔合可分为坡口未熔合、焊道之间未熔合(包括层间未熔合)、焊缝根部未熔合。按其间成分不同,可分为白色未熔合(纯气隙、不含夹渣)、黑色未熔合(含夹渣的)。

产生机理:电流太小或焊速过快(线能量不够);电流太大,使焊条大半根发红而熔化太快,母材还未到熔化温度便覆盖上去;坡口有油污、锈蚀;焊件散热速度太快,或起焊处温度低;操作不当或磁偏吹,焊条偏弧等。

未焊透:焊接时接头根部未完全熔透的现象,也就是焊件的间隙或钝边未被熔化而留下的间隙,或是母材金属之间没有熔化,焊缝熔敷金属没有进入接头的根部造成的缺陷。

产生原因:焊接电流太小,速度过快。坡口角度太小,根部钝边尺寸太大,间隙太小。焊接时焊条摆动角度不当,电弧太长或偏吹(偏弧)。

裂纹(焊接裂纹):在焊接应力及其他致脆因素共同作用下,焊接接头中局部地区的金属原子结合力遭到破坏而形成的新界面而产生缝隙,称为焊接裂纹。它具有尖锐的缺口和大的长宽比特征。按其方向可分为纵向裂纹、横向裂纹,辐射状(星状)裂纹。按发生的部位可分为根部裂纹、弧坑裂纹、熔合区裂纹、焊趾裂纹及热响裂纹。按产生的温度可分为热裂纹(如结晶裂纹、液化裂纹等)、冷裂纹(如氢致裂纹、层状撕裂等)以及再热裂纹。

产生机理:一是冶金因素,另一是力学因素。冶金因素是由于焊缝产生不同程度的物理与化学状态的不均匀,如低熔共晶组成元素S、P、Si等发生偏析、富集导致的热裂纹。此外,在热影响区金属中,快速加热和冷却使金属中的空位浓度增加,同时由于材料的淬硬倾向,降低材料的抗裂性能,在一定的力学因素下,这些都是生成裂纹的冶金因素。力学因素是由于快热快冷产生了不均匀的组织区域,由于热应变不均匀而导致不同区域产生不同的应力联系,造成焊接接头金属处于复杂的应力—应变状态。

内在的热应力、组织应力和外加的拘束应力,以及应力集中相叠加构成了导致接头金属开裂的力学条件。

形状缺陷:

焊缝的形状缺陷是指焊缝表面形状可以反映出来的不良状态。如咬边、焊瘤、烧穿、凹坑(内凹)、未焊满、塌漏等。

产生原因:主要是焊接参数选择不当,操作工艺不正确,焊接技能差造成。焊接缺陷对焊接接头机械性能的影响

气孔:削弱焊缝的有效工作面积,破坏了焊缝金属的致密性和结构的连续性,它使焊缝的塑性降低可达40—50%。

并显著降低焊缝弯曲和冲击韧性以及疲劳强度,接头机械能明显不良。

夹渣:呈棱角(夹渣的主要特征)的不规则夹渣,容易引起应力集中,是脆性断裂扩展的疲劳源,它同样也减小焊缝工作面积,破坏焊缝金属结构的连续性,明显降低接头的机械性能。焊缝中存在夹杂物(又称夹渣),是十分有害的,它不仅降低焊缝金

属的塑性，增加低温脆性，同时也增加了产生裂纹的倾向和厚板结构层状撕裂。焊缝中的金属夹渣（夹钨等）如同气孔一样，也会降低焊缝机械性能。

未焊透：在焊缝中，未焊透会导致焊缝机械强度大大降低，易延伸为裂纹缺陷，导致构件破坏，尤其连续未焊透更是一种危险缺陷。

未熔合：是一种类似于裂纹的极其危险的缺陷。未熔合本身就是一种虚焊，在交变载荷工作状态下，应力集中，极易开裂，是最危险缺陷之一。

裂纹：是焊缝中最危险的缺陷，大部分焊接构件的破坏由此产生。

形状缺陷：主要是造成焊缝表面的不连续性，有的会造成应力集中，产生裂纹（如咬边），有的致使焊缝截面积减小（如凹坑、内凹坑等），有的缺陷是不允许的（如烧穿），因为烧穿能致使焊缝接头完全破坏，机械强度下降。

第三节　各种缺陷产生的原因和防治措施

一、延迟裂纹

冷裂纹主要包括延迟裂纹、淬硬脆化裂纹和低塑性脆化裂纹。淬硬脆化裂纹主要是由于淬硬组织和应力造成，主要产生于马氏体钢和工具钢等高碳钢或高合金钢中；低塑性脆化裂纹主要是被焊材料的塑性太差而产生，主要产生于铸铁、硬质合金钢中。因此，后两种裂纹出现的材料特别，产生的原因单一，本部分不讨论。而延迟裂纹主要是由于淬硬组织、接头承受的应力、扩散氢三个原因综合引起，出现的钢种有低碳钢、中碳钢、低合金钢、中合金钢、钛合金等，影响因素多，缺陷分析中原因判断难，因此本部分着重讲解延迟裂纹。

1.延迟裂纹的危害

延迟裂纹由于具有延迟现象，它不在焊后马上出现而是隔了一段时间，由于产品结构、焊接工艺、气候等变化，延迟时间并不确定，因此，可能存在焊后无损检测无法检测到的情况；另外，延迟裂纹具有典型的脆断特征，当微观裂纹出现，在应力及工作载荷的作用下裂纹延展速度快，当发现微观裂纹而来不及采取措施就可能造成结构的破坏，引起的后果非常严重。

2.延迟裂纹的影响因素

延迟裂纹产生的三大主因是：钢种的淬硬倾向、焊接接头的含氢量及其分布、焊接接头的拘束应力。

延迟裂纹的开裂过程存在这两个不同的过程，即裂纹的起源和裂纹的扩展，扩展到一定情况下，发生断裂。分析裂纹的影响因素主要有哪些，从而就可以有针对性地提出防治措施。

(1)淬硬组织

根据金属学内容,组织主要受母材及焊缝金属成分、冷却速度影响,当母材及焊缝金属碳当量(即碳含量或合金元素含量)较大、冷却速度较快时,焊缝及热影响区出现淬硬组织的倾向大,则延迟裂纹倾向大。针对不同的母材和填充材料,淬硬倾向不同、延迟裂纹倾向则不同。当材料和结构确定的情况下,组织淬硬程度主要取决于冷却速度,而冷却速度主要取决于焊接工艺。不同组织对延迟裂纹的敏感性如下:

F、P→$B_{下}$→$M_{低}$→$B_{上}$→B_G(粒贝)→M-A组元→$M_{高}$

奥氏体对延迟裂纹不敏感,即奥氏体组织不出现延迟裂纹。奥氏体组织塑韧性很好,即断裂韧性K_{IC}和临界张开位移δ_c都很大,材料中存在微观裂纹也不易打散而发展成为宏观裂纹;奥氏体组织晶体结构为fcc,溶解H^+的能力大,接头中的扩散氢不易过饱和造成脆化;H^+在奥氏体组织中的扩散速度小,即在奥氏体组织中H^+不容易因扩散引起聚集而诱发裂纹。以上三点即是奥氏体组织不出现延迟裂纹的主要原因。

1)材料。根据材料焊接性分析,材料碳当量或冷裂纹敏感指数较大时,延迟裂纹倾向较大。

2)填充材料。填充材料的碳当量或冷裂纹敏感指数(即填充材料熔敷金属碳含量或合金元素含量)增加时,同样会造成焊缝金属及热影响区延迟裂纹倾向增加。选择熔敷金属强度低、塑韧性好的填充材料,可以降低接头应力,热影响区中扩散氢浓度也下降,这些均有利于防止焊缝和热影响区出现延迟裂纹。

3)冷却速度。当材料一定的情况下,冷却速度越快,则焊缝和热影响区组织越容易产生淬硬组织和淬硬组织的淬硬程度增加。根据焊接热影响区冷却速度$t_{8/5}$、$t_{8/3}$、t_{100}的计算公式,冷却速度主要取决于材料厚度、线能量、材料导热率、比热容、预热温度。当材料和结构一定的情况下,冷却速度就只取决于预热温度和线能量了,所以,选择合理的焊前预热温度和线能量对防止出现淬硬组织是焊接工艺制定中最重要的环节。另外,焊后后热和焊后热处理对改善组织有帮助。后热可以促进某些中碳调质钢热影响区出现更多的残余奥氏体组织,组织韧化且阻止扩散氢的迁移,防止延迟裂纹;焊后热处理可以使热影响区出现的淬硬组织回火,将淬火组织改变为回火组织,塑韧性提到提高,防止出现延迟裂纹。

因此,在材料和焊接结构由设计确定以后,为防止出现淬硬组织或使淬硬组织得到韧化防止出现延迟裂纹,主要应该从选择合理的预热温度和道间温度(道间温度高易造成粗晶脆化)、强度低塑韧性好的填充材料、焊后后热和焊后热处理四方面入手。具体的预热温度、焊接材料、后热规范和焊后热处理规范,应该由具体的材料和结构而定,成熟的材料和结构可以查相关标准或资料,而对于新材料新结构则需要先进行焊接性分析、理论计算,然后再进行焊接实验,最终通过长期的实践验证、不断地优化和改进,达到保证接头质量的同时,效率高且便于工人操作。

(2)扩散氢

扩散氢是引起高强钢焊接时产生延迟裂纹的重要因素之一，扩散氢聚集在微观缺陷处(空穴和位错)而诱发裂纹需要时间，因此由扩散氢引起的裂纹称为延迟裂纹，也称为氢致裂纹。这是由于金属内部的缺陷(包括微孔、微夹杂和品格缺陷等)提供了潜在裂源，在应力的作用下，这些微观缺陷的前沿形成了三向应力区，诱使氢向该处扩散并聚集。当氢的浓度达到一定程度时，一方面产生较大的应力，另一方向阻碍位错移动而使该处变脆，当应力进一步加大时，促使缺陷扩展而形成裂纹。由此可见，氢诱发的裂纹，从潜伏、萌生、扩展以至开裂是具有延迟特征的。因此，可以说延迟裂纹是由许多个单个的微裂纹断续合并而形成的宏观裂纹。

含氢量高，裂纹敏感性大。当氢达到一临界值，便开始出现裂纹，此值称为临界含氢量$[H]_{cr}$。各种钢的临界扩散氢含量不同，它与钢的化学成分、刚度、预热温度、已有冷却条件有关。

1)氢的来源及焊缝中的含氢量。焊接材料中的水分、焊件坡口处的铁锈、油污以及空气湿度等是焊缝中扩散氢的来源。为减少或降低接头扩散氢含量，应该从两方面入手：一是控制熔池中氢的溶入；二是增加接头打散氢的逸出。

控制熔池氢的溶入对防止裂纹和气孔均有利，但增加接头打散氢的逸出对防止气孔没有作用但对防止裂纹是有利的。

①控制氢溶入熔池中的措施

A.加强对焊接材料的保管和焊材的烘干、发放、使用。保证焊材一级库的环境湿度≤60%，焊接材料严格按制造厂商提供的烘干温度或焊接工艺说明书中的烘干温度执行，发放时严格要求焊工使用保温筒(保温筒应加热至100－150℃)，使用时控制焊接材料暴露在空气中的时间。

焊接材料烘干温度不能太高，一般情况下要求碱性焊条350－400℃/1－1.5h和酸性100～150℃/1－1.5h。这是由于酸性焊条药皮中一般含有部分有机物作用为造气剂，在220～320℃范围内因分解可损失达50%(质量分数)，因此烘干温度应控制在150℃左右，不应超过200℃。所以，酸性焊条常用的烘干温度为100－150℃。碱性焊条药皮中一般含有碳酸盐，如碳酸钙和少量的碳酸镁。碳酸钙的开始分解温度为545℃，碳酸镁为325℃。

为防止碳酸盐过早分解造成造气不足，碱性焊条的最高烘干温度不能高于450℃，一般碱性焊条的烘干温度为350～400℃，部分马氏体耐热钢焊条烘干温度380～425℃。

碱性焊条烘干次数不能超过3次，在100～150℃中保温时间不能超过140h，否则会影响药皮造气量而影响保护效果。

B.焊前严格清理焊材和焊缝坡口附近的铁锈、油污等杂质。从铁锈的成分

$mFe_2O_3 \cdot nH_2O$（$Fe_2O_3 \approx 83.28\%$、$FeO \approx 5.7\%$、$H_2O \approx 10.70\%$）可以看出，铁锈中含有较多的Fe_2O_3（铁的高级氧化物）和结晶水，一方面对熔池金属有氧化作用，另一方面又析出大量的氢。

C.空气湿度。空气中的湿度大的情况下，水分可以通过焊接电弧向熔池过渡，增加了熔池中氢的含量、焊后接头扩散氢含量，使焊缝气孔和接头延迟裂纹倾向增加。从控制氢的来源来讲，主要是控制焊接材料和工件表面的铁锈、油污等杂质；环境湿度影响相对较小，在雨雪天气情况下，应避免施焊或者采取隔离措施下施焊。

②增加氢从熔池和焊接接头中的逸出措施

A.预热和提高线能量。焊前预热和提高线能量，能增长熔池存在时间，有利于气体从熔池中逸出，减缓冷却速度增长接头高温停留时间，也有利于扩散氢逸出。

B.增强熔池搅拌。摆动电弧，外加电磁场或振动，增强熔池的搅拌作用，有利于气体从熔池中逸出。

C.焊后后热和焊后热处理。焊后后热可以有效降低接头扩散氢含量；焊后消除应力处理不仅可以消除接头焊接残余应力，还可以改善组织，并有效降低扩散氢含量。

2)金属组织对氢扩散的影响。扩散氢在不同金属组织中的溶解度和扩散系数不同，因此氢在不同金属中的行为也有很大差别。氢在奥氏体中的溶解度远比在铁素体中的溶解度大，并且随温度的增高而增加。因此，在焊接时由奥氏体转变为铁素体时，氢的溶解度急剧下降；而氢的扩散速度正好相反，由奥氏体转变为铁素体时急剧增大，氢在奥氏体钢中必须在高温下才有足够的扩散速度。

焊接时高温作用下，将有大量的氢溶解在熔池中，在随后的冷却和凝固过程中，由于溶解度的急剧下降，氢极力逸出，但因冷却很快，使氢来不及逸出而保留在焊缝金属中，使焊缝中的氢处于过饱和状态，因此氢要极力进行扩散。

3)氢在致裂过程中的动态行为。由于焊缝的含碳量低于母材（为提高焊接性，一般焊接材料的含碳量会低于被焊材料），因此焊缝在较高的温度就发生相变，即由奥氏体分解为铁素体、珠光体、贝氏体以及低碳马氏体等（根据焊缝的化学成分和冷却速度而定），而此时热影响区的金属尚未开始奥氏体的分解（因为含碳量较焊缝高，发生滞后相变）。当焊缝金属发生由奥氏体向铁素体、珠光体转变时，氢的溶解度突然降低，同时氢在铁素体、珠光体中的扩散速度比奥氏体大，因此，此时氢就很快地从焊缝穿过熔合区向尚未发生分解的奥氏体的热影响区中扩散，而氢在奥氏体中的扩散速度很小，不能很快地把氢扩散到距离熔合区较远的母材中去，因此在熔合区附近就形成了富氢地带。当滞后相变的热影响区发生奥氏体向马氏体转变时，氢便以过饱和状态残存于马氏体中，促使这一地区进步脆化。

在热影响区氢的浓度如果足够高时，能使热影响区的马氏体进一步脆化，即形成焊道下裂纹，或在焊趾及根部应力集中的地方形成焊趾裂纹和根部裂纹。

当焊接某些超高合金钢时，由于焊缝的合金成分复杂，热影响区的转变可能先于焊缝，此时氢就相反地从热影响区向焊缝扩散，那么延迟裂纹就可能产生在焊缝上。

所以，常见低合金钢延迟裂纹一般产生在热影响区，而不出现在焊缝中。

(3)应力

焊接接头承受的应力主要由以下几个应力组成。在应力作用下，会引起氢的聚集，诱发氢致裂纹。

1)不均匀加热及冷却过程中产生的热应力。热应力与母材及焊缝金属的热物理性质及刚度有关。材料线膨胀系数越大，焊后接头残余应力越大；接头刚度或受到的拘束度越大，则焊后接头残余应力越大。当材料及结构一定的情况下，应减小刚度或拘束度，以减小接头残余应力。

2)金属相变时产生的组织应力。高强钢奥氏体分解时(析出铁素体、珠光体、马氏体等)会引起体积膨胀，而且转变后的组织都具有较小的膨胀系数。

由于相变的体积膨胀，将会减轻焊后收缩时产生拉伸应力，从这点出发，相变应力反而会降低冷裂纹倾向，这方面已被现如今的试验研究所证实。

3)附加应力，即结构自身拘束条件(包括结构的形式、焊缝位置、施焊的顺序)所造成的应力。结构形式不同(如对接接头、角接接头等)、焊缝位置(对称、不对称)、施焊顺序(对称、分段、跳焊、退焊)等不同，即使材料相同、板厚一样、焊接工艺一定情况下，接头应力有较大区别。为减小接头应力，应采用合理的结构、对称分布的焊缝和合理的焊接顺序。

在材料、结构、焊缝尺寸、焊缝位置一定的情况下，为了减小接头应力，应采用合理的焊接工艺和焊接顺序。首先应选择线能量集中的焊接方法，如熔化极气体保护、钨极氩弧焊等，而尽量不要采用埋弧焊、焊条电弧焊等方法；其次，应采用小线能量，焊前预热、焊后后热、锤击焊缝等工艺措施；另外，焊接顺序尽量做到对称、分段、跳焊和退焊；尽量不采用工装增加拘束(但在必须控制焊接变形或采用自动化焊接时，应该采用合适的焊接工装)；最后，在可以进行焊后消除应力处理的情况下，可进行焊后消除应力处理，进而最大程度保证残余应力在临界应力之下，避免出现延迟裂纹。

1)延迟裂纹控制措施

①冶金措施

•采用低碳、微量多元化合金、控轧控冷技术等提高强度，同时具有较好的塑韧性的材料，焊后热影响区及焊缝延迟裂纹倾向更小。

•选用低氢焊接材料、低氢焊接方法(如MIG/MAG焊、TIG焊)，不过需要注意MAG焊会造成焊缝金属氧含量增加、焊缝金属塑性下降的问题。

•控制氢的来源、加强焊接材料保管和发放、烘干焊条、清理焊件和焊丝表面的油污和铁锈。

•通过填充材料向焊缝金属加入某些合金元素，提高焊缝金属的塑性和韧性，提高抗冷裂纹能力。

•采用奥氏体组织的焊条焊接某些淬硬倾向较大的低、中合金高强钢，避免冷裂纹。这是因为：奥氏体塑性好，可减缓拘束应力；同时奥氏体焊缝可以溶解更多的扩散氢，且不易向热影响区扩散，从而提高了焊接热影响区的抗裂性；奥氏体的膨胀系数大，使热影响区在相变之前承受较大的拘束应力，有提高M_s点的作用，使马氏体自回火得到发展，从而提高了抗裂性。

②工艺措施

•线能量。线能量过小，冷却速度过快，容易出现淬硬组织，同时也不利于扩散氢的逸出，对防止延迟裂纹不利：但线能量过大，热影响区高温停留时间长，过热区晶粒粗大，韧性下降，延迟裂纹倾向增加；另外线能量大，接头残余应力也会增加，对防止延迟裂纹不利。

•预热温度。预热可以减缓热影响区的冷却速度，防止出现淬硬组织或使淬硬组织的淬硬程度下降；合理的预热温度和措施，可以减小接头的残余应力；预热可以减缓熔池结晶速度，对扩散氢的逸出有利。以上作用均对防止延迟裂纹有利。但预热温度过高会恶化劳动条件：局部预热条件下，加热方式不正确会产生附加应力，反而促进产生冷裂纹。

针对具体材料和结构，合理的预热温度可以通过理论计算、斜Y坡口试验和焊接实验进行确定，并通过长期的实际生产加以验证。另外，还可以根据国家相关标准或规范，查找不同材料、结构、厚度和要求条件下的预热温度和预热措施等。

•焊接材料。采用低匹配的焊缝，对防止冷裂纹有效。例如，用HT80钢制造厚壁承压水管时，经试验及工程上的应用，认为焊缝强度为母材强度的0.82，可以近似达到中等强度的水平。这是由于焊缝金属强度低、塑性好，在应力作用下容易产生塑性变形释放应力且保持了结构的完整，减小了接头冷裂纹倾向。

•焊后后热。后热可以使扩散氢逸出，一定程度上降低残余应力，也可以改善组织，降低淬硬性，这些均可以有效防止或延缓延迟裂纹的产生。特别是焊后消除应力热处理前结构可能会产生延迟裂纹情况下，必须在焊后及时后热。

具体的后热温度根据材料不同可以理论计算，也可以采用实验得到。通常情况下，可以采用200～400℃/2～4h的规范，但应避开材料的热应变时效脆化温度区间。

•多层焊的影响。相同板厚、坡口角度情况下，焊缝层数和道数越多，表示焊接线能量就越小，因此焊后接头应力更小；同时，多层焊时后层对前层有消氢和改善热影响区组织的作用，因此，多层焊对防止延迟裂纹有利。多层焊的预热温度可比单层焊适当降低，但多层焊应严格控制道间温度和后热温度，以便使扩散氢逸出，否则，扩散氢含量会发生逐层积累，可能会增加焊道下裂纹倾向。

总之，针对具体的材料和结构制定合理的焊接工艺，采取合适的焊接顺序，加强焊接过程中的监控和指导，最后采取相应的热处理手段，实现组织韧化、扩散氢含量少和接头应力低的目标，进而保证接头在整个使用寿命周期内不出现延迟裂纹，保证结构的安全可靠。

二、热裂纹

1.结晶裂纹

(1)结晶裂纹产生的位置

结晶裂纹大部分都沿焊缝树枝状结晶的交界处发生和发展的，常见沿焊缝中心长度方向开裂即纵向裂纹，有时发生在焊缝内部两个树枝状晶体之间。对于低碳钢、奥氏体不锈钢、铝合金、结晶裂纹主要发生在焊缝上。

在焊缝金属凝固结晶的后期，低熔点共晶物被排挤在晶界，形成一种所谓的“液态薄膜”，在焊接拉应力作用下，就可能在这薄弱地带开裂，产生结晶裂纹。

产生结晶裂纹主要原因为液态薄膜、拉伸应力。其中由低熔共晶形成的液态薄膜是根本原因，也是内因；由于结构刚性和外加拘束造成接头承受的拉伸应力是必要条件，是外因。

(2)常见低熔共晶成分和温度

碳钢和低合金高强钢中的P、Si、Ni和不锈钢中的S、P、B、Zr都能形成低熔点共晶。

(3)结晶裂纹产生的敏感温度区间

在熔池结晶的后期固液阶段，即凝固温度T_S附近温度是结晶裂纹的敏感温度区间。在熔池刚开始结晶或固相不多的时候，在应力作用下拉开的间隙可以被流动的液体金属填充，不会产生裂纹；在完全凝固阶段以后，焊缝具有较好的强度和塑性，在拉伸应力作用下产生变形而不被破坏：只有在结晶后期，固体晶粒之间存在液态薄膜，在拉伸应力下会发生相对移动，而此时未结晶的液态金属少，填充不了因晶粒移动而产生的间隙，结晶完成后形成缝隙，即为裂纹。

(4)控制措施

1)控制低熔共晶的量、熔点和形态。主要是控制S、P等杂质元素的含量来控制低熔共晶的量；另外，采用小线能量降低熔池体积也是减少焊缝最后结晶时焊缝中心的低熔共晶量的方法之一。采用Mn、Ca、TI、Zr、Re等脱硫，它们的脱硫产物与FeS相比熔点会更高，且分布形态为块状、球状并弥散分布，比FeS片状分布在晶界更有利于防止结晶裂纹。

2)控制先析出相及结晶终了相。对于低碳钢、低合金钢而言，主要控制碳含量。

一般情况下应将焊缝金属的含碳量控制在0.16%以下，且根据不同的含碳量，控制锰含量，保证Mn/S比，是防止结晶裂纹很重要的手段。

对于铬镍奥氏体不锈钢，则主要控制Cr_{eq}/Ni_{eq}之比。一般情况下将控制$Cr_{eq}/Ni_{eq} \geq 1.5$，凝固模式为FA模式，保证焊缝金属中有5%－10%δ相，有利于防止焊缝金属出现结晶裂纹。δ相过少，防止结晶裂纹的作用不明显；而δ相过多，则可能引起电化学腐蚀和在高温下从δ相中析出σ相（FeCr金属间化合物），从而造成脆化。

3）焊接工艺

①采用小线能量。线能量增加，接头残余应力增加，结晶裂纹倾向增大：线能量增加，熔池体积增大，即使S、P等杂质元素含量较低，但最终在焊缝中心的低熔共晶量也会较大，结晶裂纹倾向增大；线能量增加，单道焊焊缝宽度与焊缝计算厚度之比即焊缝成形系数较小，晶粒对中生长易将低熔共晶赶到焊缝中心相遇，结晶裂纹倾向增大。这些因素说明，线能量增加，会大大增加结晶裂纹倾向，因此，采用小线能量对防止结晶裂纹有利。

②预热。适当预热可以减缓冷却速度，降低应变率，对防止结晶裂纹有利。对于低碳钢和低合金钢，当室温低于20℃时应当预热80℃以上；而对于奥氏体不锈钢，则可以预热到15℃以上。预热温度不宜过高，过高的预热温度会增大熔池，会造成焊缝中心最后结晶的低熔共晶量增加，增大结晶裂纹倾向，这个也需引起注意和重视。

③道间温度。道间温度高，同样线能量情况下熔池体积会增加，也会增大结晶裂纹倾向。对于低碳钢和低合金钢，道间温度控制在300℃以下：而对于奥氏体不锈钢，道间温度应该控制在100℃以下，严格时可控制在60℃以下。

④熔合比。当母材中C、S、P等杂质元素含量较高时，应该控制较小的熔合比，减少母材中杂质元素向焊缝金属过渡；相反，当填充材料熔敷金属中C、S、P等杂质元素含量较高而母材含量较低时，可以采用较大的熔合比。母材和填充材料C、S、P等杂质元素含量过高时，最好更换母材或填充材料，首先更换填充材料，因为一般情况下，更换焊接材料比更换母材更容易和方便。控制熔合比的主要方法是改变坡口形式或坡口角度、线能量等等。

⑤焊缝成形系数ϕ。焊缝成形系数即单道焊焊缝宽度B与焊缝计算厚度H之比（$\phi = B/H$）。焊缝成形越小，焊缝晶粒越对中生长，低熔共晶越能被赶到焊缝中心，促进生成结晶裂纹。增加焊缝成形系数的主要方法是采用小电流、高电压，或坡口焊时单道焊改为多道焊，减小每一道焊缝厚度从而增加焊缝成形系数。

⑥焊接速度。焊接速度快，熔池结晶时会从偏向晶转变为方向晶。当晶粒主轴垂直于焊缝中心时，易形成脆弱的结合面，因此，采用过大的焊速时，常在焊缝中心出现纵向裂纹，即结晶裂纹。

⑦接头形式。表面堆焊和熔深较浅的对接焊缝抗裂性较高，熔深较大的对接和

各种角接(包括搭接、T形接头和外角接焊缝等)抗裂性较差。因为这些焊缝所承受的应力正好作用在与焊缝的结晶面上,而这个面是晶粒之间联系较差、杂质聚集的地方,故易于引起裂纹。

⑧焊接顺序。虽然引起结晶裂纹的临界应力较小,应力不是影响结晶裂纹的主要因素,但合理的焊接顺序有利于降低接头应力,仍然可以降低结晶裂纹倾向。采用交替、对称、分段、跳焊和退焊等焊接顺序方法,可以降低应力,防止裂纹。

⑨锤击焊缝。采用奥氏体不锈钢焊条、镍基焊条焊接时,焊后可趁焊道处于红热状态采用小尖锤锤击焊道来防止结晶裂纹。这是由于锤击可以使焊缝发生塑性延展,从而降低焊缝承受的拉伸应力,进而减少结晶裂纹倾向。

结晶裂纹产生的两大原因就是拉应力和低熔共晶,由于结晶裂纹产生的临界应力很小,所以控制和防止结晶裂纹主要从减少低熔共晶、凝固模式控制先析出相为δ相、控制焊缝成形系数等方面入手。主要在接头设计上尽量不要采用深坡口:工艺措施上,尽量采用小线能量、适当预热和适中速度、控制焊缝成形系数、采用合理焊接顺序以降低应力。另外,在焊材选择上,严格控制C、S、P的含量,低碳钢和低合金钢适当提高Mn含量,奥氏体不锈钢则控制Cr_{eq}/Ni_{eq}之比,另外可以加入少量Mo元素。

2.液化裂纹

(1)产生的机理

由于焊接时近缝区金属或焊缝层间金属,在高温下使这些区域的奥氏体晶界上的低熔点共晶重新熔化,在拉伸应力的作用下沿奥氏体晶界开裂而形成液化裂纹。另外,在不平衡加热或冷却条件下,由于金属间化合物分解和元素的扩散,造成了局部地区共晶成分偏高而发生局部晶间液化,同样会产生液化裂纹。液化裂纹产生的原因与结晶裂纹类似,即在近缝区晶界上有低熔共晶(在热循环作用下发生液化而基体没有熔化),这是根本原因,也是内因;焊接接头承受的拉伸应力,是必要条件,也是外因。

(2)产生的位置

当母材含有较多的低熔共晶时,液化裂纹通常产生在母材的热影响区的粗晶区;当焊缝金属中含有较多的低熔共晶时(母材或填充金属杂质含量高造成),产生在多层焊缝的焊层之间(即前道焊道处于后道焊道的热影响区粗晶区)。液化裂纹属于晶间开裂性质,裂纹断口呈典型的晶间开裂特征。

(3)影响因素

1)化学成分。与结晶裂纹相同,液化裂纹均是由低熔共晶和拉伸应力共同作用下产生的。但液化裂纹主要出现在合金元素较多的高强钢、不锈钢和耐热合金钢中,所以B、Ni、Cr等合金元素的影响较大。

裂纹起源部位:熔合线或结晶裂纹;粗晶区。

2)工艺因素

①线能量。线能量越大,接头残余应力越大,液化裂纹倾向越严重;线能量越大,HAZ过热区过热越严重、过热区越大,则晶粒长大越厉害,最后晶界被液化的低熔共晶更多且晶界总面积更小,造成单位面积上的低熔共晶增加,在应力作用下液化裂纹倾向越严重。

②焊缝形状。当焊接规范不合理时,焊缝出现指状熔深或倒草帽形熔深,则在凹陷处过热,此处晶粒粗大,最后晶界被液化的低熔共晶更多且晶界总面积更小,造成单位面积上的低熔共晶增加,在应力作用下液化裂纹倾向越严重。

3)防治措施

①控制母材及焊接材料中S、P等杂质含量。母材中S、P等杂质含量高是造成热影响区液化裂纹的根本原因和主要原因,而焊缝中前面焊道处于后续焊道热影响区而产生的液化裂纹则主要是由于焊接材料中S、P等杂质含量高引起。因此,控制母材及焊接材料中S、P等杂质含量是防止液化裂纹的主要措施。

焊接前采用S、P等杂质含量低的材料,焊接过程中发现材料中S、P等杂质含量较高而不能采用工艺措施防止的时候,需采用S、P等杂质含量低的材料代替。

②焊接工艺。采用线能量集中的焊接方法,如氩弧焊或熔化极气体保护焊,减小过热区宽度和过热程度;线能量集中的焊接方法焊后接头残余应力也更小,对防止裂纹有利:采用小线能量,避免近缝区晶粒粗化:采用合理的焊接工艺规范,避免出现指状熔深或倒草帽形熔深。其他工艺措施如预热、焊缝坡口、后热和焊后热处理等对防止液化裂纹基本无作用。焊接材料对防止母材热影响区液化裂纹无作用,但采用熔敷金属S、P低的焊接材料对防止焊缝中的液化裂纹是有帮助的。

3.多边化裂纹

(1)形成机理

焊缝金属中存在很多高密度的位错,在高温和应力的共同作用下,位错极易运动,在不同平面上运动的刃型位错遇到障碍时可能发生攀移,由原来的水平组合变成后来的垂直组合,即形成“位错壁”,就是多边化现象。由于多边化现象造成焊缝金属在高温下表现出塑性较差,易在应力下发生开裂,所以多边化裂纹也称为高温低塑性裂纹。

(2)发生的位置和特征

多边化裂纹主要发生在焊缝中,常见于单相奥氏钢或纯金属的焊缝金属,以任意方向贯穿树枝状结晶:常常伴随有再结晶晶粒出现在裂纹附近,多边化裂纹总是迟于再结晶;裂纹多发生在重复受热金属中(多层焊)及热影响区,并不靠近熔合区;断口呈现出高温低塑性断裂。

(3)影响因素

多边化裂纹形成过程中多边化进程与激活能(主要取决于合金元素)、温度、接头应力有关。合金元素含量少、晶粒粗大、温度高和接头应力大,均可以加快多边化进程,产生多边化裂纹倾向越严重。

1)合金元素。当焊缝金属中含有较多合金元素(如Mo、W、T、Ta)时,可有效阻止多边化过程;另高温δ相的存在,也能增大抗多边化的能力。

2)应力状态的影响。焊接接头残余应力越大,多边化过程越快,多边化裂纹倾向越严重。

3)温度的影响。焊缝金属温度越高,则多边化过程越短,多边化裂纹倾向越严重。

(4)防治措施

对于单相奥氏体钢或纯金属焊接,般不能向焊缝金属过渡合金元素,应主要从工艺措施入手:用合理的焊接工艺规范、坡口设计和焊接顺序等,减小焊接接头应力:采用小线能量、低的预热温度或不预热、控制道间温度防止焊缝金属过热。对于其他材料,在保证焊缝金属性能(包括抗腐蚀、抗氧化、高温性能和常温塑韧性等)等前提下,可以通过填充材料向焊缝金属过渡少量的Mo、W、Ti、Ta等合金元素。

总之,凡是能减小接头应力、防止焊缝金属过热、增加多边化的激活能的措施均有利于延缓多边化进程,对防止多边化裂纹有作用。

第四节 焊接变形

一、焊接变形

焊件变形从焊接一开始即发生,也就是说,焊接件在焊接过程中受到局部不均匀的加热,使焊缝熔化部位温度高达1500℃以上,而远离焊缝的大部分金属不受热,处于室温状态,这样,不受热的冷金属部分便阻碍了焊缝及近缝区金属的膨胀和收缩,并一直持续到冷却至原始温度时才结束,由于焊接接头各部位金属热胀冷缩程度不同,焊件本身又是一个整体,各部位是相互联系相互制约的,不能自由伸长和缩短,在焊缝及其近缝区的母材内产生热应变和压缩塑性应变而导致焊件产生焊接残余变形,简称焊接变形。

1.焊接变形对结构的影响

(1)降低装配质量,影响结构尺寸的准确性。例如筒体纵缝横向收缩与封头装配时就会产生错边,这给装配带来困难。错边量大的焊件,在外力作用下将产生应力集中和附加应力,使结构安全性下降。

(2)增加制造成本,降低接头性能。焊接件一旦产生焊接变形,常需矫正后才能组装。因此，使生产率下降、成本增加，冷校会使材料发生冷作硬化，降低塑性。热校若加热温度控制不好，也会影响焊件使用性能。

(3)降低结构的承载能力。由于焊接变形产生的附加应力会使结构的实际承载能力下降，往往会引起运行事故。

了解产生焊接变形的规律性和控制焊接变形对制造焊接结构具有十分重要的现实意义，因此有必要对各种焊接变形产生的原因、影响因素、预防和消除变形的措施进行分析。

2.焊接变形的基本形式

(1)纵向收缩变形。构件焊后在焊缝方向上发生的收缩变形称为纵向收缩变形。

(2)横向收缩变形。构件焊后在垂直焊缝方向上发生的收缩变形称为横向收缩变形。

(3)弯曲变形。构件焊后朝一侧变形称为弯曲变形。焊接梁、柱、管道、集箱、锅筒时，常产生弯曲变形。

(4)角变形。焊后构件钢板两侧因横向收缩变形在厚度方向上不均匀分布，使焊缝一面变形大，另一面变形小，造成构件平面的偏转，离开原来的位置，产生角位移，向上翘起一个角度，称为角变形。

(5)波浪变形。薄板焊接时，焊后残余压应力使板材压曲产生形似波浪的变形，称为波浪变形。

(6)错边变形。在焊接过程中，两焊接件的热膨胀不一致，可能引起长度方向和厚度方向不在一个平面上而形成长度方向错边和厚度方向错边，这种变形称为错边变形。

(7)扭曲变形。焊后焊件两端绕中性轴反方向扭变一角度，称为扭曲变形。

一般来说，构件焊后有可能同时产生上述几种变形，只是变形程度各不相同，如丁字梁，焊后产生弯曲变形最明显，其次是角变形，此外，还发生梁总长度偏短和水平板宽度变窄的变形。

二、影响焊接结构变形的因素

1.焊接位置的影响

焊缝在结构中布置对称，施焊顺序合理时，则主要产生纵向收缩和横向收缩变形。如果焊缝在结构中布置不对称时，则焊后要产生弯曲变形，弯曲的方向是朝向焊缝较多的一侧，偏离截面重心线越远，引起的变形越大。同时，还有可能产生角变形。

2.结构刚性的影响

结构抵抗变形的能力叫刚性。当受到同样大小的力，刚性大的结构变形小，刚性小的结构变形大。金属结构的刚性主要取决于结构的截面形状及其尺寸大小。

结构抵抗拉伸变形的刚性主要决定于结构截面积的大小。截面积越大，刚性也越大，变形就越小。

结构抵抗弯曲变形的刚性，主要看结构的藏面形状和尺寸大小。

结构抵抗扭曲变形的刚性除决定于结构尺寸大小外，更为重要的是结构的截面形状。截面是封闭形状的则抗扭曲能力强，不封闭的则抗扭曲能力弱。

一般来说，对于短而粗的焊接构件，刚性较大，焊后产生变形较小，细而长的构件其抗弯刚性小，焊后容易产生弯曲变形。如果焊缝不对称地布置在结构上，则产生的弯曲变形更为显著。当焊接长、宽、高均相同的工字梁和箱形梁时，如果焊接不当，也可能产生扭曲变形。由于工字梁断面形状不封闭，它的抗扭刚性比箱形梁差，所以焊后工字梁更易于发生扭曲变形。

3.装配和焊接顺序对结构变形的影响

焊接结构的整体刚性是随着装配焊接过程而形成的。也就是说，焊接结构的整体刚性总是比它本身的零件或部件的刚性大，如果仅从增加刚性去减少焊接变形的角度考虑，对于结构截面对称、焊缝布置也对称的简单焊接结构，应采用先装配成整体，然后再按焊接顺序施焊，对减小弯曲变形更为有利，例如工字梁一般是先整体组装好后再焊接。但对结构截面形状和焊缝位置不对称的焊接结构采用整装后焊的顺序不一定合理。

对于大型而又复杂的焊接结构，主要是采用部件组装的方式进行制造，即把整体结构分成若干部件，先分别进行装配和焊接，然后再把这些部件总装成产品，这样不仅对控制焊接变形提高产品质量有利，而且也有利于提高生产效率。

有了合理的装配顺序还需要合理的焊接顺序配合。因为尽管是焊缝布置对称的焊接结构，在焊接参数相同的情况下进行焊接，但每道焊缝引起的变形并非抵消，而是先焊的焊缝产生的变形最大，最后构件的变形方向一般总是和最先焊的焊缝引起的变形方向一致。

4.焊缝长度和坡口形式的影响

焊缝越长，焊接变形越大。坡口内空间越大，变形越大。在同样厚度和焊接条件下，V形坡口比U形坡口变形大，X形坡口比双U形坡口变形大，不开坡口变形最小。此外，装配间隙越大，变形越大。

5.焊接线能量的影响

焊接线能量越大，焊接变形也越大。由于埋弧自动焊的线能量比焊条电弧焊大，所以，在焊件形式、尺寸及刚性相同的条件下，埋弧自动焊产生的变形比焊条电弧焊大。同样厚度的材料，单道焊比多层多道焊产生的变形大。因单道焊焊接电流大、焊条摆动慢、摆幅大，坡口两侧停留时间长，焊接速度慢，故焊接线能量大，产生的变形就大；而多层多道焊可以采用小电流快速不摆动焊，所以焊接线能量小，焊后变形也小。

三、控制焊接变形的措施

1.设计措施

焊接变形的控制首先要从设计上考虑,正确的设计方案是控制焊接变形的根本措施。设计考虑不周,会给生产带来额外工序,增加生产周期,提高产品成本。

(1)选用合理的焊缝尺寸

焊缝尺寸增加,变形也随之加大。但过小的焊缝尺寸也降低结构的承载能力,并使接头的冷却速度加快,容易产生裂纹、热影响区硬度增高等缺陷。因此,应该在满足结构承载能力和保证焊接质量的前提下,选用合理的焊缝尺寸。由于部分设计人员对焊接了解不够,存在着片面地加大焊缝尺寸的现象,这在角焊缝上表现更为突出,这不仅对控制焊接变形不利,而且会增加焊趾处的应力集中,会使角焊缝产生裂纹等缺陷。

(2)尽可能地减少焊缝数量

在梁、柱等结构件中,适当选择板厚,可减少筋板数量,从而减少焊缝数量和焊后变形校正量。

(3)合理安排焊缝位置

为了避免焊接构件弯曲变形,在结构设计中,应力求使焊缝位置对称于构件截面的中性轴或使焊缝接近中性轴,因为焊缝对称于中性轴,有可能使中性轴两侧焊缝产生的弯曲变形完全抵消或大部分抵消。焊缝接近构件中性轴,使焊缝收缩引起的弯曲力矩减小,从而使构件弯曲变形减小。

2.工艺措施

(1)合理地选择焊接方法

选用焊接线能量小的焊接方法,可以有效地减少焊接变形。例如采用CO_2药芯焊丝或实芯焊丝气保焊、MAG焊等来代替焊条电弧焊,不但效率高,而且可以明显地减少焊接变形。

焊接薄板时,可采用钨极脉冲氩弧焊等方法,并配合合适的工装卡具,都能有效地防止产生波浪变形。

(2)选择合理的装配一焊接顺序

不同的装配一焊接顺序,焊后会产生不同的焊接变形。因此,在分析装配一焊接顺序对焊接变形的影响时,可以从不同的装配焊接顺序方案比较中选择焊接变形量最小的方案。

(3)焊接顺序的选择原则

1)当结构具有对称布置的焊缝时,应尽量采用对称焊接,但应该注意,对称焊接并不能全部消除变形，因为先焊接的焊缝，结构的刚性还较小，引起的变形最大，随着焊缝的增加，结构的刚性越来越大，所以后焊的焊缝引起的变形比先焊的焊缝来得小，虽然两者方向相反，但并不能完全抵消，仍保留先焊焊缝的变形方向。要完全消除这种焊接变形，还需要采取其他一些有效措施。

2)当结构具有不对称布置的焊缝时，应先焊焊缝熔敷金属量少的一侧，因为先焊焊缝变形大，故焊缝少的一侧先焊时，使它产生较大的变形，然后再用另一侧的焊缝引起的变形来加以抵消，这就可以减少整个结构的变形。

(4)选择合理焊接方向

对焊件上的长焊缝，采用直道焊焊接变形最大；从中间向两端施焊，变形有所减少；采用逐段跳焊法也可以减少变形；从中间向两端逐步退焊法变形最小；对于工字梁等焊接结构，具有互相平行的长焊缝，施焊时，应采用同方向焊接，可以有效地控制扭曲变形。

(5)预留收缩余量

焊件焊后的纵向收缩和横向收缩变形，可通过焊缝收缩量的估算来预留收缩余量。如一根5m长集箱筒体，由于上面管座、拼接环缝焊后会收缩3mm，则筒体下料长度应为5003mm，多出来的3mm即为预留的收缩余量。

(6)反变形法

为了抵消焊接变形，焊前先将焊件向与焊接变形相反的方向进行人为的变形，这种方法称为反变形法。

为了防止对接接头产生的角变形，可以预先将对接处垫高，形成反角变形：为了防止工字梁的翼板焊后产生角变形，可以将翼板预先反向压弯；或者在焊接时加外力使之向反方向变形，但需要注意的是这种方法在加力处消除变形的效果较好，远离加力处则较差，易使翼板边缘呈波浪变形。血在薄板结构上，有时需在壳体上焊接支承座之类的零件，焊后壳体往往会产生塌陷。为防止这种塌陷，可以在焊前将支承座周围的壳壁向外顶出，然后再进行焊接。

采用反变形法控制焊接变形，焊前必须较精确地掌握焊接变形量，才能获得较好的效果。

(7)刚性固定法

焊前对焊件采用外加刚性拘束，强制焊件在焊接时不能自由变形，这种防止焊接变形的方法称为刚性固定法。

在高压加热器管板堆焊时，可以将两块管板固定在一起，两面对称堆焊，大大减少焊后管板弯曲变形：法兰与接管角焊缝焊接前，将两块法兰采用螺栓连接成一个整体，则结构刚性增强、焊缝由不对称改为对称，则焊后法兰角变形会大大减小，保证了法兰平面度，保证了法兰的密封性。

在焊接薄板时，在焊缝两侧用夹具紧压固定，可以防止波浪变形。固定的位置应该尽量接近焊缝，压力必须均匀。

当薄板面积较大时，可以采用压铁，分别布置在焊缝两侧。

应注意的是，刚性固定法不能完全消除焊接变形，因为当外力除去后，焊件上仍会残留部分变形。此外，刚性固定法将使焊接接头中产生较大的焊接应力，因此对于易裂材料应该慎用。

1)筒节纵缝收缩量控制

①采用反变形法控制瓦片尺寸。一个筒节由两个半圆形瓦片组成，每个筒节有两条纵缝。

在实际生产中受室温和冷却速度影响较大，一般情况下冬天压制的瓦片尺寸比夏季小。同样的室温下，由于冷却速度不同，通常，瓦片在长度方向上，中部尺寸偏大，有时较严重，这样焊接后，会使内径之差和椭圆度超差，应引起工艺、焊接人员的重视。

②控制纵缝焊接顺序。从窄间隙埋弧自动焊外纵缝焊接收缩量测量数据来看，当焊至筒节1/2壁厚时，焊接收缩量约为3mm，焊满后收缩量约为3.5—4mm，由此看出，先焊焊缝变形量大，后焊焊缝变形量小。

在焊接内侧纵缝时，采用多层多道焊，最好第一条纵缝先焊接两层约6mm，筒节转180°焊接第二条纵缝直至内侧焊缝焊满，再转动180°将第一条内侧纵缝焊满。

焊接外纵缝时，采用分道焊，对于常规埋弧自动焊，打底层为单道，以后每层由2—4条焊道组成，盖面层为6条焊道。对于窄间隙埋弧自动焊，打底层为单道，以后每层为2道，盖面层为3—4道。第一条焊缝先焊至约40mm厚，筒节转动180°，焊接第2条焊缝至约70mm厚，再转动筒节180°，焊满第1条纵缝，一再焊完第2条纵缝。

如果不严格控制焊接顺序，往往筒节产生角变形、弯曲变形较大，不仅使筒节内径收缩量增大，而且使筒节弯曲变形较明显，一般单筒节挠度达1—3mm。

③减小坡口角度。从焊接变形考虑，纵缝应采用双U形坡口更合理，角变形和弯曲变形均很小，内径收缩量也大为减少，但缺点是在预热150～200℃条件下，在筒体内部操作工作量很大，焊工劳动条件很差，鉴于这一点，不宜采用。因此，采用常规埋弧自动焊时。由于外侧坡口角度为8°，并且填充金属量很大，故坡口角变形也较大，如将坡口角度由8°减至6°，可使填充金属量减少12.5%，这有利于减少角变形，减少内径收缩量。

④采用窄间隙埋弧自动焊。采用空间隙埋弧自动焊，坡口角度为2%。熔敷金属填充量为常规埋弧自动焊的64%，大大减少角变形和内径收缩量，而且焊接线能量约为常规埋弧自动焊的80%，更有利于减少焊接变形量。

2)锅筒挠度控制。由于每只筒节纵缝焊完后，都存在着由焊接变形引起的挠度，特别是未严格控制焊接顺序时，其挠度更大些，筒节一般挠度值约为1—3mm。锅筒上焊接有100多只至200多只管接头，而下部焊有4—6只下降管管座，由于管接头分布面广，有一部分都分布在锅筒下侧，仅从熔敷金属填充量来讲，上部管接头远小于下部管接头及下降管的金属填充量，造成锅筒产生向上挠度。

①利用反变形法控制锅筒挠度。由上面分析可知，由下降管焊接使锅筒会产生较大的向上挠度，如不很好控制，其挠度值就会超过锅筒技术条件中规定的20mm，一旦产生此情况，锅筒无法采用矫正措施。

当锅筒纵、环缝焊好后，装焊下降管和管接头之前，先测量锅筒挠度，应将下降管位置布置在锅筒上挠度位置，以起反变形作用。

②控制焊接顺序。根据焊接顺序的选择原则，当结构具有不对称布置的焊缝时，应先焊焊缝熔敷金属量少的一侧。锅筒上虽有100—200个管接头，但分布区域广，大部分都在锅筒上部，也有一部分在下部，从焊缝熔敷金属量来看，上部管接头填充金属量比下降管少得多。因此，从控制焊接变形的角度考虑，应先焊上部管接头，尽量做到分散、对称焊接。

目前，四角切圆燃烧锅炉和w形火焰锅炉的下降管数量一般为4—6只，每次应隔1只焊1只。采用焊条电弧焊时，每个下降管均由2名焊工同时施焊，并采用分段退焊，减少焊接变形。

应特别注意的是，当采用马鞍形埋弧自动焊时，由于下降管根部间隙由采用焊条电弧焊时的10mm增加到14mm，而且埋弧自动焊是连续操作，都会增加焊接变形量，这不仅使锅筒挠度增加，而且也会使下降管局部塌陷变形严重。但由于焊条电弧焊时，焊脚高度为K＝45mm，而埋弧自动焊时，现已降至K＝15mm，使填充金属量有所减少，总的来说，焊接变形会略有增加。

四、焊接变形的矫正方法

1.机械矫正法

利用外力使构件产生与焊接变形方向相反的塑性变形，使两者互相抵消。对于薄板波浪变形，通常采用锤击来延展焊缝及其周围压缩塑性变形区域的金属，达到消除焊接变形的目的。应注意的是，锤击部位不能是突起的地方，这样结果只能使其朝反方向突出，反而要增加变形，而且锤击时，对于低碳钢应避免焊件在200—300之间进行，因为此时金属正处于蓝脆性阶段，易造成焊件断裂。正确的方法是锤击突起部分四周的金属，使之产生塑性伸长才能矫平。最好是沿半径方向由里向外锤击或者沿着突起部分四周逐渐向里锤击。这种方法的缺点是劳动强度较大，表面质量不佳，而且锤击程度难以掌握，技术难度高。

利用压力机可以矫正工字梁的弯曲变形或角变形。

2.火焰加热矫正法

这种矫正方法是在焊接件选定位置处按一定方向进行火焰加热，使该部位的金属产生压缩塑性变形，利用金属局部受火焰加热后的收缩所引起的新的变形去矫正各种已经产生的焊接变形。掌握火焰局部加热引起变形的规律是火焰矫正的关键。

火焰矫正法的工艺要点如下：

(1)加热方式。加热方式有点状加热、线状加热和三角形加热三种。

点状加热可根据结构特点和变形情况可加热一点或多点，点的直径至少15mm，厚板加热点的直径要大些。变形量大的常采用梅花式或多点加热，点与点之间的距离应小些，一般在50～100mm之间。点状加热主要是用于矫正刚性小的薄件。例如，当薄板产生波浪变形时，常采用点状加热矫正，加热点部位在钢板凸鼓部位，使伸长的金属缩短，达到矫平目的。对于小口径细长钢管产生弯曲变形时，通常在凸面部位进行快速点状加热。

线状加热是火焰沿直线方向移动的同时，作横向摆动，形成带状加热。加热线的横向收缩一般大于纵向收缩。横向收缩随着加热线的宽度增加而增加，加热线宽度一般为钢板厚度的0.5－2倍。

线状加热主要是用于矫正中等刚性的焊件，有时也可用于薄件，通常是用来矫正钢板角变形或板与筋板焊后角变形。

三角形加热的面积较大，因而收缩量也较大，常用于矫正厚度较大、刚性较强焊件的弯曲变形。三角形的底边在被矫正的焊件边缘，顶点朝内。

(2)加热温度和速度及加热火焰。加热温度一般在500－800℃之间，低于500℃效果不大，高于800℃会影响金属组织。

加热火焰、加热速度与变形量有关，正常情况下，用微氧化焰。当矫正变形量大或要求加热深度大于5mm时，一般用中性焰大火慢烤；矫正变形量小或要求加热深度小于5mm时，一般用氧化焰，小火快烤。

(3)加热范围。加热位置应该是焊件变形突出部位，不能是凹陷部位，否则变形将越矫越严重。加热长度不超过焊件全长的70%，宽度一般为板厚的0.5－2倍，深度为板厚的30%－50%。

第五节 焊接残余应力

工件焊接时产生瞬时内应力，焊接后产生残余应力并同时产生残余变形，这是不可避免的现象。

一、焊接残余应力对焊接结构的影响

1.对结构强度的影响

如果材料处于脆性状态,如三向拉应力状态,材料不能发生塑性变形,当外力与内应力叠加达到材料的抗拉强度R_m时,则可能发生局部断裂而导致结构破坏。

实际上,对于脆性大、淬硬倾向大或刚度较大的焊接构件,焊接过程中或焊后常会发生焊接裂纹,焊接残余应力是产生焊接裂纹的重要原因之一。

2.对结构加工尺寸精度的影响

对于未经消除残余应力的焊接构件进行机加工时,由于切削去了一部分材料,破坏了构件内应力的平衡,应力的重新分布使得构件产生变形、加工精度受到影响。因此,对于加工精度要求高的构件,一定要先进行消除应力处理,然后再进行机械加工。

3.对压杆稳定性影响

在承受纵向压缩的杆件中,焊接残余应力与外加压应力叠加,应力的叠加导致压应力区先期到达材料的屈服点,使得该区丧失承载能力,这相当于减小了截面的有效面积,使得失稳临界应力的数值降低。

4.对应力腐蚀的影响

应力腐蚀是拉应力与腐蚀介质共同作用下产生裂纹的一种现象。由于焊接结构在没有外加载荷的情况下应存在残余应力,因而在腐蚀介质的作用下,结构虽无外力,也会发生应力腐蚀。

二、控制措施

减小焊接残余应力和改善残余应力的分布可以从设计和工艺两方面来解决问题,如果设计时考虑得周到,往往比单方面从工艺上解决问题要方便得多。如果设计不合理,单从工艺措施方面是难以解决问题的。因此,在设计焊接结构时要尽量采用能减小和改善焊接残余应力分布的设计方案,并采取一些必要的工艺措施,以使焊接残余应力对结构使用性能的不良影响降低到最小。

1.设计方面

(1)减小焊缝尺寸。焊接内应力由局部加热循环而引起,焊缝尺寸越大焊接热输入越多,则应力越大。因此,在保证强度的前提下应尽量减少焊缝尺寸和填充金属量,要转变焊缝越大越安全的观念。

(2)减小焊接拘束度和刚度,使焊缝能自由地收缩。拘束度和刚度越大,焊缝自由度越小,则焊后焊接残余应力越大。首先应尽量使焊缝在较小拘束度下焊接,尽可能不用刚性固定的方法控制变形,以免增大焊接拘束度。

(3)将焊缝尽量布置在最大工作应力区之外,防止焊接残余应力与外加载荷产生应力相叠加，影响结构的承载能力。

（4）尽量防止焊缝密集、交叉。

（5）采用合理的接头形式，尽量避免采用搭接接头，搭接接头应力集中较严重，与残余应力一起会造成不良影响。

2.工艺措施

（1）采取合理的装配、焊接顺序。结构的装配焊接顺序对残余应力的影响较大，结构在装配焊接过程中的刚度会逐渐增加，因此应尽量使焊缝在较小的情况下焊接，使其有较大的收缩余地，装配焊接为若干部件，然后再将其总装。在安排装焊顺序时，应尽量先焊收缩量大的焊缝，后焊收缩量小的焊缝。

根据构件的受力情况，先焊工作时受力大的焊缝，如工作应力为拉应力，则在安排装配焊接顺序时设法使后焊焊缝对先焊焊缝造成预先压缩作用，这样有利于提高焊缝的承载能力。

（2）局部加热法减小应力。在焊接某些结构时，采用局部加热的方法使焊接处在焊前产生一个与焊后收缩方向相反的变形，这样在焊缝区冷却收缩时，加热区也同时冷却收缩，使得焊缝的收缩方向与其一致，这样焊缝收缩的阻力变小，从而获得降低焊接残余应力的效果。

（3）锤击法减小焊接残余应力。锤击可以使焊缝产生塑性延伸变形，并抵消焊缝冷却后承受的局部拉应力。锤击可以在500℃以上的热态下进行，也可以在300℃以下的冷态进行，以避免钢材的蓝脆。在每层焊道焊完后立即用圆头敲渣小锤或电动锤击工具均匀敲击焊缝金属，但施力应适度，以防止因用力过大而造成的裂纹。

（4）采用反变形法减小残余应力；采用抛丸机除锈，通过钢丸均匀敲打来抵消构件的焊接应力。

3.焊后消除焊接残余应力的方法

（1）整体热处理

整体热处理一般是将构件整体加热到回火温度，保温一定时间后再冷却。这样高温回火消除应力的机理是金属材料在高温下发生蠕变现象，并且屈服点降低，使应力松弛，如果构件整体都加热到屈服点为零的温度，残余应力将完全消除。随着加热温度的提高和保温时间的延长，金属材料的蠕变更加充分。由于这种蠕变是在残余应力诱导下进行的，所以构件中的蠕变变形量总是可以等于热处理前构件中残余应力区内所存在的弹性变形，这些弹性变形在蠕变过程中完全消失，构件中的残余应力应不复存在了。另外，热处理还改善了焊缝金属和焊接接头的组织和性能，如电渣焊焊接接头通常要进行的正火＋回火处理，可以细化晶粒：对某些有延迟裂纹倾向的结构钢，热处理有消氢的作用。

（2）整体分段热处理

将容器或锅炉分段装入炉内加热,加热各段重叠部分长度至少为1500mm。炉外部分的容器或锅炉采用保温措施,防止产生有害的温度梯度。

(3)局部热处理

局部焊后热处理的加热范围内的均温带应覆盖焊缝、热影响区及其相邻母材。均温带的最小宽度为焊缝最大宽度两侧各加δ_{PWHT}或50mm,取两者较小值。均温带外面应再覆盖保温带。保温带的范围为每侧超过均温带每侧50mm及以上。

4.减少应力的方法

(1)锤打和锻冶——机械法

当焊修较长的裂缝和堆焊层,需要以一端连续焊到另一端时,在焊修进行中,趁着焊缝和堆焊层在炽热的状态下,用手锤敲打,这样可以减少焊缝的收缩和减少内应力。敲打时,焊修金属温度800℃时效果最好。若温度下降,敲打力也随之减小。温度过低,在300℃左右就不允许敲打了,以免发生裂纹。锻冶方法的道理与上述基本一致,不同的是要把焊件全部加热后再敲打。

(2)预热和缓冷——热力法

此种方法就是焊修前将需焊的工件放在炉内,加热到一定的温度(100—600℃),在焊接过程中要防止加热后的工件急剧冷却。这样处理的目的是降低焊修部分温度和基体金属温度的差值,从而减少内应力。缓冷的方法是将焊接后的工件加热到600℃,放到退火炉中慢慢地冷却。

(3)“先破后立”法

铸铁件用普通碳素钢焊条焊接时,很容易产生裂纹,用铸铁焊条又不经济。现介绍一种“先破后立”用碳素钢焊条焊接的方法:先沿焊缝用小电流切割,注意只开槽而不切透,然后趁热焊接。由于切割时消除了裂纹周围局部应力,不会产生新裂纹,焊接效果很好。

第六节 焊接缺欠的防止

一、从缺欠主要成因考虑对策

6个方面的因素:材料(母材金属和填充金属);焊接方法和工艺;应力(设计因素与施工因素);接头几何形状;环境(介质因素、温度因素);焊后处理。

仔细分析上述各因素的影响,有助于查明缺欠的成因,从而“对症下药”,采用防治措施。

再以钢结构(桥梁、建筑)制造中焊接裂纹的主要成因为例。显然,设计因素和工艺因素有明显影响。焊条电弧焊时最易出现的缺欠依次递减排列是裂纹(可达79%)

和工艺缺欠:但自动焊或机械焊时裂纹出现的概率最多只到30%。这说明,焊条电弧焊时裂纹的生成,也应与操作工艺因素联系起来,不能完全归因于材料冶金因素。因此,必须重视焊接工艺条件的控制。

焊条电弧焊条件下,最易出现的焊接缺欠是夹渣、咬边和气孔,其次是未熔合、未焊透。就夹渣而言,不可能是冶金反应产物,而是原已覆盖在前一层焊道表面的熔渣,在后一焊道焊接时未能清除干净又未能来得及浮出所造成,显然这是操作工艺不当所致。至于咬边、未熔合未焊透,则完全是工艺不合适所造成,都是与焊工操作技术水平或操作质量有关。为了防止焊接缺欠,首先应重视操作人员的素质以及正确工艺的制定。

裂纹和气孔是与冶金因素最有关联的焊接缺欠,而这就首先与材料的正确选定有关,也会涉及设计因素和工艺因素。焊接变形与应力既与工艺有关,也与结构因素有联系。性能缺欠的产生则与焊接工艺参数影响所产生的物理冶金变化有联系。

总而言之,可联系三方面主要因素即结构因素、工艺因素和材料因素来分析焊接缺欠。

二、工艺缺欠的对策

始终重视施工工艺的合理性,是防止焊接工艺缺欠的前提,切实抓好焊工培训和加强工艺管理,是避免出现工艺缺欠的保证。

可以看出,裂纹与操作工艺关系并不十分明显,气孔则与施焊工艺有相当关系,工艺缺欠确实受工艺条件的影响。

焊接速度是咬边易于形成的重要因素。焊接速度高易于促使产生未熔合和未焊透,焊接速度进一步提高就会引起咬边;另外,焊接电流过大,电弧弧长过大以及运条角度不正确,都会造成咬边。所以,注意操作工艺要正确。

三、返修与修补的问题

焊接接头中的缺欠,如不能符合QB水平要求(合用验收标准),即为缺陷,就要考虑返修。

母材中存在缺欠,或板材本身的夹层,或下料切割时在切割面留下的孔洞、坡口角度位移以及机械损伤或电弧擦伤之类缺欠,常需要考虑修补。

焊接缺欠返修工作中,缺欠性质的确定以及定位是首要问题。消除缺欠应彻底,另外便于焊补,而且尽可能降低填充金属消耗量,以便提高效率和降低成本。

对于高强钢,为防止再次发生开裂,须预热,且较之正常焊接时的预热温度提高50℃。即使短裂纹,局部预热范围也不应小于50mm(长度方向),必要时,也可先行用低强焊条堆焊隔离层,有利于防止冷裂纹。

返修次数应符合相关标准规定。对于锅炉、压力容器而言，返修次数不能超过3次。

还须强调指出，一定要从焊缝使用性能角度来考虑焊缝返修，否则，仅仅根据射线探伤底片，按探伤标准决定是否需要返修是不够的，有时会出现错误。例如，探伤判为不合格的缺欠，由于符合具体产品的安全使用要求，则不必返修，如采返修则是一种浪费。

第八章　无损检测技术在锅炉压力容器检验中的应用

前文中我们有对无损检测进行了详细的讲述，而本章则侧重于无损检测技术在锅炉压力容器检验中的应用展开系统的讲解。

第一节　锅炉压力容器无损检测技术的现状和发展

1.概述

盛装液体或气体，并对压力有承载作用的密闭设备就是压力容器，对工业生产中的生产力有着非常重要的作用，而锅炉压力容器一般都运行在条件不好的低温高压或者高温高压以及高载荷的环境下。假使在生产过程中，没有发现部件有缺陷，或者有新的裂纹产生，会引发事故，对企业人员生命和财产安全有着直接影响，如果对无损检测技术能充分运用，对部件缺陷及时准备的发现，就可以对安全隐患进行相应的消除，从而使得锅炉压力容器安全运行得到保障。本节对锅炉压力容器无损检测技术的现状进行了分析，并对未来的发展进行了展望，以期为我国工业发展提供一些理论上的帮助。

2.无损检测技术

随着工业发展的迅速进步，世界各国开始对无损检测技术高度重视起来，在专业的设备下，利用物理或化学方法，保证检测对象不被损坏的同时，对检测对象的表面的结构、内部、性质以及状态按照规定的技术要求进行检查和测试，还要分析和评价检测结果的这一过程称为无损检测。据我们所知，无损检测技术主要经历了无损探伤、无损检测以及无损评价的发展进程，无损探伤能够在对整体缺陷进行检测，而不损坏部件，这可以达到工程设计中的强调要求；无损检测不仅可以对缺陷进行检测，同时还能够系统地对部件的硬度、组织结构以及复杂的工艺参数等进行检测；无损评价是在前两者的基础上，对检测出的缺陷进行综合评价。

3.无损检测技术应用现状

当下，有很多检测技术都可以应用于锅炉压力容器中，本节主要介绍了超声、射线、电磁涡流以及磁粉四种无损检测技术。

(1)超声无损检测技术

在介质内由于超声波传播期间产生的衰减现象，便是超声检测技术，目前，超声无损检测技术，已经成为压力容器检测的过程中，特别实用的检测技术，而超声波探测仪体积较小，对于携带和操作都比较方便，射线于人体伤害也不大，在进行操作时，要以斜角的方式摄入工件的表面，达到在管壁当中进行超声波传播。超声无损检测技术在检测锅炉压力容器时，能够检测锻铁皮的缺陷，尤其在检测锻件内的面积缺陷方面，超声波应用的更好，所以超声波无损检测技术主要检测锻件。

(2)射线无损检测技术

射线无损检测技术是在穿透工件时，由于工件介质的影响而不断减弱，介质的厚度决定了程度，X射线探伤机和γ射线源是常用的两种射线检测设备，处理之后的胶片在射线无损检测技术的应用过程当中，可以通过影像的方式让显示更加直观，这样可以促进检测结果的提高。射线检测技术在实际操作中，对于铜和钢、铝及铝合金以及铜合金等方面的材料的压力容器，可以利用涉嫌技术检测焊缝的缺陷，它的检测结果更加直观、缺陷的检出率也高，所以当下主要检测制压力容器。

(3)电磁涡流无损检测技术

被检测物体在靠近时，环状电流可以利用交变磁场产生在被检测物体表面上，进而能够更好地检测锅炉压力容器，它主要可以检测缺陷位置、电导率等，通过磁场参数变化的角度，判断工件的损害部位。我们还要详细观察其区域中检测时的电流形状，并对工件内部磁场受到的干扰情况，通过这种方法进行判断，故而有效判断工件的缺陷，比如说，我们的检测区域电涡流如果是均匀分布的层状，那么检测实际操作过程中，被测试件的磁场可以通过涡流进行感应，涡流会因为缺陷的存在而发生变化，最终显示物体的缺陷。并且我们还能通过放置磁光感应器，使磁场成像，显示物体当中缺陷的具体位置，可以对压力容器中壳体腐蚀情况进行有效的检测。

(4)磁粉无损检测技术

利用磁现象对材料和工件中缺陷进行检测，就是磁粉无损检测技术，灵敏程度较高是其优点，被磁化工件表面在检测过程中会有缺陷形成，之后便会使局部有不同程度的畸变发生，这时候在磁场上会有磁粉被吸附，这时候我们就能通过肉眼在光照充足下，辨别磁痕，这样就可以检测工件表面的缺陷。成本低是磁粉无损检测的优势，从而可以使检测效率大大提高，然而它还是存在一定的缺陷，它的检测深度在检测过程中，如果只有1mm～2mm左右时，那仅仅能够监测表面的缺陷，却没有办法判断一定埋深程度上的缺陷，而且目前这种技术的应用一般在铁磁性材料中居多。

4.无损检测技术的发展

不仅在工业生产，同时在农业发展中，无损检测技术都得到了广泛应用，并且它也在不断地进步，从无损探伤阶段、无损检测阶段，发展到现在的无损评价阶段，无损评价到又从常规性发展到自动化。无损检测技术，会随着科技的发展越来越创新快捷；同时不断有新型的无损检测技术涌现，比如声发射检测和衍射时差法超声检测，还包括外场检测技术；而且未来的无损检测技术，有可能都是非接触的。

总而言之，无损检测技术对锅炉压力容器的检测起到了十分重要的作用，能够筛选、监测有缺陷的零件，使锅炉制造生产更好地进行，同时还能有效提高了锅炉产品的质量。我们要加强应用无损检测技术，继续提高无损检测技术的水平，并保障压力容器可以安全使用。

第二节　锅炉压力容器检验常见问题及解决措施

随着工业化时代的到来，特种设备的使用频率越来越高，锅炉压力容器已经被广泛地应用于工业生产与人民的日常生活中。锅炉压力容器主要是通过特点的燃料燃烧，将燃烧产生的热量转化为水蒸气或者水。现如今，锅炉压力容器的使用导致的安全事故越来越多，人们开始关注锅炉里容器的使用安全，锅炉压力容器在使用的过程中产生巨大的压力，如果操作人员操作不当或者锅炉压力容器本身的质量不过关，都会直接影响锅炉压力容器的使用安全，导致相关的安全生产事故，严重时还会危及人民群众的生命财产安全。对锅炉压力容器使用过程中的容易产生事故的点进行分析，有针对性地采取控制措施，降低事故的发生频率已经成为企业日常经营管理过程中的主要工作和关键工作之一。

1.常见的锅炉压力容器检验方法

(1)超声波测厚仪检查法

锅炉压力容器在工作过程中，锅炉的内壁需要承受一定的压力，因此，对于内壁的厚度具有严格的要求，在进行锅炉压力容器检验过程中，锅炉壁厚成了一项重要的检验项目。目前通常使用超声波测厚设备对压力容器进行检验，为了保证检验结果的有效性和准确性，检验之前需要对锅炉压力设备的表面进行清理，避免由于污渍的原因影响检验结果的准确性。在检验的过程中，检测人员首先利用砂纸对锅炉壁进行打磨，然后，将超声波探头紧贴在锅炉压力容器的侧壁上，对锅炉压力容器的壁厚进行测量。在检测过程中，需要特别注意的一点是检测设备与锅炉压力容器的壁之间不能有空气进入，一旦有空气进入，会影响检测结果，使得检测具有一定的偏差。

(2)超声波探伤

超声波本身具有较强的穿透性，因此，在锅炉压力容器检测过程中，可以利用超声波进行压力容器内部质量缺陷的检测。在实际操作过程中，检测人员需要合理地使用超声波进行内部质量缺陷的测定，根据超声波检测设备提供的数据，对锅炉压力容器进行质量评估，准确地确定锅炉压力容器的质量缺陷的位置、类型，并给出质量缺陷的处理措施和建议。

(3)射线探伤

常用的射线探伤的种类有两种，分别是X射线和伽马射线，利用这两种射线都能够使得感光胶片感光，通过对胶片的分析，可以测定锅炉压力容器存在的内部的故障和缺陷。

2.锅炉压力容器检验工作中常见的事故类型

(1)锅炉压力参数设置导致事故

锅炉安全使用过程中需要关注锅炉的强度、刚度、稳定性等指标，确保指标能够在允许的范围内浮动，经过调查发现，锅炉压力参数设置不当是锅炉压力容器最常见的问题之一，由于锅炉压力参数设置不当导致的事故经常发生，参数设置不当可能会直接引起管道的泄露、爆炸等问题。因此，锅炉压力容器在使用过程中需要时刻关注压力容器的参数变动。

(2)电磁辐射导致的事故

电磁辐射导致安全事故的主要原因是由于锅炉压力容器在使用过程中会产生一定的电磁辐射，这些电磁辐射在一定的条件下会与锅炉压力容器中的介质反应，改变锅炉压力容器内的介质的性质或者压力等，导致一系列的安全生产事故的发生。电磁辐射可能会发生触电危险，严重时可能会导致爆炸，尤其是在锅炉压力容器安全检验的过程中，如果检验人员没有严格地按照操作规程进行，可能会导致检验人员触电，对检验人员的生命安全产生威胁。

(3)人为因素导致的事故

锅炉压力容器是特种设备之一，在使用前应当有专业的检查人员对其性能指标进行全面的检查和检验工作，排查安全隐患，在投入使用前，保证锅炉压力容器的安全性。但是在实际操作过程中，人们往往会忽略使用前的检查工作，或者检查得不够细致，开展工作不认真，不能够有效地排查锅炉压力容器使用过程中可能存在的隐患。另一方面，检查人员的知识水平和专业能力不丰富，也是导致锅炉压力容器安全隐患排查不彻底的原因之一，很多检查人员在检验时只关注锅炉压力容器的表面问题，没有对其进行全面的、系统的分析，这也是产生安全事故的主要因素之一。

(4)环境因素导致的事故

压力容器的使用需要具备一定的外界条件，由于锅炉压力容器使用过程中容易受到环境的影响，因此，需要对锅炉压力容器的使用条件进行检验，避免出现设备内部空间不足、通风系统设计不合理的情况，以免影响锅炉压力容器的检验结果。锅炉压力容器不在特定的环境下进行，也容易对人身安全产生一定的威胁。

(5)腐蚀性物质导致的事故

锅炉压力容器中一般会有介质存在，如果压力容器中是一些腐蚀性物质或者有毒物质，就会在锅炉压力容器使用过程中存在一定的安全隐患，如果锅炉压力容器的有毒气体泄露，可能会导致检验人员的呼吸道感染，如果介质为易燃易爆物质，容易在检验人员检验过程中发生火灾或者爆炸，这样检验人员可能会产生皮肤烧伤、视力下降等现象。

3.锅炉压力容器检验问题的解决措施

(1)提升锅炉压力容器的质量

锅炉压力容器自身的质量也是影响锅炉压力容器检测的重要因素之一，因此，需要从源头入手保证锅炉压力容器的质量。首先，在进行锅炉压力容器采购的时候，选择合格的供应商，对供应商的资质、信誉、产品的质量和性能进行比选，必要时对供应商提供的锅炉压力容器进行性能测试，保证锅炉压力容器质量达标，并且符合用户的需求。对锅炉压力容器的密闭性、零部件等硬度进行严格的控制，保证在锅炉压力容器使用过程中不会因为锅炉压力容器的质量出现安全生产事故。其次，在锅炉压力使用过程中，严格检测锅炉压力容器的各项运行指标，一旦出现指标异常，需要对锅炉压力容器采取相应的措施，保证运营过程中其参数能够在合理的区间范围内。

(2)减少辐射和异物的影响

为了减少锅炉压力容器检验过程中的泄露事件，降低辐射的影响，有关管理部门应加强对于标准和规范的执行力度，锅炉压力容器检验过程中，检测人员应严格按照要求进行操作，实际检测中可以在锅炉压力容器中安装一些检漏管，时刻监督检漏管的检查，对整个容器的密封性进行量测，降低锅炉压力容器辐射带来的负面影响。锅炉压力容器的检测应尽量避免在雨雪天气进行，降低产生安全事故的概率。除此之外，检测人员在检测前应当对周围的异物以及锅炉压力容器内的异物进行清理，清理干净后再启动正式的检测工作，防止一些腐蚀性、有毒性的物质的影响，避免产生爆炸、火灾等现象。

(3)增强压力容器检验人员的综合能力

检验人员的综合能力也直接影响锅炉压力容器的检验结果和检验过程，因此，检验人员应当对锅炉压力容器检验承担一定的责任。为了降低由于检验人员的人为原因带来的损失，应加强对检验人员的管理和培养。首先，锅炉压力容器检验前应对检验人员进行严格的培训，合格后方能进行压力容器的检验：同时，定期对检验人员进行继续教育，不断更新检验人员的知识体系和专业能力：其次，规范锅炉压力检验容器的检验流程，从根本上规范检验人员的行为，对其行为进行有效的约束，实现锅炉压力设备检验的标准化、可控化，有效地控制压力容器检验效果；最后，对检验人员进行职业道德规范方面的教育，提升锅炉压力容器检验人员的责任意识，能够以端正的工作态度实施检验工作，降低由于人为的因素给锅炉压力容器检验带来的影响。

为了确保锅炉压力容器的检验工作梳理开展，保证检验报告的质量和有效性，控制检验过程中可能出现的风险，检验单位应从压力容器检测为出发点，做好锅炉压力容器检测过程中常见的事故统计分析。同时，要不断加强检验人员的管理，及时总结锅炉压力容器检验过程中存在的问题，通过对锅炉压力容器检验人员进行培训和继续教育，保障检验人员能迅速地发现检验过程中的问题，快速、准确地给出解决措施，为日常维护工作和故障排除工作提供有力的支持。

第三节　无损检测技术在锅炉压力管道检验中的应用

锅炉是将输入的能量转化为其他形式能量的能量转换设备，输入锅炉的大多数能量为燃料，经过燃烧产生能量，输出的能量为具有一定热能的蒸汽或高温水等，锅炉多用于火电站、船舶、机车和工矿企业。锅炉在进行使用时大多数情况下均处于高温状态，因此锅炉是否有裂缝存在对于锅炉的安全性极为重要，不借助仪器人为进行检查发现裂缝时问题已经十分严重了，因此需要借助先进科技仪器，进行无损检测为锅炉的安全使用提供保障。

无损检测技术是利用先进仪器进行检测，在不影响使用对象的内部组织前提条件下，利用材料特有的结构引起的热、声光、电、磁等反应的变化，进行检测使用对象，该操作检测速度较快，测试范围较广，具有较强的可操作性，所以被广泛地应用到各行各业，但进行检测的人员需经过正规职业资格考试，在经过一系列的培训之后才可以持证上岗从事该岗位。

1.应用在锅炉压力管道检验时的无损检验技术

在对锅炉的压力管道进行检测时常用以下4种检测技术：超声波检测、渗透检测、射线检测及磁粉探伤检测，测试锅炉内部是否存在裂纹或其他情况，确保锅炉能够安全使用，减少由锅炉压力管道内部损伤而造成的经济损失及带来的安全事故。

(1)在锅炉压力管道检验时的渗透检测技术

在利用渗透检测技术对锅炉压力管道进行检测时，首先要对锅炉的测试部位喷洒渗透液，经过一定时间的等待渗透液完全进入锅炉压力管道的细微裂缝后，再把锅炉管道内部多余的渗透液擦拭干净，再次喷洒显像剂，管道内部存在的裂缝均可以观察到，进行预测是否需要进行维修处理，该方法对于疏松多孔的材料及其试用，具有较好的测量效果，并且操作较为简便，对于形状复杂的构件可一次性全部检测，使用较为方便，但其也存在一些缺点，因为渗透液使用时可能会泄露，会对环境造成一定程度的污染。

(2)应用超声波检测技术对锅炉压力管道进行检测

因为超声波具有激发容易、检测工艺简单、操作方便、价格便宜等优点，因此在进行锅炉压力管道的检测时较为方便，操作人员通过超声波仪器发出的超声波缓慢对管道进行测试，通过超声波接收仪器上显示的波段频率进行推断管道内部是否存在裂缝，是否需要进行维修处理，该操作耗时相对渗透检测技术耗时较短，且超声波仪器易于携带，操作人员数量较少，不会对环境造成危害且不会威胁到使用者的人身安全。

（3）应用磁粉探伤检测技术对锅炉压力管道进行检测

磁粉探伤检测技术是利用磁性材料在磁场中磁化以后，对测试物体表面或内部缺陷处漏磁现象进行测试的一种技术，磁铁置于磁性材料中时，若材料表面或内部无缺陷，磁力线会均匀进行分布，相反则磁力线会产生弯曲变化，在发生弯曲变化的区域为缺陷区域，通过该方法判别锅炉管道是否存在损伤或缺陷；在进行测试的时候，直流或交流测试使用电源均可，但对于测试试件的表面光滑与粗糙程度有一定的要求，因为在使用交流电进行测试的情况下，由于电流的集肤效应，对于表面是否存在缺陷可以很好地进行测试，使用直流电测试时，对于内部的缺陷可以很好地测试出来，因为直流电可以产生较为均匀的磁化场区域，但在两者进行协同测试时难免会产生误差，可能会出现测试错误的地方，为检修造成不必要的麻烦。

因此，在使用磁记忆检测技术进行检测时。对于磁记忆检测技术能够检测锅炉压力管道内部存在的裂缝缺陷和裂缝的位置和走向优势应该发挥。但是也应该将辅助性技术综合进行运用，可以准确地判断出锅炉压力管道的缺陷更好地为检测工作服务。

（4）应用射线检测技术对锅炉压力管道进行检测

应用射线检测技术对锅炉管道进行检测可能会有一定的危险，因为射线具有一定的辐射性，长期处于辐射条件下会对人体造成巨大的伤害，但该项检测技术测试效果较好，若测试人员在测试时将防护措施做好，会减少射线对于自身的伤害。在利用γ射线进行拍摄时，首先要选择合适的角度进行测试，安排好行进的路线，测试时通过射线的照射可以将管道内部情况清晰地展现于作业人员面前，观测管道是否存在损伤，是否需要进行维修。在进行射线测试的时候多采用射线照相法、荧光屏观察法和工业X射线电视法等，但工程设计中最常用的是射线照相法。

锅炉存在缺陷的位置吸收射线较少，因此会在测试的底片上显示出来，通过测试区域感光度变化的大小，以此来判断缺陷区域的缺陷程度，主要适用于射线束同方向的裂缝检测，若两者相互垂直时，缺陷区域会不容易被观测到，因此在操作的过程中需对此注意，还需注意锅炉管道测试区域的可操作性，操作起来是否方便，且在进行测试的过程中，检测人员需配置防射线的工作服及相关措施，在工作区域进行设置警示牌，将危害降低到最小。

2.运用无损检测技术检验锅炉压力管道

（1）使用无损检测技术对锅炉压力管道检测的准备工作

在进行检测之前，检测的工作人员需到现场根据以往经验对锅炉工作的区域进行检查，仔细辨别锅炉管道在工作时是否存在异常的噪音，若存在如何进行控制，根据现场的情况进行判别锅炉施工人员是否存在违规现象，在进行一系列的排查之后，对测试的区域进行大致划分，采用哪种测试方法省工省力且测试效果较好，进行系统的规划后进行锅炉管道的损伤测试。

（2）无损检测的校准工作

为保证在进行锅炉管道测试时无损检测时的测试精度，需要使用校准仪器进行检测，为保证检测结果的准确性，需要对进行测试的区域先进行模拟试验，对铅笔笔芯的折断进行检测，通过多次测试确定检测仪器的灵敏程度，在铅笔放置于锅炉管道中时，须将笔尖与管道之间成300°，然后进行模拟实验，通过观察数据的变化，进行校准管道的灵敏程度，为测试做准备，减少测试时的误差程度。

（3）评价检测结果

通过以往的经验可知，声发射源可以划分为不同等级，根据强度和活度的程度进行划分，若锅炉压力上升过快。声发射源的时间间隔要减小，加快声发射源的频率，对锅炉管道进行测试，在进行多方位的测试之后，声发射源的强度增大时活性也会逐渐增大，通过检测的数据来进行相关指标的测试试验。

根据上述可知，利用无损检测技术可以对锅炉管道内部损伤进行检测，且有多种检测技术可以判别锅炉管道是否存在损伤，具有很强的可操作性，有利于减少安全隐患，通过检测管道内部损伤情况，来进行判别管道是否需要进行维修处理，以此来保证企业的安全生产，同时保障作业人员的生命安全，提高锅炉作业安全系数。

第四节　锅炉压力容器无损检测的质量管理措施

锅炉压力容器无损检测一直是锅炉质量管理中倍受重视的部分，受设备设置、粉尘、环境及人为因素的影响，常会出现严重危及锅炉安全的危险因素，并导致多各不同类型事故的发生。

1.锅炉压力容器的常见危险及事故类型

（1）设备、设施设置缺陷

锅炉的结构比较复杂，其中涉及多种设备、设施的安装设置。在这个过程中，如果设备设施存在密封不良、设备设施的强度及刚度稳定性不足防护设施缺陷等问题，就会对锅炉压力容器检测造成负面影响，如出现中毒、烫伤、坠落等安全事故。

（2）电、电磁辐射等危险

锅炉设备的驱动离不开电力驱动，如果带电设备出现因非安全电压或漏电、受到电磁放射源辐射等问题，就会对检测人员造成触电辐射等损伤。

(3)锅炉生产物质等危害

锅炉生产不可避免产生一些高温蒸汽、煤粉煤灰、烟尘、燃油燃气等物质，这些物质存在很多安全隐患，比如高温蒸汽会导致人体烫伤，煤粉煤灰等会导致视力呼吸道受伤，烟尘烟灰会引发爆燃爆炸等危险，对于锅炉压力容器无损检测的安全性造成威胁。

(4)环境因素危险

锅炉的结构设置是以生产为基础安排的，其作业环境普遍存在内部空间狭小、通风不良等问题，这些因素会造成锅炉压力容器无损检测过程中对工作人员造成缺氧窒息等身体损伤。

(5)人为因素危害

人为因素主要是由于负责检测的人员出现健康问题，导致工作情绪、专注度受到影响，出现错误指挥、违法指挥的情况，从而使检测的过程没有严格按照相关的规程进行，由人为因素造成的事故类型主要有人身伤害、坠落、爆炸等。

2.加强锅炉压力容器无损检测的质量监督控制措施

为了保证锅炉压力容器的质量，确保其正常运行，主要应从以下几个方面采取有效的控制措施达到严格有效的质量监督：

(1)选择无损检测质量参数

锅炉压力容器不可能完全没有制造缺陷，要求其完全没有问题是不现实的。因此，国家相关质检部门对锅炉压力容器的质量要求也提出了相关规定，其中有一些缺陷只要保证没有超出标准允许范围，是可以通过相关检测的，但如果缺陷问题比较严重，那么就被视为不合格产品，需要进行返修或判废。在进行检测时，需要对相关规定进行深入了解，通过自检、互检、专检等多种手段的结合，由专门的检测工作人员对锅炉压力容器进行无损检测，以保证容器产品的质量。

(2)制定无损检测方案

锅炉压力容器的无损检测是一项程序复杂、技术要求高的工作，因此需要制定严格的检测方案。目前针对锅炉压力容器的无损检测方法较多，但是这些方法各有特点，并不适合所有工件和缺陷的检测，如钢板分层、折叠等缺陷的检测应选择超声波检测，奥氏不锈钢表面的开口缺陷检测就采用渗透检测等。在制定方案之前，需要对被检测锅炉的情况进行详细了解，掌握产品的生产标准、技术规格，并结合锅炉压力容器的设计、材质、使用环境等各项参数，找到最适合的检测技术，并进行检测方案的制定。

(3)无损检测设备、设施和器材控制

进行锅炉压力容器的无损检测，相关的设备、设施和器材是必不可少的，在进行这些设备器材的选用时，应根据检测方案编制的情况，选用最适合被检测锅炉的检测器材，并进行前期的检查，确保相关设备的处于正常的工作状态，方可使用，这样不仅能保证检测的结果能够真实反映锅炉压力容器的质量情况，同时也有利于保障工作人员的安全。

(4)确保检测人员的资格和管理

检测人员的专业素质直接决定了锅炉压力容器的质量检测成果。如果检测人员对工作不了解，无法根据检测方案的要求正确执行检测操作，就会对检测的数据造成直接影响，甚至可能会因为违规操作造成对锅炉和人员本身的伤害。因此，在进行检测之间，需要对检测人员的资格进行检查，确保其具备进行锅炉压力容器的无损检测能力。同时，用人单位还需要结合锅炉的技术升级情况，对检测人员进行必要的专业知识培训，以保证其在技术层面能够达到不断提升的检测要求。

(5)保证检测的可追溯性

在检测过程中，相关工作人员应对检测的全过程进行详细记录，以保证整个检测过程的可追溯性，这其中包括无损检测记录、报告和射线底片的质量控制及保管等各项内容。通过进行检测的可追溯性记录，可使检测的操作尽可能地控制在检测方案的要求范围内，保证检测工作的各个环节符合原本的检测设计要求，并保证各个检测环节的检测结果的有效性。

锅炉压力容器的技术性要求和安全性要求较高，在日常使用中常会出现各种各样的问题，其危害性是非常大的，只有加强锅炉压力容器的无损检测，及时找到锅炉存在的问题，并进行有效处理，才能保证生产、生活的正常进行。

结语

锅炉伴随着工业革命的兴起而产生，现如今已经成为人们生产和生活的重要组成部分。作为最常见的一类特种设备，压力容器获得了广泛应用，一方面可以实现压力数值的监测，另一方面可以发挥压力超调控制作用，有效确保了锅炉安全稳定地运行。压力容器需要定期进行检验，确保各项指标参数都在额定范围之内，这样才能消除安全隐患、避免意外事故，同时有效延长锅炉设备的使用寿命。

锅炉压力容器作为对人身和生命财产有较大危害性的特种设备，对焊接质量具有非常严格的要求，需要优质高效的焊接工艺及装备来保证焊接质量，提高焊接生产效率。而且锅炉压力容器在高温高压下工作，压力容器一般盛装易燃、易爆、有毒介质，一旦因设备失效发生事故，容易危及人员、设备和财产的安全，有的还能引发污染环境事故，世界各国均将其列为重要的监管产品，由国家指定的专门机构，按照国家规定的法规和标准实施安全监察和技术检验。因此，锅炉压力容器的制造质量与国民经济发展、人民安定生活息息相关，对制造技术的可靠性具有严格要求。

另外，做好锅炉压力容器的安全检验和质量监督工作，既需要建设单位在设备选型和安装过程中把好关、从源头做好控制工作，也需要使用单位在日常使用过程中做好巡检巡查和状态监测、一旦发现安全隐患及时进行处理。其中，焊接技术是锅炉及压力容器制造工艺中的关键技术，焊接质量也直接关系到锅炉压力容器制造质量及其本质安全。因此，优质高效的焊接技术有助于实现锅炉压力容器制造的高效化，并有助于其本质安全的保证。

参考文献

[1]王学生．压力容器[M].上海：华东理工大学出版社．2018.

[2]郭泽荣，袁梦琦著．机械与压力容器安全[M].北京：北京理工大学出版社．2017.

[3]王荣山．核反应堆压力容器材料辐照效应[M].南京：江苏科学技术出版社．2019.

[4]陈志刚主编；柴森森，龚勇，陈登高副主编．压力容器焊接工艺和焊接缺陷处理案例[M].北京：冶金工业出版社．2018.

[5]黄嘉琥主编．压力容器用不锈钢[M].北京：新华出版社．2015.

[6]方久文，毕海岩，赵长春主编．火力发电厂燃煤锅炉工作手册[M].南昌：江西科学技术出版社．2019.

[7]秦晓勇，何文胜，周国义主编．舰用锅炉原理[M].北京：国防工业出版社．2016.

[8]彭小兰，刘志强，黄霄等编著．锅炉炉管泄漏检测方法及装置研究[M].北京：机械工业出版社．2018.

[9]吴江全，钱娟，曹庆喜主编．锅炉热工测试技术[M].哈尔滨：哈尔滨工业大学出版社．2016.

[10]陈刚主编．锅炉原理[M].武汉：华中科技大学出版社．2012.

[11]朱大滨，安源胜，乔建江编著．压力容器安全基础[M].上海：华东理工大学出版社．2014.

[12]肖晖，刘贵东主编；佟析，侯俊国，崔英贤副主编．压力容器安全技术[M].郑州：黄河水利出版社．2012.

[13]梁基照著．压力容器优化设计[M].北京：机械工业出版社．2010.

[14]贾慧灵主编；杜鹏飞副主编．压力容器与管道安全评定[M].北京：国防工业出版社．2014.

[15]王向阳主编．锅炉设备与运行[M].合肥：合肥工业大学出版社．2013.

[16]强天鹏编著．压力容器检验[M].北京：新华出版社．2008.

[17]杨晓明主编．压力容器安全工程学[M].沈阳：东北大学出版社．2012.

[18]王心明，（美）W.Z.麦克编著．工程压力容器设计与计算[M].北京：国防工业出

版社.2011.

[19]汤延庆，孙迪辉主编；宋焕军，张贵栋，金锐副主编；孙波，宋永军主审.锅炉与锅炉房设备施工[M].哈尔滨：哈尔滨工业大学出版社.2011.

[20]刘文铁，何玉荣编著.工业锅炉系列丛书锅炉受压元件强度分析与设计[M].哈尔滨：哈尔滨工业大学出版社.2015.

[21]韩国明编著.现代高效焊接技术[M].北京：机械工业出版社.2018.

[22]马延江，綦召声主编.焊接技术训练[M].青岛：中国海洋大学出版社.2017.

[23]王磊著.金属熔焊原理分析与焊接技术研究[M].长春：吉林大学出版社.2019.

[24]姚宗湘，王刚，尹立孟主编.焊接技术与工程实验教程[M].北京：冶金工业出版社.2017.

[25]侯志敏，汤振宁主编；金驰，聂国强，李晓政副主编.焊接技术与设备[M].西安：西安交通大学出版社.2016.

[26]方久文作.燃煤锅炉运行技术[M].西安：陕西科学技术出版社.2021.

[27]张栓成编著.锅炉水处理技术[M].郑州：黄河水利出版社.2019.

[28]梁勤，朱海东，李福琉主编.锅炉设备及运行[M].北京：冶金工业出版社.2017.

[29]岳涛，左朋莱，魏志勇等主编.工业锅炉大气污染控制技术与应用[M].中国环境出版社.2016.

[30]张成，张小平主编.电站锅炉综合实验[M].武汉：华中科技大学出版社.2014.

[31]张洪涛，陈玉华主编；宋晓国，王廷副主编.特种焊接技术[M].哈尔滨：哈尔滨工业大学出版社.2013.

[32]邱长军，李必文主编；吴炜，张佳，陈艾华副主编；邹树梁主审.核电设备焊接技术[M].北京：北京理工大学出版社.2014.

[33]李淑华，郑鹏翱编著.焊接技术经验[M].北京：中国铁道出版社.2014.

[34]李兴会主编；陈广涛副主编.典型焊接技术应用[M].北京：北京理工大学出版社.2013.

[35]薛松柏，何鹏编著.微电子焊接技术[M].北京：机械工业出版社.2012.

[36]张其枢编.不锈钢焊接技术[M].北京：机械工业出版社.2015.

[37]（日）岸人稔著.零缺陷焊锡焊接技术[M].上海：华东理工大学出版社.2016.

[38]李淑华编著.典型难焊接材料焊接技术[M].北京：中国铁道出版社.2016.

[39]刘立君，杨祥林，崔元彪编.海洋工程装备焊接技术应用[M].青岛：中国海洋大学出版社.2016.

[40]于洁，韩淑芬主编.锅炉运行与维护[M].北京：北京理工大学出版社.2014.